脑 洞 大 开

——数据结构另类攻略

刘隽良 编著

胡 华 王立波 主审

西安电子科技大学出版社

图书在版编目(CIP)数据

脑洞大开：数据结构另类攻略 / 刘隽良编著. 一西安：西安电子科技大学出版社，2017.12
ISBN 978-7-5606-4712-8

Ⅰ. ① 脑… Ⅱ. ① 刘… Ⅲ. ①数据结构—研究 Ⅳ. ① TP311.12

中国版本图书馆 CIP 数据核字(2017)第 251588 号

策划编辑　陈　婷　马乐惠
责任编辑　马　静　陈　婷
出版发行　西安电子科技大学出版社(西安市太白南路 2 号)
电　　话　(029)8824288588201467　　　邮　编　710071
网　　址　www.xduph.com　　　电子邮箱 xdupfxb001@163.com
经　　销　新华书店
印刷单位　陕西天意印务有限责任公司
版　　次　2017 年 12 月第 1 版　　2017 年 12 月第 1 次印刷
开　　本　787 毫米×1092 毫米　1/16　印 张　21
字　　数　421 千字
印　　数　1～3000 册
定　　价　42.00 元
ISBN 978-7-5606-4712 -8/TP
XDUP 5004001 -1
如有印装问题可调换

真相，不只有一个

——前言什么的

嘿嘿，又是前言时间喽。

一、一点点不算感悟的感悟

嗯，表示对于从小就看柯南的孩子而言，"真相，只有一个"这句话貌似已经在脑袋瓜里根深蒂固了。

嘿嘿，不过在数据结构里，这句话又要被毁三观喽。😁

因为，在数据结构中，没有绝对的正确或者错误，有的只是合适和更合适。我们要做的就是从这些合适与更合适中找出最赞的一种来构建我们的梦。

是的，是筑梦哦，不是摞代码。😁

这也是这本书的初衷，数据结构，不应该仅仅是代码的简单堆叠，而是一种砖头类的东西。学过它之后，想构建什么，就是你的事情喽。

在学的过程中，还是那句话：靠的是自己。所有的书啊、代码啊啥的，依然都是辅助。只有你自己搞明白了这段代码为什么这么写，才是真正有收获，语言的学习永远都是一种感悟的过程。

而且，这回的感悟更有意思。

因为，它的真相不只有一个，你的每次感悟都未必是最合适的解决方案，所以你还有更大的感悟空间，这种看似没有止境的特点也算是数据结构的美吧。😁

其他的，我们慢慢来。😁

二、写作缘由与经历

这本书的初稿完成于 2014 年 12 月，是我第一次在学校学习数据结构的时候，基本上可以算是学校的数据结构一开课，我就开始写，刚好在考试前完成了全书的初稿。起初的原因是对当时学校所用教材中知识的讲述方法有点"怨念"，觉得知识不应该这样枯燥，应该是很立体且很有趣的，加之自己当时对数据结构也蛮有兴趣，觉得可以通过自己的努力，将这些看似很抽象的数据结构通过另类的方法让它变得具体多彩。于是，这本书的初稿就诞生了。书中的语言风格和行文方式以及内容编排都有自己的特点，这也直接决定了这本书的与众不同。现在的我，对初稿进行了多次完善，使本书能够以更完美的姿态展现在大家面前。

由于写作本书的出发点是不把它作为一本传统的教材，所以全书的框架设计、内容逻辑相对于教材有较大区别。为了能够让大家更容易、更轻松地领悟数据结构，我对本书的知识框架做了较大的调整——我们会从最熟悉的数组结构入手，层层递进，增加大量互动性问答来降低难度等级，增加闯关趣味性，同时辅以大量图片辅助理解并搭配各种小问题一起研究，较好地摆脱了传统书籍的说教式知识传捋过程。此外，在这本书中我们将更加注重细节，对大量不被提及的细节不再人云亦云而是告诉你为什么会这样，让你能够更好地理解和掌握数据结构本身。

希望这样的设计能给大家带来更好的学习体验。

三、本书结构

本书主要分成了 9 章：

第 1～2 章是一个开头总结和引导，分别介绍了数据结构和算法，告诉大家一切并没有想象得那么难。

第 3～7 章每章都介绍了一种或两种数据结构，分别为数组和串、链表、栈与队列、树及图。

第 8～9 章是对排序和查找算法的趣味研究。

中间你可能会碰到很多"坑爹"的问题，别怕，很正常，坚持读下去，并配合以实践，相信我，不久你便会豁然开朗。

四、致谢

首先依然还是要感谢父母，他们一如既往地支持我做自己感兴趣的事情。在本书的成书过程中，杭州电子科技大学胡华副校长和王立波老师对书稿进行过多次审核，提出了很多很有价值的修改意见，非常感谢他们的付出，使得这本书能够以更加完善的姿态展现在读者面前；同时要感谢西安电子科技大学出版社的支持，尤其感谢编辑陈婷老师和编审马乐惠老师在本书出版过程中提供的诸多帮助。

感谢母校杭州电子科技大学对本书出版的全额经费支持。

五、求"勾搭"

当然，毕竟金无足赤，人无完人，更何况我自己也还远远达不到真正的高手水平……所以书中一定还会有所不足以及这样那样的问题，所以大家如果发现了什么瑕疵或者对这本书有更好的建议，随时欢迎沟通交流指(gou)教(da)。问题肯定还有很多，所以依然需要你辩证地看它喽。

联系邮箱：ddizxt@126.com。

最后，希望这本能对你有所启发哦。

刘隽良

2017/4/9

于杭州电子科技大学

目　　录

第 1 章　哪有那么难

　　数据结构这个内容，貌似被好多人神话了，如果大家初次接触数据结构时，看到的是使用了伪代码和 ADT 描述的偏于理论化而相对缺乏应用代码和过程细致图解的书籍，心里就会更加"没底"，从而产生了畏惧抵触心理。其实，数据结构真的没有那么难，它也可以很立体、很生动、很有趣。换句话说，帮大家摆脱对数据结构的"神话式设定"，便是本书的目标。

　　哦，当然，我没有鄙视的意思，那类书从应试上讲是经典的。虽然你可以靠背那类书的知识点通过考试，却可能永远不能领悟到编程这门艺术的真谛。所以在本书里，我会从另一种不同的角度带你进入数据结构的世界。那么，现在就开始吧！😊

1.1　什么是数据结构?

　　说了这么多，到底啥是数据结构咧？其实这个概念本身就十分难定义……简单说，数据结构是计算机存储、组织数据的方式，但我相信大家都有自己的理解。嘿嘿，这也就是说每个人从经验中领悟出来的东西不同啦，所以要想真心掌握，还是需要自己去领悟啦。😁

　　我对数据结构的理解是：它是数据存储的形式和信息的组织方式，对于不同的问题，通过使用合适的数据结构，并在数据结构中使用恰当的算法，就可以达到高效率的目标。也就是说，要想解决一个问题，合适的数据结构和恰当的算法都是不可或缺的(说到算法，一想到它要用到数学，顿时全是眼泪啊😵)。比方说解决"从屏幕读取多个整数并按其倒序输出"这个问题，我们需要的是一个用来存放数据的整型数组和一个逆向输出的 for 循环语句，那么其实这个数组就是这个问题中用到的数据结构，而 for 循环就算是和它搭配的算法。

　　所以数据结构不是什么高大上的东东，它就是一种在解决问题时用到的存储数据的方式。从各数据之间的联系(即逻辑)上它分为线性结构(数组、链表、串、栈和队列等)和非线性结构(二维以上数组、广义表、树和图等)。再细点分的话,非线性结构包括集合结构(集合)、树形结构(二叉树)和图形结构(图)。从数据的物理存储方式上它分为顺序存储方法(数组等连续存储的结构)、链接存储方法(链表等线性表)、索引存储方法(二叉树等)和散列存储方法(图等),对于这些结构的详情现在不知道没关系,后面都会详细解说。

也就是说,其实从你开始了解 C 语言的那一刻起,数据结构就已经悄悄存在于你编写代码的字里行间啦。😎 你解决的每个问题中都曾或多或少用到过不同的数据结构哦,只不过这次咱们要更加深入一点,学习一些更方便的结构而已。所以,没必要担心学不会哦。😎

1.2　到底都学些啥?

其实数据结构有好多种,咱们在这里只会讲一些最常用也是最实用的。在这里先把要讲的东东做个总括和简介,你会发现,它们真的没有那么难。😊

1. 线性结构

咱们先从线性结构讲起,主要会讲链表、栈、队列、串和数组五种结构。

链表说白了它就是一种各结点在物理地址上不连续或无规律、通过指针彼此连接而成的线性结构。每一个存储点叫结点,其中包含存储内容的空间和其他结点地址的空间。它可以是单向的,也可以是双向的。单向的链表每个结点就只有一个指针,指向下一个结点;双向的有两个指针,一个指向下一个结点,另一个指向上一个结点。如果把头结点的地址赋值给尾结点指针的话,就可以形成环状结构,就是循环链表啦。

三种链表的示意图如图 1-1 所示。

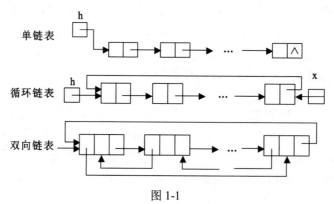

图 1-1

栈这个东东听起来是不是有点耳熟咧?嘿嘿,对啦,在讲 C 语言的时候咱们讲过 C 的内存分配,里面就有一个栈空间。但是此栈并非彼栈哦,C 语言中的栈是一种内存空间的名字，而数据结构里的栈结构是一种拥有和栈空间类似工作原理的数据结构——"后进先出"，如图 1-2 所示。

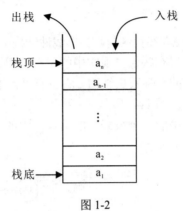

图 1-2

　　所谓的后进先出，指的是越早入栈的东东离栈底越近，反之越晚放的东东离栈顶越近；而出栈是从栈顶开始的，所以越早进栈的东东越晚出栈，就像咱们讲函数嵌套的时候，嵌套在越里面的函数进栈越晚，出栈越早。栈结构就是一种符合栈空间这种规则、将存储的数据后进先出的结构。它既可以通过线性结构的链表实现，也可以通过线性结构的数组实现，后面两种都会讲哦。

　　说到队列，它跟栈刚好相反。栈是后进先出结构，队列则是先进先出结构，如图 1-3 所示。顾名思义，它就是一种类似排队的结构。从队头开始进入队列结构，又从队头开始走出队列结构，银行的排号系统就是典型的队列。

　　队列也是一种既可以通过线性结构的链表实现也可以通过线性结构的数组实现的结构。当然，这两种也都会讲的。😊

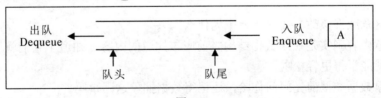

图 1-3

　　串这个名字听起来十分高大上，但是！注意重点是"但是"，这家伙的"小名"你知道是啥吗？<u>字符串！！</u>而数组的话，也是老朋友啦。😊

　　嘿嘿，所以，你懂的。😁

　　链表和数组是后面所有数据结构的基础，所以一定会详细介绍。

　　跟注重学习原理和操作的数组和链表比起来，等咱们讲栈和队列的时候将会更着重于应用。嘿嘿，因为数组和链表讲究学会的操作和原理多，以便于用它们构建其他数据结构时更方便，而栈跟队列更讲究应用时的技巧哦。

2. 非线性结构

说完了线性结构，再来说说非线性结构吧。非线性结构主要讲树和图两种结构。

至于树嘛，它跟现实中的树有些像。现实中的树有树根、树干和树叶，而数据结构中的树就是模仿了现实中树结构的一种数据结构。它也有"树根"、"树干"和"树叶"，不过名字有些改变。树结构示意图如图 1-4 所示。

图是在树的基础上演变出来的一种很好玩的结构，它的内容比较多变，后面章节会慢慢讲的。图结构示意图如图 1-5 所示。

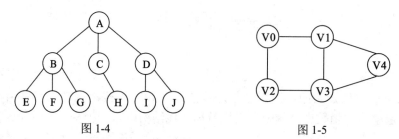

图 1-4　　　　　　　　　　　图 1-5

接下来的内容里这些结构咱们都会接触到的。所以，一切，没有那么难哦。那接下来就开始吧。

哦，不对，在此之前，还有一点点东西要介绍，它就是……

1.3　什么是抽象数据类型(ADT)?

好吧，这章或许该改名成"十万个为什么"。😁

不过这章内容确实是在学数据结构之前应该知道的内容，知道了它们就不会再害怕数据结构，也就能学得更轻松啦。🙂

在讲抽象数据类型前先问问你哈，还记得数据抽象这回事吗？

在《脑洞大开——C 语言另类攻略》书中 C++ 那部分，咱们讲过一节内容叫"抽象的艺术"，当时说的是类的抽象，其实这种抽象是可以推广的。其实扩展说来，任何编程语言里的任意一种数据类型都是抽象出来的。

对于计算机而言，所有的数据到它那儿无非就两种形态：0 和 1，也就是所谓的二进制数据。但是咱们人类可忍不了啊，所以编程语言将二进制抽象成了咱们编程时需要的各种数据类型，然后在编译的时候根据该变量被定义的类型将二进制的机器语言编译成相应内容。

估计这段话已经让你懵掉了……拿 C 语言举个例子吧。

在 C 语言书中刚开头的时候我说过，给每个变量定义其数据类型是为了方便编译器知道应该用哪种编码对其进行编译，当时我还举了个例子——下面这个二进制数据：

01100111011011000110111101100010

如果不规定数据类型，编译器可以用 int、double 和 char 的编译指令分别翻译出 1 735 159 650、1.116 533 × 10^24 和 glob 三种结果。

这其实就是一个很鲜明的数据抽象的例子，明明是一样的二进制数据，为啥会出现不同的结果呢？因为 int、double 和 char 本身都是 C 语言抽象出来的，在你定义某个数据的类型时编译器就已经知道该以何种方式抽象它，并且会按它所属的类型进行分类存储和管理，以便提高效率和灵活应用，所以同样的二进制数据会因为被定义的类型不同而被抽象成不同的内容。

比方说 int a; 就是咱们人为地将 a 的内容的二进制数据抽象成了整型，它的内容就必须符合整型数据的规矩，即不能超出 int 的取值范围。

所以说啦，说白了数据本身没有差别，有差别的是被抽象的方式，二进制是一切信息的本质，咱们人为地把它抽象成各种类型的数据以便人类更好地运用它们罢了。

这里可能不太好理解，需要你好好品味一下。

说了这么多，那抽象数据类型又是啥呢？刚才说过啦，所有数据类型不管是基本的 int、char、double，还是复合型的函数结构体，都是抽象出来的。但是这就有问题啦，编程语言千千万，你咋就敢确定你在这种语言上写的实现方法在另一种语言上也能成功运行呢？换言之，你咋就敢确定同一段实现代码在各种语言的编译器下都能被正确抽象成它应有的类型呢？这个是不可能的啦，比方说 C++、JAVA 这些面向对象编程语言的代码在 C 的编译器下几乎都没法通过。因为 C 不知道啥是类，啥是继承和多态，所以当编译时它就无法正确抽象涉及这些知识的代码。别说是 C 了，即使是 JAVA 和 C++ 之间的代码都不见得能互用，毕竟各种语言之间都会有多多少少的语法和功能差异嘛。

但是这样写书的人就头疼啦，因为他不能也不可能把同一段代码用 N 种语言各实现一次，但是还要考虑到大家对编程语言各有所好的特点，不能以一概之。

哦，那就只写一种模型吧。这种模型不会用某种特定的语言将所有实现代码都一字不差地写出来，而是只说明一个实现该解决方案的大概逻辑。写这些比较模糊的大概逻辑的代码语言也不是特定的某种语言，而是将各种语言中的差异忽略后剩余的在各语言中规则基本相同的语法形成的"风格语言"。

这样写出的代码也就是所谓的伪代码了，而用这种代码实现的各种自定义数据类型就是传说中的抽象数据类型(ADT)。

说白了，抽象数据类型就是不受语言环境影响的描述某种问题的实现方法的一种模型，通过理解这种模型的运行机理就可以在不同语言平台上写出对该问题的具体解决方案代码。

接下来我的实现代码将完全用 C 语言实现，并且会仔细解释其具体实现。通过理解 C 语言具体实现的方法，用其他语言实现也是分分钟哦，而且完全用 C 讲解实现代码可比看着伪代码听老师讲的时候抓狂却依然不知所云好理解得多哦。🙂 同时我会更加注重实用性，不会只讲那些应试的概念性内容，那样没意义，也远非编程的艺术所在。

扯远了……ADT 和其具体实现实际上反映了程序或软件设计的三层抽象。ADT 相当于是在概念层(或称为抽象层)上描述问题，即只是一个逻辑，而具体实现相当于是在实现层上描述问题，就是实打实地实现代码。其实还包含着第三层抽象，即在效率层上描述问题，就是说这个具体实现的效率如何。在第 2 章讲算法的时候会扯出叫算法时间复杂度和空间复杂度的东西，那个就是用来描述具体实现的效率的东东。嘿嘿，这个到时候再讲啦。

接下来要讲的就剩下逻辑结构和物理结构啦。那么现在就开始吧。🙂

1.4　什么是逻辑结构?

来，继续我们的十万个为什么语文课🙂嘿嘿，因为这章基本全是概念性问题嘛。不过也一样，如果不对这些概念有一定的了解，学数据结构会有点吃力的，所以还是尽快解决掉最好啦。🙂

其实逻辑结构和物理结构在 1.1 节已经讲了一点啦。

逻辑结构说白了就是数据结构中各元素在逻辑上的相互关系，根据其相互关系的不同主要分为集合结构、线形结构、树形结构以及图形结构。

集合结构算是最松散的结构了吧……它和我们高中时学的集合一样，就是一些元素构成的一个整体。在这个整体里虽然各元素都属于这个整体，但是它们彼此之间没有任何关系。代表：森林(一种数据结构)，示意图如图 1-6 所示。

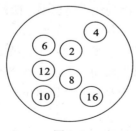

图 1-6

线形结构指的是各元素之间有联系，并且这种联系呈链性的结构。而且，这种链性是一对一的哦。代表：链表，示意图如图 1-7 所示。

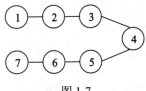

图 1-7

树形结构就是指像树那种数据结构一样，各元素间存在一对多以及层次关系的一种结构啦。代表：树，示意图如图 1-8 所示。

图形结构可能算是关系比较复杂的结构啦，它的各元素之间的关系是多对多的关系。代表：图，示意图如图 1-9 所示。

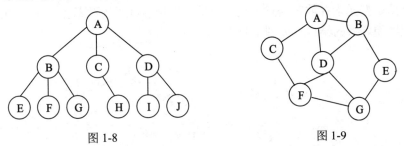

图 1-8　　　　　　　　　　　　　　图 1-9

上面各图中的连线都是没有方向的，也就是说是双向的。如果在实际使用中要用到单向的时候，画示意图的时候需要将线换成单向箭头哦。

上面的每种结构都很常用，咱们要做的就是在合适的时候选择合适的结构去实现代码就好啦。

说完逻辑结构，再来看看物理结构吧。

1.5　什么是物理结构?

十万个为什么语文课的最后两节啦，嘿嘿。😁

那么什么是物理结构咧？刚才说过啦，逻辑结构是指数据结构中各元素之间的逻辑关系，而物理结构则是指这些元素在计算机里的存储的形式。也就是说，每种结构都兼有逻辑结构和物理结构，逻辑结构用来描述该结构中各元素在逻辑上的关系，物理结构用来描述该结构中各元素在计算机中的存储形式。物理结构和逻辑结构密不可分，如何存储各数据元素间的逻辑关系是实现物理结构的重点和难点。

物理结构只有两种：顺序存储和链式存储。

顺序存储就是通过从系统中申请足够长度的单元，然后将元素以连续地址的方式存放的存储结构。其典型代表就是数组，如图 1-10 所示。

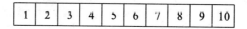

图 1-10

顺序存储虽好，但是有个致命弱点啊，就是你必须知道要存储数据的长度，至少要知道预计的最大长度，不然很容易出现空间不足或者剩余过多资源浪费的情况，而且它不太适合存储要经常变化位置或需经常插入或删除的内容，因为在这种结构中元素移位就意味着要移动大量元素。

所以，第二种存储方式就出现啦，它就是链式存储。

链式存储是把元素存放在任意地址单元里，地址连续不连续都无所谓，通过指针记录彼此的地址以便联系的结构，如图 1-11 所示。

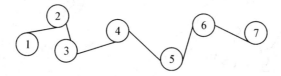

图 1-11

链式结构相比于顺序结构的优点在于它的存储更加灵活，不需要知道要存储的内容的长度，因为它可以随时申请，随时使用，而且在进行数据插入和删除时比顺序存储方便得多，只要删除对应结点然后将它前后两个结点彼此联系就行啦，如图 1-12 所示。

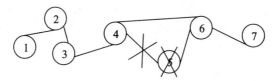

图 1-12

链式存储之间的联系可以是单向的，也可以是双向的，其典型代表就是单向链表和双向链表。

1.6 为什么会有这么多数据结构咧？

是啊，为啥会有这么多的数据结构呢？嘿嘿，其实这就和人类生产生活进化史息息相关了。

假设你现在有一座农场，养了一群马。一开始，这群马完全是散养的，没有给它们做任何的标记，这时候想表示它们就很简单啦，一个集合结构就可以了。

但是后面这群马越来越多……很多长得还差不多，额……这时候为了分辨它们，你开始给它们编号挂名牌，然后记录下来。于是，线形结构数组便诞生了。

后来你的马养得越来越好，就有人开始愿意出大价钱来买你的马了，哈哈，好幸福啊。😁但是问题也来了……因为买卖使得马群成员频繁变动，记录的数组名单也总是要修改，而你发现使用固定的数组每次修改都会累到你怀疑人生。😁于是你想到了个好办法，给每匹马的信息不再按固定的表格记录，而是给每匹马一张即时贴，然后将这些即时贴贴在一起作为一个顺序结构表示这个马群成员，编辑成员时只要拿出其中那张即时贴，其他的再贴在一起就好，不再需要大量的变更操作，哦呵呵，好方便。

没错，就这样，链表雏形诞生了。

哦，我的天啊，你的生意越来越好，甚至其中几匹好马的孩子一度供不应求，于是你开始关注起马的血统来，想给这些马按血统、父母进行重排序和编辑。很明显，无论是数组还是链表，都没法再满足你的需求了，于是树便诞生了。这种结构很清楚地标出了每匹马的血统关系，从此你的马的血统更纯正了。

既然干得这么好，那我们索性再搞几个农场扩大产业吧。于是你又在不同地方买下其他几座农场，开始了更大的马匹生意，现在你想把各农场都走一遍检查下总体情况。为了节约成本，你肯定想走最短路线，所以你把这些农场都在地图上标出来，连成线，规划着最短路径。啊哦，恭喜你，图结构也被你"发掘"出来了。

你看，随着你的生活发展，数据结构越发复杂多样了呢，这也是我所理解的为啥数据结构会有这么多种的原因。😁

至此，第 1 章就讲完啦。嘿嘿，也就是说，十万个为什么语文课下课喽。

感觉学得怎么样咧？如果有点乱乱的，没关系，后面多实践几次说不定就会好很多哦。毕竟，实践才是检验真理的唯一标准嘛。😁

那么接下来就开始算法吧。😊

第 2 章　哎呀　算法

　　结束了第 1 章的语文课，觉得对数据结构有木有一点点印象了啊。😁

　　其实数据结构主要就第 1 章说的那一点点内容，不过那只是数据结构的内容，而数据结构是永远不可能离开它的一个好朋友的。你知道它好朋友是谁吗？

　　嗯啊，就是算法。数据结构，只是一个用来提供数据间逻辑和物理关系的结构。没错，它就是个结构，它决定不了它所存储的数据都会被执行哪些操作，而操作数据的，便是算法。算法决定了每一个数据将被存放到数据结构中的哪一个位置上并且接下来会被如何蹂躏。😁😁

　　当然，算法本身也是计算机科学中一个很大的分支，咱们不可能把它很细致地讲完。所以在这里讲到的算法，都是为了实现相应的数据结构的用法展示，不会讲很高深的东东。放心好啦，很简单的哦。😊

2.1　什么是算法?

　　有一个好消息和一个坏消息，你想先听哪个咧？

　　嘿嘿，好消息是咱们不久前终于结束了第 1 章的十万个为什么语文课。

　　然后，那个，坏消息是……第 2 章的十万个为什么语文课又要开始啦！😊

　　和数据结构一样，先讲清楚算法中的一些知识点，才能更好地理解算法。嘿嘿，放心啦，我讲的东东啥时候枯燥无聊过。😁

　　算法是啥？传说中的高大上？只有那种能算出超难数学题的东西才叫算法吗？NO NO NO 怎么可能，我说过的，数据结构和算法总是成对出现，而且我还说过在你学 C 的那一刻起，数据结构就一直存在你写的字里行间。

　　那么到底什么是算法呢？还拿第 1 章开始时的那个例子吧。"从屏幕读取多个整数并按其倒序输出"这个问题，我们需要的是一个用来存放数据的整形数组和一个逆向输出的 for 循环语句。当时我们说过，这个例子里用到的数组就是这道题的数据结构，用到的 for 循环就是算法。为了更好讲解，这次咱把代码先写出来。

```c
#include<stdio.h>
int main(void)
{
    int a[10];              //假设总共十个数
    int i;
    for(i=0;i<10;i++)       //循环读取并赋值
    {
     scanf("%d",(a+i));     //数组名加偏移量本身就是地址 无需取址符
    }
    i--;                    //校正数组最大偏移量
    while(i>=0)             //反向输出
    {
        printf("%d\n",*(a+i));
        i--;
    }
    return 0;
}
```

在这里 for 循环结束之后的 i--;语句一定要理解哦。

因为在循环结束的时候，i 的值是 10，这不满足 for 循环中的 i<10 的要求于是结束循环。但是数组本身的最大偏移量只有 9，即 a+9 的地址就是 a[9]的地址，所以想通过使用 i 来实现输出的话，要先将其自减 1 使其变成 9 之后，就可以使用数组首地址加下角标偏移量的方法反向输出各值。

scanf("%d",(a+i)); 这条语句中没有取址符的原因是 a+i 本身就是首地址加偏移量，即 a[i]的地址，所以不需要取址符。

而 scanf("%d",&a[i]);里，a[i]是数组第 i 个元素的名称，并不代表其地址，所以需要使用取址符通过其名称取相应地址。

言归正传，这段代码中

```c
    for(i=0;i<10;i++)              //循环读取并赋值
    {
        scanf("%d",(a+i));        //数组名加偏移量本身就是地址 无需取址符
    }
    i--;                          //校正数组最大偏移量
    while(i>=0)                   //反向输出
    {
```

```
        printf("%d\n",*(a+i));
        i--;
}
```

整个这一段都是这个程序的算法，是它规定了每个元素在数组结构中存储的位置，并且可以对任何元素进行操作。

这么一来，咱们就可以给算法一个定义啦。算法就是为了解决特定问题，且与相应数据结构搭配使用来控制和操作数据结构中各元素的指令代码，这个定义是我自己定义的，书上爱写的版本不太好理解的感觉……

既然算法是代码，而且还是专门用来进行数据操作的，就肯定会有与代码共同的基本特性。算法的基本特性主要有 5 种。

1. 输入和输出

输入和输出其实这么说不太准确，因为输入并不是必须的。在有些情况下比方说输出"hello world"字样的算法，它就是一条 printf 或 puts 语句，并没有输入，所以正确的说法是有 0 个或以上的输入但至少有一个输出，也就是说可以没有输入但必须有输出。本来的嘛，要是执行完啥也不输出，那我们哪能知道这算法究竟都干了啥，又怎么可能得到想要的输出结果咧……

2. 有限性(有穷性)

有限性就是说算法绝对会有一个周期，在周期内正常工作，完成工作后周期结束，并且自动终止。说白了就是不能出现死循环，那样算是算法有 bug。

3. 准确性(确定性)

准确性就是说算法代码必须准确没有二义性，每一步都有确定的含义，不能模棱两可产生歧义出现本来不该出现的东西。

4. 可行性

可行性就是说这个算法必须是当前硬件能接受的算法，不能搞个超级费时的算法把机子崩溃掉。

总之一个算法肯定是有输出的并且它必须可行准确没有死循环和歧义，而输入是可有可无的，可以看情况而定。

我刚才的总结就是算法设计要求中的第一条：正确性。

除了正确性，还要保证算法的可读性，就是别人看你代码不能太发懵，多写写注释和使用有意义的变量，再来就是注重代码书写格式。

其次算法还要有一定健壮性，就是说对异常的输入或较复杂的输入也能有正确的回应，不能直接就挂了……比方说算法要求的是输入整数，有人就讨厌地给你输入个小数，你就要给出相应的异常提示，而不是继续运行算法。

最后要争取做到的是高效率低占用，就是尽可能设计高速的算法并尽可能降低对存储量的占用，能用一个数组装下的就一定不占用两个数组。使用恰当的数据结构可以使存储率达到较高的水平哦，这也是为啥要讲数据结构这门课的原因之一吧。😁

说到这，算法是啥以及算法应该遵循啥基本就讲完啦。

既然讲到了算法各有不同效率，那就肯定有度量算法效率的方法，就像有了开车的就一定会有查酒驾的一样。😁

那么该怎样度量咧？接下来就来讲讲呗。

2.2　算法效率的度量方法

度量算法效率，一般就两种方法，在说出来之前先问问你吧。

如果让你去测试某件事情，就比方说测我的 1000 米跑步时间吧。😁你都会怎么测咧？

第一种，就是最常规的，你看着我跑然后你掐时间。等我杀猪一样得第三次出现在你面前的时候停表，嗯，7 分钟！(靠，啥也不说准备重修吧……😖)

第二种，就是你在我跑之前就先估算一下我能跑多少。嗯，这家伙趁放假跑了三个省各种吃，在家也胡吃海喝，在学校还经常溜去食堂吃夜宵，哼哼，肯定跑不快。那就算他 10 分钟吧！　好了，你可以不用跑了，就当你 10 分钟了。(我靠，不带这么玩的……T_T)

第三种，你陪我一起跑。呦呵呵呵呵，在跑完 1000 米之后一看表，啊哦，15 分钟过去了……

第四种：

——"咱俩谁跟谁啊，还用你跑，直接写个 4 分钟就完了呗，咱们去吃好吃的吧。"

——"好呀好呀。(😁)"

好吧，我最喜欢这个结局。😁无论是从成绩上，还是接下去要做的事情上。😁

差不多就这四种啦吧。

那你猜猜，度量算法效率会用哪几种咧？毕竟咱们是人，计算机是机器嘛，所以第四种它是肯定学不会啦。计算机使用的是前两种，分别叫做事后分析估算法和事前分析估算法。

1. 事后分析估算法

事后分析估算法，顾名思义，就是把这个算法用测试数据跑一遍，然后根据实际运行时间来判断这个算法效率。简单粗暴，但是问题也异常明显。

首先，你需要把所有算法都设计成可以执行的程序，这个在很多情况下是加重了工作量。更惨的是，如果这个算法测试后才发现它非常糟糕，但是你却已经花了很多时间来设计它了，结果自然很不划算……

其次，软件的效率不仅依赖于算法，还依赖于运行环境和硬件水平。其至同一台机子在不同时间运行这个程序的效率都不一样，这就无疑多了很多的不确定因素啊……

还有啊，测试数据的选择也非常尴尬啊，你说是搞刁钻一些好呢还是正常一些好呢……没有标准的……麻烦吧？

所以事后分析估计法不是很实用，很多情况下都是使用的这第二种，即事前分析估计法。

2. 事前分析估算法

事前分析估计法就是像你估算我跑步时间那样，在程序编制前用统计方法对程序算法效率进行评估。这样不需要真的去运行每一个算法，就能获得每种算法的大致效率啦。那纠结是怎样估算的咧？这就是下一节要讲的喽，等下就会看到啦。

有没有一种想问我为啥一开始没有使用像第三种那样的估算分析方法的冲动啊，额，有的话就灾难啦……

你想啊，咱们的第三种是你陪我跑，那在计算机里就是分析方法要全程跟着算法跑，对算法的每一步都进行跟踪和分析。那可惨了，要是这算法高效一点还好，资源占用或许还能忍，要是算法很糟糕，它本身就很慢，统计方法再跟着它一起玩，就算没等咱冒烟计算机也得跑冒烟…… 所以，第三种方法使用面并不高哈。

两种分析估算法说得差不多啦，那接下来咱就来讲讲事前分析估算法是怎么估算的吧。

2.3 算法的时间复杂度和空间复杂度

还记得我在说 ADT 和其具体实现的时候说它俩实际上反映了程序或软件设计的三层抽象吗？那三层抽象中的第三层就是在效率层上描述问题，就是说这个具体实现的效率如何，当时扯出了叫算法时间复杂度和空间复杂度的两个东西，这回就来深入讲讲它们吧。

1. 时间复杂度

先来算道题吧。例如算一下 $1 + 2 + 3 + 4 + 5 + \cdots + 97 + 98 + 99 + 100$ 你会怎么写咧？

(1) 第一种 最容易想到的算法。

```
int i,sum;
sum = 0;
for(i=0; i<=100; i++)        //执行 101 次
{    sum += i;               //执行 100 次
}
printf("%d",sum);
```

这种算法中 for(i=0;i<=100;i++);这句话一共被执行了 101 次,sum += i;这句话被执行了 100 次(在 for 语句中 i 累加到 101 不符合 i<=100 这个条件,然后循环语句才终止。即在第 101 次时只执行了 for(i=0;i<=100;i++);这句话之后循环便终止了,所以循环内的内容 sum+=i; 只执行了 100 次,由此可以看出,所有的循环语句 for 语句永远都比真正的循环次数多执行一次。)

(2) 第二种利用公式算法。再仔细一看,哇,居然是个等差数列。那就可以用等差数列前 N 项和的公式啦。

```
int sum;
sum = (1 + 100) * 100 / 2;        //执行 1 次
printf("%d",sum);
```

这种算法方便多啦,只执行了一次。

(3) 第三种算法。然后这时有个人的过来说道,靠,你们代码怎么这么短,应该这么写:

```
int i,j,x,sum;
sum = 0;
x = 1;
for(i=0;i<=100;i++)            //执行 101 次
{
    for(j=0;j<=100;j++)       //执行 101 × 101 次
    {
        sum += x;             //执行 100 × 100 次
        x++;                  //执行 100 × 100 次
    }
}
printf("%d",sum);
```

好吧,我承认确实挺长的……但是两个循环语句分别被执行了 101 次和 101×101 次,而 sum += x;和 x++;分别被执行了 100×100 次,效率不是一般的低啊……

喏,时间复杂度的概念就出来啦,就是根据核心关键算法语句被执行的次数来判断其效率高低,在这三种算法中:

```
sum += i;                 //执行 100 次
/*---------------------------*/
sum = (1 + 100) * 100 / 2;    //执行 1 次
/*---------------------------*/
sum += x;          //执行 100 × 100 次
x++;               //执行 100 × 100 次
```

分别是其核心算法语句，如果将 100 换成未知数 n 的话，那么这三种算法要想完成任务分别要执行核心算法代码 n 次、1 次和 n^2 次，分别可以表示为 O(n)、O(1) 和 O(n^2)。这种用 O 表示的方法就叫做大 O 表示法，注意是字母 O 而不是数字 0 哦。

大 O 表示法是用来表示时间复杂度的常用方法，它只记录次数中的最高阶的数字或未知量。

比方说，一种算法，它实现的时候要执行 n^2+3 次核心算法代码，那么它的效率就是 O(n^2)；改良后变成了需要 n + 3 次，那么此时它的效率就是 O(n) 了。

另一种算法，只要 3 次，那么它的效率就是 O(1)，注意不是 O(3)。O(1) 表示的是实现这个算法需要的次数是常数次而不是说只执行一次，这里的 1 泛指常数，所以不要用实际的常数次数去改变它。

同理，O(n) 代表的是这个算法在实现时至少要执行 n/c 次，至多是 a * n + c 次，c 和 a 代表正整数；O(n^2) 次说明该算法至少需要 n^2/c 次，至多需要 $a×n^2+b×n+c$ 次，a、b 和 c 也是正整数。这个不仅是因为考试会考我才说，实际编程中也要知道个才能判断算法是否高效以及是否最优。

为了方便起见，在估算时间复杂度的时候一般就只看核心算法代码执行的次数，最需要注意的是循环中的核心代码，估算使用时间最长的核心代码的使用次数作为大 O 表示法的参考次数。

像我刚才说的至少需要多少多少次、最多需要多少多少次，其实就是在估算最好情况和最坏情况。最坏情况可能经常是无穷，但最好情况又缺乏普遍性，所以一般就是以平均情况为准的。书中说的运行时间指的就是平均情况的时间，它是将最坏情况的极限和最好情况平均而来的。

但是并不是测试时效率高的算法在任何情况下效率都高，效率低的算法也并不是永远低效的。在 n 足够大时，极有可能出现的情况是效率高的反而比效率低的速度慢了，这就是所谓的函数渐进增长，即在某个数之前 f(x) 一直大于 g(x)，那就说 f(x) 在这个范围内渐进增长快于 g(x)；反之，某个数之后 g(x) 开始一直大于 f(x) 了，这个时候就说在这个范围内 g(x) 的渐进增长大于 f(x) 啦。这有点像麻将中的轮流坐庄，很多时候会有这种情况发生哦。

2. 空间复杂度

空间复杂度很好理解啦，就是对执行这个算法时占用资源的评估。一般当然是占用越低越好啦，计算时有个公式，不过没必要记的，就不讲啦哈。

这样的话，第 2 章，也讲完喽。☺

哎等会，你不是说要讲算法吗？算法在哪啊？

嘿嘿，还记得我说过算法和数据结构是不可分离的嘛，所以特定的算法也必须搭配特定的数据结构讲喽。接下来每一章都是算法和数据结构哦。

第 3 章　从数组和串说起

哎，不对啊！不应该从链表开始讲吗？教材都是这样写的啊……

嘿嘿，如果我都和其他老师写的一样，我还有啥写的价值咧？😁

确实，链表很重要，它和数组都是较复杂数据结构的实现基础，可以说是可以用于数据结构的数据结构，哎，注意一下重点哈。😁我刚才说的是"链表和数组都是较复杂数据结构的实现基础"、"链表很重要"，那么根据数学中的等价代换原则，就可以得到"数组很重要"的结论吧，😊而且跟链表比起来，数组咱们更熟悉。从"老朋友"开始讲起可以让你恐惧心理少一些哦。😁

串的"小名"我已经说过啦，它就是字符串，😁所以作为字符串数组的它跟数组一起讲最方便喽。

那就开始吧。😊

3.1　数组内存的静态分配和动态分配

说到数组，是《脑洞大开：C 语言另类攻略》书里第 4 章的老朋友啦，相信你已经很熟悉了吧。所以这里就不啰嗦了，在这里讲个新的内容吧。

说到内存的静态分配和动态分配，你知道分别是什么意思吗？

不清楚也没关系喽，咱们来慢慢捋一捋。😊

静态分配就是将变量需要的相应空间在编译时就已经分配好的一种内存分配方法，咱们常用的就是这种方法。比方说：

　　　int a[100];

在编译时编译器走到这一句就会给这个数组的 100 个元素在栈上分配相应的内存空间。也就是说，咱们平时正常定义的所有变量的内存获得方法都属于内存的静态分配的范畴。

哎，那问题就来了。既然咱们平时正常定义的变量都是通过静态内存分配的方法获得的内存，那动态内存分配又是啥情况？

嘿嘿，其实动态内存申请，说白了就是程序在运行时而非在编译时向系统申请空间。在 C 语言中说到手动申请内存空间，你会想到谁咧？嗯啊，就是 malloc() 和 free() 两个函数。也就是说，在 C 语言中动态内存分配指的就是程序在运行中通过 malloc() 函数向系统申请空间，事后自行使用 free() 函数释放相应空间的方法。

静态内存分配和动态内存分配的区别就是：静态分配是在编译时从栈空间上分配的，无需人工干预；而动态分配是在运行时手动从堆空间申请空间，需要人工释放。至于堆空间和栈空间的区别以及 malloc() 和 free() 函数的用法，在《脑洞大开——C 语言另类攻略》书中有的哦，这里就不啰嗦喽。

那么为啥要说这两个东东咧？嘿嘿，因为很明显这两种方法各有所长又各有所短啊。

静态内存分配的好处就是只要程序运行了，就证明所有变量所需的内存空间都已经被成功分配啦，也就不会存在使用 malloc() 函数可能造成的系统无法满足要求而导致的内存申请失败以及产生的一系列问题。而且静态内存分配所分配的空间来自栈空间，栈空间的速度和效率要好于堆空间，提升了效率。

不过，缺点也十分明显哦……就是你在定义数组的时候长度很尴尬啊，必须要么事先知道要存放数据的长度；要么就必须写一个足够大的长度来防止出现数组越界。这样经常会造成一定的浪费和程序适用性低下的问题(因为如果每次改变输入数据的长度都可能要修改代码中的数组长度……)

而动态分配内存的好处就是内存申请灵活，可以随用随申，甚至可以在知道数据长度以后再申请(先让用户输入长度值，把这个值赋值给一个变量。比如说用整型的 num 变量申请整型数组吧，通过 int *p; p = (int*)malloc(num * sizeof(int));，就可以申请到定长的数组空间啦。)。动态分配内存的缺点在于并不是每次申请都能得到系统的满足，一旦系统没法满足你，那你就必须得赶紧结束程序，否则可能会出现一系列的 bug……

但其实这两种方法不能说孰优孰劣，只能说各有侧重。

本章更多的是介绍使用动态内存分配解决的相关问题。

其实也没有很难啦，不要担心哦。

3.2 一维数组的访问

一维数组的访问？这个要讲吗？不就两种方法嘛，一种是数组形式的访问，另一种是数组首地址+偏移量的指针形式访问。

嗯啊，确实不难，这里就是稍微讲一下动态申请一维数组的访问方法。嘿嘿，其实说白了还是一样的，依然是两种方法：一种是数组形式的访问，另一种是数组首地址+偏移量的指针形式访问。

写个例子？嗯，就写个简易的学生成绩录入系统吧。

```
#include<stdio.h>
#include<stdlib.h>              //包含 malloc()和 free()函数声明的头文件

int main(void)
{
    int num,i;
    int *p;
    printf("请输入学生人数");
    scanf("%d",&num);
    p = (int*)malloc(num * sizeof(int));    //动态申请数组

    if(p == NULL)                           //如果申请失败  报错并退出
    {
        printf("wrong!");
        return -1;
    }

    for(i=0;i<num;i++)                      //for 循环录入每个学生成绩
    {
        printf("请输入第%d 个学生的成绩",i+1);
        scanf("%d",p+i);
    }

    for(i=0;i<num;i++)                      //输出学生成绩
    {
        printf("第%d 个学生的成绩是%d\n",i+1,*(p+i));
    }

    free(p);                                //释放数组占用的内存空间

    return 0;
}
```

这是一个很简单的小程序，不过有几个地方要说一下。

首先，这个 #include<stdlib.h>是个新奇玩意。

stdlib 头文件即 standard library 标准库头文件，里面包含了 C、C++语言最常用的系统函数，其中包括 malloc()、realloc()、calloc()和 free()等函数。要想在程序里使用这些函数，可以通过包含这个头文件来实现。当然其实这个头文件也是通过包含头文件 malloc.h 来实现这几个函数的，malloc.h 才是实现所有内存申请、释放函数的库文件。不过一般我们为了方便起见，程序直接包含的是 stblib.h 文件。

说到头文件有点小东东想说下，你知道每每写在 include 前的那个"#"是干嘛用的吗？不光是 include 前有"#"号，在宏定义 define 前也有，那它到底是干嘛的呢？其实它是一个预处理表示符，它的存在就是告诉编译器当前这句话是预处理语句。那什么是预处理咧？就是在编译前执行的处理。

比方说 #include<stdio.h>语句在预处理时，其实是将 stdio.h 这个头文件中的函数声明以及 stdio.c 中的具体函数实现代码完全拷贝到当前的程序代码中，这样编译器在编译相应函数时会像编译咱们自己写的函数那样在当前目录下寻找该函数的声明和定义以便完成编译。

而宏定义的预处理是将代码中所有宏定义的标识符替换成相应常量。比方说#define N 8 语句，那么在预处理的时候它就会将代码中所有用 N 表示的内容以 8 代替。在预处理完全完成后，正式编译才会开始。

你可能会问，那为啥要使用预处理来处理 include 呢？直接在写代码的时候就把对应头文件的内容直接拷过来多好。额，可以是可以，不过会很头大……因为头文件可能就上百行代码，加上相应的实现代码，可能会过千行。如果真的全拷过来，估计在写代码的时候在几千行代码中想找到 main 在哪都……😵

说到这，这段程序代码里还有一个地方其实很有意思，就是这条语句：

    int *p;

我想你一定知道这句话的意思，它定义了一个整型指针变量 p，但是如果我这么写咧，

    int* p1,p2;

这时候它代表着啥咧？定义了两个整型指针变量，分别叫做 p1 和 p2？

不对哦，这其实是分别定义了一个整型指针变量 p1 和一个整型变量 p2。

这是一个误导性的问题，因为"int*"这种写法很容易让人误以为它之后定义的所有变量都是整型指针变量。实则不然，只有紧跟它的第一个变量是整型指针变量，其他的都是正常的整型变量哦，所以以为了减少不必要的误会一般都不写 int* p;，而是写成 int *p;，就是把星星放在变量名这边，这样的话比较容易看出那颗星星到底是属于谁的。

    int *p1,*p2;   //定义了两个整型指针变量 p1 和 p2
    int *p1,p2;   //定义了一个整型指针变量 p1 和一个整型变量 p2

一般为了减少误会，不提倡写 int *p1,p2;，而是分写成两条语句：

    int *p1; int p2;

这样看起来出错率比较低。

嘿嘿，算是补充了一个写代码的风格和解释了一个误区吧。

再返回来看这段程序代码，比较重要的就剩这条语句了：

```
p = (int*)malloc(num * sizeof(int));        //动态申请数组
```

这条语句表明了数组的动态申请方法，通过使用 malloc() 函数一次性向系统从堆空间申请指定长度的连续空间，sizeof(int) 表示一个整型元素的空间大小，num * sizeof(int) 就是整个数组所占用的空间长度。

既然是数组，例子中所有的指针访问写法自然也可以全写成数组访问写法喽，就是说 *(p+i) 可以写成 p[i]。

别看这个程序很简单，接下来的几个例子都是通过它延伸扩展的哦。比方说，接下来的数组遍历。

3.3 一维数组的遍历

啥叫遍历咧？说白了就是从头到尾"看"一遍。

那啥时候需要进行遍历咧？一般用于查找特定的某个元素或某个元素的值，找到了的话就返回这个元素或值的位置，没找到就返回空值并提示。遍历这个东西以后会出来很多次，用法都是大同小异的。

那就继续刚才那个例子吧，咱们录入了所有学生的成绩之后，想知道咱录入的某个学生的成绩或者想知道都有谁在 60 分之上怎么办？

嘿嘿，当然是靠遍历啦，具体思路是输入你想知道成绩的学生的编号。比方说，你想查第 3 个学生的成绩，可以输入序号 3 或者输入成绩，然后输出所有获得这个分数的学生序号。这里需要一个选择判断，让用户选择要执行上面两项操作中的哪一项。当然，这两个操作的具体实现是需要另写函数的哦。

先自己考虑一下，写一写更好啦，然后再来看示例代码：

```
#include<stdio.h>
#include<stdlib.h>
int main(void)
{
    int num1,num2,i,re;
    int *p;
    int search1(int num1,int num2,int *p);
    int search2(int num1,int num2,int *p);
```

```
printf("请输入学生人数:");
scanf("%d",&num1);
p = (int*)malloc(num1 * sizeof(int));        //动态申请空间创建数组
if(p==NULL)                                  //如果申请失败，退出
{
printf("wrong");
return -1;
}
for(i=0;i<num1;i++)                          //循环录入学生成绩
{
    printf("请输入编号为%d 的学生的成绩",i+1);
    scanf("%d",p+i);
}
printf("请选择要执行的操作: \n1、按编号查成绩\n2、按成绩查编号\n"); //用户选择操作
scanf("%d",&num2);
if(num2==1)                                  //选择 1，便执行 search1 函数
{
    printf("请输入要查询的学生编号:");
    scanf("%d",&num2);
    re = search1(num1,num2,p);
    if(re==0)                                //判断是否找到
    {
      printf("没找到该学生~\n");
    }
    else
    {
      printf("找到该学生  成绩为:%d\n",re);
    }
}
else if(num2==2)                             //选择 2，便执行 search2 函数
{
    printf("请输入分数线:");
    scanf("%d",&num2);
    re = search2(num1,num2,p);
    if(re==0)                                //判断是否找到
    {
        printf("没找到符合条件学生~\n");
```

```
        }
        else
        {
            printf("找到该学生  其编号为:%d\n",re);
        }
    }
    free(p);//释放数组占用空间
    return 0;
}
/*search1 函数中，num1 为学生人数，num2 为要找的学生编号，p 为数组的首地址指针*/
int search1(int num1,int num2,int *p)
{
    int i;
    for(i=0;i<num1;i++)
    {
        if(i==num2-1)
        {
            //如果找到该编号，直接返回对应成绩，节省时间，提高效率
            return *(p+i);
        }
    }
    return 0;//没找到返回 0
}
/*search2 函数中，num1 为学生人数，num2 为要找的学生成绩，p 为数组的首地址指针*/
int search2(int num1,int num2,int *p)
{
    int i;
    for(i=0;i<num1;i++)
    {
        if(*(p+i)==num2)
        {
            //如果找到该成绩，直接返回对应学生编号，节省时间，提高效率
            return i+1;
        }
    }
    return 0;                //没找到就返回 0
}
```

感觉是不是代码突然变得好长啊？所以为了方便浏览，我把一些空行给省略了。虽然不太符合正常习惯，不过作为印在书上的示例代码看起来比较方便。

这段代码虽然很长，但是很简单，咱们就是在刚才的那个例子上增加了两个功能：一个是按编号查成绩，另一个是按成绩查编号。

先来看看运行效果吧。按编号查成绩，结果如图 3-1 所示。

按成绩查编号，结果如图 3-2 所示。

图 3-1   图 3-2

你自己想的方法实现了吗？只要能实现一样的功能，实现方法不一样也是很正常的哦，毕竟每个人的思维不同嘛。不过俗话说得好，不管黑猫白猫，能逮着耗子的就是好猫，而且数据结构本来就没有硬性的算法要求，自行发挥成功那可是极好的事情哦。真相，不只有一个嘛。

这里就把我的实现方法作为实例先讲下吧。

首先，咱还是和刚才一样，先通过用户输入得到学生人数，然后用 malloc()函数申请相应长度的空间。

```
p = (int*)malloc(num1 * sizeof(int));        //动态申请空间创建数组
```

这里的(int*)你还记得是干嘛的吗？

嗯啊，它是一种强制转换。malloc()函数的返回地址是空类型的，通过 (int*)把返回地址强制转换为 int*型，即把返回地址赋值给了一个整型指针。当然，如果你觉得这么说比较难懂的话，你可以依然按 C 语言书里的说法把强制转换理解成这段内存要存放的内容类型，即指定了申请的这段内存要存的是什么。

申请完成后通过一个 for 循环录入学生成绩，然后让用户选择是要按编号查成绩咧还是按成绩查编号咧，选择完成后执行相应函数 search1()或 search2()函数。这两个函数倒是可以看下。

```
/*search1 函数中，num1 为学生人数，num2 为要找的学生编号，p 为数组的首地址指针*/
int search1(int num1,int num2,int *p)
{
    int i;
    for(i=0;i<num1;i++)
    {
        if(i==num2-1)
        {
            //如果找到该编号，直接返回对应成绩，节省时间，提高效率
            return *(p+i);
        }
    }
    return 0;//没找到返回 0
}
```

search1()和 search2()两个函数大同小异，就只拿 search1()函数作为例子吧。

这两个函数都是传入了两个整型参数和一个整型地址。num1 和 num2 分别代表数组长度(学生人数)和要找的编号。而地址来源于整型指针，指向的是动态申请的数组的首地址。哎，说到这我突然冒出个问题啊。

咱们已经知道了静态申请的数组可以看作是一种指针常量，并且可以以指针+偏移量的方式访问对应的数据，那你说指向动态申请的数组的首地址的指针是指针常量还是指针变量呢？

嘿嘿，当然是指针变量啦，咱们在定义的时候已经写得很清楚啦。你看啊，在代码中是这么写的：

```
int *p;
//此处省略 N 段代码

p = (int*)malloc(num1 * sizeof(int));
```

这里很明白地写着啦，定义的时候 p 就是一个整型的指针变量，然后用它指向了动态申请的数组的首地址。那也就是说动态申请的数组其实是真正的指针变量+偏移量访问对应元素的喽，那么也就是说 p++;p--;这种在指针常量里不被允许的写法自然也可以使用啦。

指针变量和指针常量详细的区别可以去看看《脑洞大开——C 语言另类攻略》书哦。😊
再扯回一开始的话题。😁

继续看 search1()函数，它的传入方式用到了传值调用和传址调用，这里就不说啦，然后剩下的就是遍历的算法代码啦。

```
for(i=0;i<num1;i++)
```

```
    {
        if(i==num2-1)
        {
            //如果找到该编号，直接返回对应成绩，节省时间，提高效率
            return *(p+i);
        }
    }
    return 0;//没找到返回 0
```

算法很好理解，就是通过循环遍历整个数组，然后如果找到了偏移量为 num2-1 的这个元素，就返回它所存储的值。哎等会，为啥是 num2-1 啊？嘿嘿，忘掉了数组的偏移量是从 0 开始的吗？如果要找第 5 个元素，那它的偏移量不就是 4 嘛，所以当然是 num2-1 啦。😁

*(p+i)就是该元素存储的值啦，当然，前面说过也可以写成 p[i]。

search2()和 search1()函数相反，是输入成绩找编号。你应该知道怎么用 search1()函数改了吧，嘿嘿，所以我就不说喽。

哎，它既然是一个学生成绩录入系统，那就肯定要考虑一个问题，就是如果某个学生转走或者有学生又转进来了，那么数组长度是要改变的啊。如何是好咧……嘿嘿，往下看就知道啦。

3.4 一维数组元素的插入和删除

1. 一维数组元素的删除

既然是数据，就肯定无法避免地要有数据的修改问题，比方说插入和删除。继续学生成绩录入系统的例子，假设原来有 7 个学生，现在转走了一个，那么他的数据该怎么办咧？

嘿嘿，当然是删除呗，你可能会说，我知道是删除啊，但要怎么做咧？

咱先来总结下大体思路。首先，要想删除某个成员数据，那肯定要先遍历一次数组来确定它的位置，找到它以后应该做啥咧？嘿嘿，当然是数据覆盖喽，按照咱原来的方法就是把这个元素后面所有元素里的值全都向前移动一个单位，这样就把想删除的数据删除啦，并且它之后的数据也按原顺序全部向前移动了一个单位，保证了线性结构的连贯性。然后还要想办法别让最后一个值出现两次哦。嘿嘿，你先自己猜猜我在说的和指的是啥吧。😊

好啦，思路说完啦，你可以先试试喽。下面来看示例代码。

```
#include<stdio.h>
#include<stdlib.h>
int main(void)
```

```
{
    int num1,num2,i,re;
    int *p;
    int delete1(int num1,int num2,int *p);
    printf("请输入学生人数:");
    scanf("%d",&num1);
    p = (int*)malloc(num1 * sizeof(int)); //动态申请空间创建数组
    if(p==NULL) //如果申请失败，退出
    {
        printf("wrong");
        return -1;
    }
    for(i=0;i<num1;i++)//循环录入学生成绩
    {
        printf("请输入编号为%d 的学生的成绩",i+1);
        scanf("%d",p+i);
    }
    printf("请输入要删除的学生编号:"); //用户输入要删除的学生的编号
    scanf("%d",&num2);
    re = delete1(num1,num2,p);
    num1 = re; //更新当前数组的长度(即学生人数)
    printf("删除成功！剩余学生编号及成绩为:\n");
    for(i=0;i<num1;i++)
    {
        printf("第%d 个学生的成绩为%d\n",i+1,*(p+i));
    }
    free(p);
return 0;
}


//delete1 函数中，传入的 num1 为数组长度(学生人数)，num2 为要删除的学生编号，p 为数组首地址
int delete1(int num1,int num2,int *p)
{
    int i,j;
    for(i=0;i<num1;i++)
    {
        if(i==num2-1)
```

```
        {
            for(j=i;j<num1-1;j++)
            {
                *(p+j) = *(p+j+1);//覆盖数据
            }
            break;//操作完成，提前跳出 for 循环，提高效率
        }
    }
    return num1-1; //返回删除后的数组长度(学生人数)
}
```

这段代码很有代表性，它不仅删除了对应数据，并且正确更新了数组的新长度，从而避免了出现输出多余垃圾数据的尴尬问题。在说明代码内容前先来看下程序的运行效果吧，如图 3-3 所示。

OK，没有问题，删除成功，并且正确输出了剩余学生的成绩。

哎，等会，你可能会问，这个也太没说服力了吧。那如果我删除的刚好是第 6 个学生即最后一个学生的成绩，会不会出现问题啊，来试试呗。😊删除结果如图 3-4 所示。

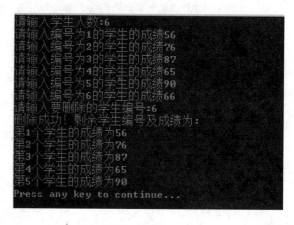

图 3-3   图 3-4

啊咧，好像也没问题哦。那再来看看这段代码吧。

整段代码的前面还是和原来一样没啥改变，还是按用户输入长度动态申请数组，这块就不说了哈，多出来的是这家伙：

```
int delete1(int num1,int num2,int *p)
```

具体实现也比较好说，先把代码贴出来吧。

```
//delete1 函数中，传入的 num1 为数组长度(学生人数)，num2 为要删除的学生编号 p 为数组首地址
int delete1(int num1,int num2,int *p)
{
    int i,j;
    for(i=0;i<num1;i++)
    {
        if(i==num2-1)
        {
            for(j=i;j<num1-1;j++)
            {
                *(p+j) = *(p+j+1);          //覆盖数据
            }
            break;                          //操作完成，提前跳出 for 循环，提高效率
        }
    }
    return num1-1;                          //返回删除后的数组长度(学生人数)
}
```

首先咧，还是先对数组进行了遍历，然后找到要删除的元素所在的位置，之后执行了这条语句：

```
    *(p+j) = *(p+j+1);      //覆盖数据
```

就是把该元素之后的所有元素都向前移动了一个单位。

这块感觉只拿文字说明好无力……来画张图吧。

比方说要删掉 5 这个数字，那么遍历到这里后，函数执行了类似如图 3-5 所示的操作。

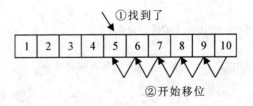

图 3-5

哎，等会，那样的话倒数第一和倒数第二个元素的值不就都是 10 了吗？重复了啊……所以返回值很关键。从图 3-5 中可以看出，因为少了一个元素的值，所以在进行元素移位时最后两个元素的值会变成一样的。但是你要知道，删掉了一个数据，就意味着这个数据的空间也不应该存在了。所以咱们把数组长度减 1，即 return num1-1;，这样子的话，新的

数组长度就只有 9 了，它不会遍历到第 10 个元素了，也就是说第 10 个元素的空间被弃用了，如图 3-6 所示。

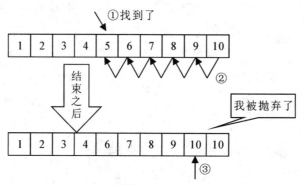

图 3-6

在主函数里接收数组新长度的变量是 re，再把这个长度赋值给 num1 作为数组的新长度，即删除一个学生后的学生人数。还有刚才的那个疑问，就是如果删除的刚好是数组的最后一个元素的话，它是怎么实现的咧？

嘿嘿，看看 delete1()函数中的这段代码就知道啦。

```
for(i=0;i<num1;i++)
    {
        if(i==num2-1)
        {
            for(j=i;j<num1-1;j++)
            {
                *(p+j) = *(p+j+1);//覆盖数据
            }
            break;//操作完成，提前跳出 for 循环，提高效率
        }
    }
```

这段代码的意思将要删除的元素后面的所有元素都向前移动一位。这个已经说过啦，重点是如果 num2-1 刚好是数组的最大长度咋办？

如果 num2-1 是数组的最大长度，那么就是说在 i=num2-1 的时候 if 语句才成立，然后触发了 for 循环 j=i=num2-1。但是你发现没？这个 for 循环的第二个条件是 j<num1-1，如果说 num2-1 刚好是数组最大长度的话，那么 num2-1 刚好就等于 num1-1。也就是说，条件

判断失败，这个循环不会执行，函数只会将原来的数组长度减 1 之后返回。但是这个减 1 刚好就实现了咱们的要求哦，即删掉了最后一个元素，此刻倒数第二个元素变为最后一个元素了，原来的最后一个元素被弃用了。

　　嘿嘿，很神奇吧。😎

　　要注意的是，这里所说的抛弃只是说这块内存空间在程序遍历数组时不会被遍历到而已，并不是说它被销毁了哦，如图 3-7 所示。

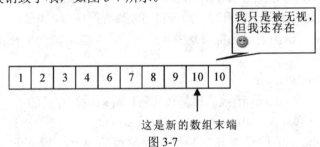

图 3-7

　　要销毁的话，是要用 free()函数，不过应该不会有人无聊到每次腾出来一个数组空间就迫不及待销毁掉吧……😎

　　至此数组元素的删除就算是说完了，你学会了吗？没关系，数据结构就是要自己多动手实验才能得到自己期望的结果哦。

　　自己多多试试吧。😎

　　接下来该讲数组元素的插入了，它跟删除的情况还有一点不一样哦，你猜是哪里不一样咧？

2. 一维数组元素的插入

　　数组元素的插入和删除相比有一点不一样，你猜到是哪里不一样了吗？

　　嘿嘿，是数组长度问题，因为当时申请数组长度的时候是"一个萝卜一个坑"，所以就没有多余空间来存储插入的数据，这样就要想个办法来增加空间，怎么办好啊？😎

　　嘿嘿，还记得我引入 stdlib.h 的时候说过它里边都包含啥函数的声明了吗？

　　Stdlib.h 里面包含了 C、C++ 语言最常用的系统函数，其中包括 malloc()、realloc()、calloc() 和 free()等函数。哎，你就不想问问和 malloc()长得很像的另外两个函数 realloc() 和 calloc() 分别是干啥的吗？😀

　　这两函数可得了，在这节可是会有大用处。

　　不过在讲它之前，先来看看 malloc()都有多少"兄弟姐妹"吧。

　　C 语言中与内存申请相关的函数主要有 alloca()、calloc()、malloc()、free()和 realloc()。

　　(1) alloca()是向栈申请内存，因此无需释放。

　　(2) malloc()申请的内存位于堆中，但没有初始化内存的内容，所以不保证每次申请的空间里面都是没内容的。

(3) calloc()将初始化申请的内存，设置为0。

(4) realloc()对 malloc()申请的内存进行大小的调整。

从堆内存申请的内存最终需要通过函数 free()来释放，如果在程序运行过程中 malloc()调用函数，但是没有 free()的话，就会造成调用内存泄漏，意思是一部分的内存没有被使用，但是由于没有调用 free()函数，因此系统认为这部分内存还在使用，使得系统可用内存不断减少。内存泄漏仅仅指在程序退出时，系统将回收该程序所有的资源。

这里 malloc()的用法咱们已经挺清楚啦。比方说，动态申请一个长度为 10 的整型数组的方式：

    p = (int*)malloc(10*sizeof(int));

但是你知道如果用 calloc()函数应该怎么写吗？应该是这样子的：

    p = (int*)calloc(10,sizeof(int));

也就是说，calloc()的用法是在括号里写要申请的元素个数和元素的单位长度，即 calloc(申请的元素个数，元素单位长度)。记得它和 malloc()一样也要有强制转换哦。

通过 calloc()申请的空间和 malloc()申请的空间的不同之处是：calloc()申请的空间会被自动初始化，calloc()函数会将所申请的内存空间中的每一位都初始化为零。也就是说，如果你是为字符类型或整数类型的元素申请内存，那么这些元素将保证被初始化为 0；如果你是为指针类型的元素申请内存，那么这些元素通常被初始化为空指针；如果你为实型数据申请内存，则这些元素会被初始化为浮点型的零。这也是为啥要加上类似(int*)这样的强制转换的原因之一，因为只有这样 calloc()才能知道这段空间接下来将会存储什么类型的内容，然后它才知道该怎样给这段空间初始化嘛。

说完 calloc()，那 realloc()又是怎么用的咧？

realloc()函数前面说到过是用来给 malloc 申请的空间扩容用的，用法是：

    realloc(malloc 申请的空间的首地址，新长度)

比方说：

    int *p;

    p = (int*)malloc(10*sizeof(int));

然后发现 10 这个长度不够用了，想改成 20，那就需要再加一句：

    p = (int*)realloc(p ,20*sizeof(int));

这里整型指针变量 p 首先指向的是一个长度为 10 的动态申请的数组的首地址，然后因为长度不够了，使用了 realloc()函数来扩大长度，所以将原来的数组的首地址和希望扩大后的长度给了 realloc()函数，然后再将其新地址重新赋值给 p 指针。

哎，问题来了，realloc()函数最特别的地方就在这：

　　realloc()函数可以对给定指针所指的空间进行扩大或者缩小，无论是扩大或是缩小，原有内存中的内容将保持不变。当然被缩小的那一部分的内容会丢失，但是 realloc()函数并不保证调整后的内存空间和原来的内存空间保持同一内存地址，相反 realloc()函数返回的指针很可能指向一个新的地址。

　　这是因为 realloc()函数也是从堆上分配内存的，当扩大一块内存空间时，realloc()函数试图直接从堆上现存的数据后面的那些字节中获得附加的字节。如果能够满足，则无需更换新地址；但是如果数据后面的字节不够，问题就出来了，则使用堆上第一个有足够大小的自由块，并将现存的数据拷贝至新的位置，而旧块内存则放回到堆上，这句话传递了一个重要的信息——数据可能被移动。

　　这话听着有点像绕口令似的，没事，下面画图解释。

　　比方说这是原来 malloc()函数申请的空间，假设首地址是 100，如图 3-8 所示。

图 3-8

　　突然发现 10 个元素长度不够了，所以使用了 realloc()函数。

　　然后 realloc()函数开始执行了，首先，它先试试能不能在原地址上直接增加空间，假设增加 2 个元素空间吧。(不然画出来长度太长)

　　方案一：直接增加空间，如图 3-9 所示。

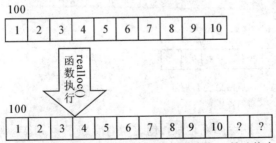

因为新增的两个元素空间还没有被赋值，所以其内容就用"？"代替啦。
realloc()函数执行结束，返回值为原地址

图 3-9

　　这样首地址并没有改变，也就是说在原地址上成功的扩充空间啦。

　　但是如果这段内存已经没有足够的空间让 realloc()函数直接在原地址上扩充空间的话，realloc()函数就会向系统在其他地方重新申请一块新空间，并且将当前空间内的数据拷贝过去，释放掉这段不够长的空间。

方案二：重新申请空间，如图 3-10 所示。

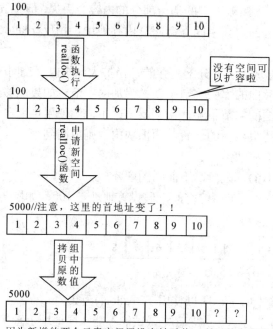

因为新增的两个元素空间还没有被赋值，所以其内容就用"？"代替啦

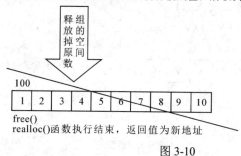

free()
realloc()函数执行结束，返回值为新地址

图 3-10

所以说啦，realloc()函数极有可能返回新地址，但这就有麻烦了啊。因为很有可能你原来有很多指针都是指向原来数组地址的，怎么办咧？没啥好办法了，只能将所有原来指向旧地址的指针全都重新赋值。为了以防万一，最好每次使用了 realloc()函数之后都将原来所有指向原地址的指针都重新赋值一遍，防止出现野指针。

你先思考带插入数据功能的程序以学生成绩录入系统为底本要怎么写吧，然后再自己尝试下看能不能行得通，最后再来看这里的示例代码。毕竟自己动手，丰衣足食嘛。😁🙂

```
#include<stdio.h>
#include<stdlib.h>
```

```c
int main(void)
{
    int num1,num2,num3,i,re,temp;
    int *p;
    int insert1(int num1,int num2,int num3,int *p);
    printf("请输入学生人数:");
    scanf("%d",&num1);
    temp = ((num1 / 4) + 1) * 4;//多申请一点点空间的方法
    p = (int*)malloc(temp * sizeof(int)); //动态申请空间创建数组
    if(p==NULL) //如果申请失败，退出
    {
        printf("wrong");
        return -1;
    }
    for(i=0;i<num1;i++)//循环录入学生成绩
    {
        printf("请输入编号为%d 的学生的成绩",i+1);
        scanf("%d",p+i);
}
        printf("请输入要插入的学生编号:"); //用户输入要插入的学生的编号
        scanf("%d",&num2);
        printf("请输入要插入的学生成绩:");//用户输入要插入的学生的编号成绩
        scanf("%d",&num3);
        re = insert1(num1,num2,num3,p);
        num1 = re; //更新当前数组的长度(即学生人数)
        printf("插入成功！剩余学生编号及成绩为:\n");
        for(i=0;i<num1;i++)
        {
        printf("第%d 个学生的成绩为%d\n",i+1,*(p+i));
        }
        return 0;
        }
```

1*insert1 函数中，num1 为数组长度(学生人数)，num2 为要插入的学生编号，num3 为要插入的学生成绩，p 为数组首地址*1

```c
int insert1(int num1,int num2,int num3,int *p)
{
    int i,j,temp1,temp2;
```

```
for(i=0;i<=num1;i++)
{
    if(i==num2-1)
    {   temp1 = *(p+i);  //通过 temp1 暂存要插入的位置上原来的值
        *(p+i) = num3;   //数据插入
        //将被插入位置后面的所有数组元素中的值都向后移动一位
        for(j=i;j<num1+1;j++)
        {
            temp2 = *(p+j+1);
            *(p+j+1) = temp1;
            temp1 = temp2;
        }
        break;           //操作完成,提前跳出 for 循环,提高效率
    }
}
return num1+1; //返回插入后的数组长度(学生人数)
}
```

在解释代码之前先来尝试运行下看看结果吧，结果如图 3-11 所示。

哎，你可能又要问了：那如果我要插入到当前编号的最后一位，这段代码能实现吗？嘿嘿，试试呗。

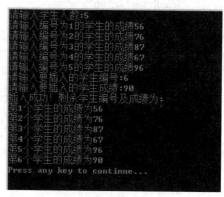

图 3-11   图 3-12

好像没问题哦。不过这个程序不允许插入断码，就是本来只有 6 组数据，那你要插入的编号最多只能是 7，即插到当前数据尾端，但不能插入 8，而出现 7 这个没有数据的断档。

还有啊，因为申请的多余空间有限，这个程序最好再加个判断，判断当前数组长度是否足够插入该编号。如果不够，则应该弹出提示(虽然就这个程序而言不会存在这个问题，因为只会插入一次；但是如果多次插入，那么多余的空间够不够用就是个问题啦。)

嘿嘿，这个就靠你自己去写啦，我只是给你最基础的内容啦。😁

下面解释一下什么是元素以及什么是元素的值。

元素说白了就是数组的基本单元，它也是一种变量；而元素的值指的就是这个变量里存放的值。比方说，a[7]就是数组 a 的一个元素，而 a[7]中的值就是这个元素的值，示意图如图 3-13 所示。

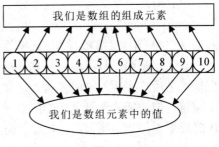

图 3-13

下面的代码跟元素删除的代码长得很像，主要有几个地方挺有意思。

```
temp = ((num1 / 4) + 1) * 4;          //多申请一点点空间的方法
p = (int*)malloc(temp * sizeof(int)); //动态申请空间创建数组
```

喏，第一个地方就是这啦，多申请一点点空间的方法就是我说的把用户输入除 4 取整之后加 1 然后再乘 4，这样可以多申请 1～4 个空余空间，额你也可以拿几个数进去算算。😎

剩下的比较有意思的东西感觉就全在函数 insert1()执行的插入操作啦，先把代码切过来吧。

```
/*insert1 函数中，num1 为数组长度(学生人数)，num2 为要插入的学生编号，num3 为插入的
学生成绩，p 为数组首地址*/
int insert1(int num1,int num2,int num3,int *p)
{   int i,j,temp1,temp2;
    for(i=0;i<=num1;i++)
    {
        if(i==num2-1)
        {   temp1 = *(p+i); //通过 temp 变量暂存要插入的位置上的原来的值
            *(p+i) = num3;   //数据插入
            for(j=i;j<num1+1;j++) //将被插入位置后面的所有数组元素中的值都向后移动一位
            {
                temp2 = *(p+j+1);
                *(p+j+1) = temp1;
                temp1 = temp2;
            }
            break;//操作完成，提前跳出 for 循环，提高效率
        }
    }
    return num1+1; //返回插入后的数组长度(学生人数)
}
```

一共有四个参数传入了这个函数，其中三个是变量值，另一个是数组的首地址。

num1、num2、num3 获得的值分别代表着当前没插入时数组的长度(学生人数)、要插入的学生编号(即插到哪) 😈，还有要插入的学生成绩。

首先还是遍历数组啦，找到要插入的位置之后，先将要插入的元素中的值存入 temp1 变量，之后将要插入的成绩插入，并把 temp1 中的值通过一个循环赋值给当前位置的下一个位置，把被插的元素之后的所有元素中的值都向后移动一位，这样元素插入就完成啦。这时还要返回当前插入后的数组长度，不然的话数组长度不改变，遍历时最后一个元素会被忽略掉。😎

还是继续画图说明吧。这次例子代码中的数组也不长，就直接拿它里面的数据作为例子吧。

图 3-14 是数组一开始的状态(因为输入的是 5，5 除 4 取整加 1 再乘 4 得数是 8)。

然后咱们要在第三个元素的位置插入 90 这个分，所以循环开始遍历数组，如图 3-15 所示。

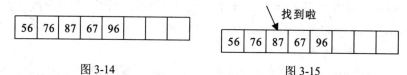

图 3-14　　　　　　　　　　图 3-15

找到这个要插入的位置之后，将当前元素的值 87 存入 temp1 变量，然后将 90 存入，之后执行循环将插入位置之后的所有元素的值都向后移位，如图 3-16 所示。

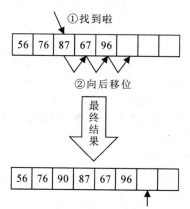

这里变成数组的新结尾，所以数组的长度要加1

图 3-16

直接插在数据尾端时的情况是什么样子的咧？嘿嘿，你可以自己画画看喽。

这里有一个地方，就是进行移位操作的代码里的这条语句：

```
break;          //操作完成，提前跳出 for 循环，提高效率
```

这个用法在元素删除时也用过，你知道这条语句是什么意思吗？跳出的是哪个循环？为什么要跳出这个循环？

它跳出的是 i++的那个循环，别看它在 if 里，break 用来跳出离它最近的循环语句或 switch 语句的命令语句，所以这里它真正执行的是跳出 for(i=0;i<=num1;i++)这个主循环。

为什么要跳出这个主循环呢？你还记得咱们做这个主循环是干嘛的吗？嗯啊，是为了遍历数组找到要插入的位置。也就是说，找到位置之后的循环次数就已经没有必要了，所以说在执行完插入操作后，这个主循环就可以终止啦。元素删除中的那个主循环也是大同小异哦，也是为了遍历找到要删除的元素，找到之后的循环次数也是没必要的啦，所以也 break 掉啦，这样子可以节省运行时间。

当然，这里的操作代码都只是示例哦，并不是什么权威或标准答案。想法，在数据结构中永远没有标准答案这一说，还是那句话：黑猫白猫，能逮着耗子就是好猫。嘿嘿，所以说如果你写出了更厉害的代码，说明你比我厉害。

记住，在数据结构里，真相永远不止一个哦。😊

这么一来的话，一维数组的元素插入和删除就算是讲完喽。

接下来的内容跟二维数组有关，放心，不会很难，肯定比通常的教材讲得易懂啦。😊

3.5　二维数组以及假如没有二维数组

嘿嘿，好吧，我承认这个标题怪怪的，不过相信我，看过之后你会觉得这个标题是很贴切的。😁

二维数组，嗯啊，老朋友啦，感觉没啥可说的了，对不对？😁

咱们原来理解的二维数组就是一个有行有列的像日历一样一个格子一个格子的东西对不对？

好吧，告诉你个很毁三观的事实：在 C 语言内部处理时，其实不管你是几维数组，都是按一维数组处理的……

也就是说，咱们眼里的二维数组是图 3-17 这样的。

而在 C 语言眼里，人家是图 3-18 这样的。

1	2	3	4	5
6	7	8	9	10
…	…	…	…	…

1	2	3	4	5	6	7	8	9	10	…	…	…

图 3-17　　　　　　　　　　　　　　　图 3-18

够毁三观吧😁

哎，那你可能会问啦，这怎么可能啊？这样子的话编译器怎么知道这个一维数组里哪里到哪里是二维数组的第一行啊？而且其他行列都怎么算啊？

嘿嘿，这就是这一节的重点了：假如没有二维数组。

假如没有二维数组，啥意思咧？

你看啊，C语言中确实支持二维数组不假，但是在很多语言里，是没有二维数组这一说的。也就是说，如果你在这些语言里定义 int a[12][12] 是非法的，在这种情况下要咋办咧？

嘿嘿，其实这也可以说是一个拓展吧，毕竟数据结构的应用范围极广，假如你哪一次就要在那种不支持二维数组定义的语言里想使用二维数据进行数据结构构建，你该咋办咧？

所以这个时候，有一个东西就应运而生啦——数组的表示法。

嗯，数组的表示法，就是这个东西解决了怎样用一维数组表示多维数组的问题。

这个表示法分为两种：一种是以行为主的表示法，另一种是以列为主的表示法。它俩各是什么意思咧？咱慢慢来讲。

1. 以行为主的表示法

以行为主，意思是把一维数组看作把二维数组的每行都依次首尾链接而获得的数组，如图 3-19 所示。

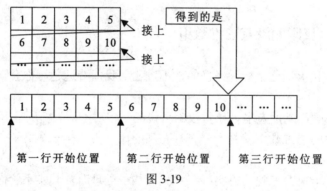

图 3-19

这样得到的一维数组就是以行为主表示的了。

那你猜猜如果想访问某个特定元素的值，应该怎么访问咧？

我们来看看哈，这样拼接完之后原来的第二行第一个元素 a[1][0] 变成了一维数组里的第六个元素，即下角标为 $5 + 0 = 5$ 的元素；第二行第二个元素 a[1][1] 是一维数组里的第七个元素，即下角标 $5 + 1 = 6$ 的元素；以此类推，第三行第一个和第三行第二个元素 a[2][0]、a[2][1] 分别变成了下角标 $5 \times 2 + 0 = 10$ 和 $5 \times 2 + 1 = 11$ 的元素。

哎，不对啊，第六个元素怎么会是第 $5 + 0$ 个元素呢？嘿嘿，忘了一维数组的第一个元素下角标是 0 了吗？所以第六个元素的下角标是 $5 + 0 = 5$ 啊。

也就是说，以行为主的表示法里，原二维数组的元素在一维数组中所在的位置是：

$$行下角标 \times 一行的元素个数 + 列下角标$$

2. 以列为主的表示法

看完了以行为主的表示法，你能猜到以列为主怎么表示了吗？

嘿嘿，嗯啊，就是把二维数组的每一列都依次连起来得到的一维数组，如图 3-20 所示。

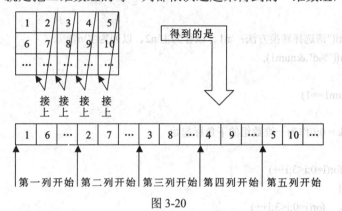

图 3-20

这样的话，访问元素要怎么写咧？

比方说，这次要访问 a[2][1] 的话该怎么写咧？

嘿嘿，这回要先写列数了，因为这次的一维数组是按列排序的。

那么原来的 a[2][1] 就成了现在下角标为 $1 \times 3 + 2 = 5$ 的元素，即第六个元素了。

所以，以列为主的表示法里，原二维数组的元素在一维数组中所在的位置是：

$$列下角标 \times 一列的元素个数 + 行下角标$$

这种东西光说感觉没啥用，你最好自己尝试一下哦。

写个 3×3 二维数组，分别把它转换成以行为主和以列为主的一维数组，然后尝试访问某个特定的元素，看看能不能成功，加油。😊

参考代码如下，源码可扫描旁边的二维码获得哦。

```c
#include<stdio.h>
int main(void)
{
    int a[3][3],b[9];
    int i,j,k,num1,num2,num3,real;
    printf("请输入 3×3 数组的内容:\n");

    for(i=0;i<3;i++) //二维数组赋值
    {
```

```
        for(j=0;j<3;j++)
        {
            scanf("%d",(*(a+i)+j));
        }
    }

printf("请选择转换方法：\n1、以行为主\n2、以列为主\n");
scanf("%d",&num1);

if(num1==1)
{
    k = 0;//作为一维数组的下角标起始

    for(i=0;i<3;i++)
    {
        for(j=0;j<3;j++)
        {
            *(b+k) = *(*(a+i)+j);//把二维数组的值以行为主赋值给一维数组
            k++;//一维数组偏移量向后移位以便继续赋值
        }
    }

    printf("请输入要查询的行数:");
    scanf("%d",&num2);
    printf("请输入要查询的列数:");
    scanf("%d",&num3);
    real = 3 * (num2 - 1) + num3 - 1;    /*行列下角标分别比行列数小 1，所以要把行列数减 1
                                          才是相应的行列下角标*/
    printf("查询结果:%d\n",*(b+real));
}
else if(num1==2)
{
    k = 0; //作为一维数组的下角标起始

    for(i=0;i<3;i++)
    {
        for(j=0;j<3;j++)
```

```
    {
        *(b+k) = *(*(a+j)+i);//把二维数组的值以列为主赋值给一维数组
        k++;//一维数组偏移量向后移位以便继续赋值
    }
}

printf("请输入要查询的行数:");
scanf("%d",&num2);
printf("请输入要查询的列数:");
scanf("%d",&num3);
real = 3 * (num3 - 1) + num2 - 1;   /*行列下角标分别比行列数小 1，所以要把行列数减一
                                      才是相应的行列下角标*/
printf("查询结果:%d\n",*(b+real));
}


return 0;
}
```

学会了这个，以后在没有二维数组的语言里也可以用一维数组构造二维数组哦。😎
数组就剩一个东西要讲啦，它就是……嘿嘿,下节再讲吧。😎

3.6　有一种矩阵叫稀疏矩阵

矩阵咱们都已经挺熟悉啦，尤其是在大一上线性代数一类的数学课时，和它"玩"了整整一个学期……😎

先讲啥是稀疏矩阵吧。

所谓的稀疏矩阵，是一种很特别的矩阵，怎么特别咧？就是别的矩阵一个框框里元素占得都挺满的，而这家伙是里面绝大部分空间都没被使用，只有很小一部分被赋值，用二维数组的话讲就是数组里的元素稀稀落落。比方说，在一个 8×8 的矩阵里就存了 5 个数，好吧，挺土豪的嘛。😁总觉得有点像 Office 里的 Excel 表格，很多时候一张表格不就是只用了那么一点点。

对于这种矩阵，咱们可以使用一种更"环保"的方式来存储这些数值，就是创建一个相对小一些的数组来记录这些值以及它们在稀疏矩阵中的位置，这样就可以压缩矩阵的占用空间了。这种压缩的矩阵长得像图 3-21 一样。

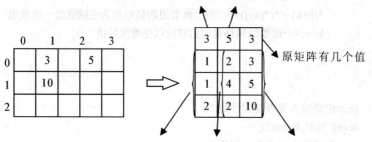

图 3-21

说白了就是把原来矩阵有内容的元素集合在一个新矩阵里，然后这些值在原矩阵中的位置以及原矩阵的行列数和值的个数都会被记录。这样子可以在任何时刻想将它恢复原样就可以恢复原样，不需要恢复的时候就可以以这种压缩的方式保存，节省空间。据说 Excel 的存储方式就是这样的。😁

简单地写个代码体会一下吧。自己输入一个 5×5 矩阵，空值的地方输入零代替，然后让程序按上面的压缩矩阵的形式输出该矩阵行数列数值并输出所有非零值及其所在位置，你会写吗？先自己写写看吧。😁

这里只放个小例子，在附带的代码中也有这个例子哦。

```c
#include<stdio.h>
int main(void)
{
    int a[5][5],b[26][3];
    int i,j,k,flag;
    k = 1;//用于压缩矩阵中行列数及值的赋值
    flag = 0; //用于统计稀疏矩阵中元素的个数
    *(*(b+0)+0) = 5; //将原矩阵行列数赋值给压缩矩阵
    *(*(b+0)+1) = 5;
    for(i=0;i<5;i++)
    {
        for(j=0;j<5;j++)
        {
            scanf("%d",(*(a+i)+j));
        }
    }
    for(i=0;i<5;i++)
```

```
        {
            for(j=0;j<5;j++)
            {
                if(*(*(a+i)+j)!=0)//找到非零值的话就将其行列数及其值赋值给压缩矩阵的相应位置
                {
                    *(*(b+k)+0) = i+1;
                    *(*(b+k)+1) = j+1;
                    *(*(b+k)+2) = *(*(a+i)+j);
                    k++;
                    flag++;
                }
            }
        }
        *(*(b+0)+2) = flag;
        for(i=0;i<=flag;i++)
        {
            for(j=0;j<3;j++)
            {
                printf("%d ",*(*(b+i)+j));
                if(j==2)
                {
                    printf("\n");
                }
            }
        }
        return 0;
    }
```

图 3-22

程度运行结果如图 3-22 所示。

至此数组讲得就差不多了，接下来再讲讲字符串吧。

放心，难度依然不高哦。

3.7 什么是串?

好吧，接下来进入串的内容。

什么是串咧？是牛肉串还是羊肉串啊。

哎，好吧，吃货又开始乱想了…… 这里的串只能看，不能吃的……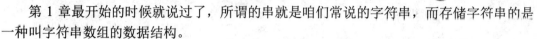

第 1 章最开始的时候就说过了，所谓的串就是咱们常说的字符串，而存储字符串的是一种叫字符串数组的数据结构。

哎？字符串数组？

嘿嘿，是不是感觉又碰到老朋友了。😐 嗯啊，在学 C 语言的时候可是没少跟它打交道，它跟其他数组不同的地方就是它必须预留至少一个元素空间来存储'\0'这个字符作为字符串的终止标志。当然，这项要求在 C99 标准之后被淡化，但为了保持好习惯，还是保持此项要求比较好。

咱们比较熟悉的字符串数组的操作方式是先定义一个足够大的字符串数组，然后用 gets()函数或者 scanf("%s")函数来对用户输入进行抓取和赋值，最后再用 puts()函数或者 printf("%s")函数进行输出。嗯，这一点问题没有，这是非常符合使用习惯并且可以使这个字符串数组被类似 strcpy()这类系统自带的字符串处理函数进行操作的存储形式，如图 3-23 所示。(虽然并不安全，这里为了教学之用暂时忽略缓冲区溢出的可能性。对于缓冲区溢出的内容请参阅《脑洞大开——C 语言另类攻略》，西安电子科技大学出版社出版)。

| H | e | l | l | o | | W | o | r | l | d | ! | \0 |

图 3-23

上述这种存储方法就是 C 中默认的字符串在字符串数组中的存储形式。

嘿嘿，突然很想讲下另一种看起来"非主流"的存储方法。😀

咱们现在的存储方法是通过'\0'这个字符来判断字符串结束的，那如果没有这种标志的话该怎么判定字符串的长度和输出呢？

嘿嘿，感觉这又是一个延伸。因为在一些语言里字符串确实是没有'\0'这种终止标志的，所以就需要用另外一种方式来记录字符串的长度，如图 3-24 所示。

| 12 | H | e | l | l | o | | W | o | r | l | d | ! |

图 3-24

没错，就是这样把字符串的长度记录在字符串数组的第一个元素空间里，然后输出的时候通过 for 循环来按这个存储的数字的值来断定要输出到这个字符串数组的哪一位。

那代码是怎么实现的咧？咱来写写呗，有兴趣的话你可以自己先写写再来看示例哦。

```c
#include<stdio.h>
int main(void)
{
    char c[100];//定义一个足够大的字符型数组
```

```
char ch;
int i;
for(i=1;(ch = getchar())!='\n';i++)//字符串数组赋值(注意是从 c[1]开始的哦，要把 c[0]留出来)
{
    *(c+i) = ch;
}
*(c+0) = i-1;//c[0]存储着字符串的长度
for(i=1;i<=*(c+0);i++)//输出字符串
{
    printf("%c",*(c+i));
}
printf("\n");
return 0;
}
```

这段代码不长却挺有意思，先来看看运行效果吧，结果如图 3-25 所示。

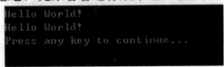

图 3-25

嗯啊，它实现了字符串的输入和输出功能，那咱来看看这段代码吧。

首先定义了一个足够长的字符型数组来存放字符串的内容，然后定义了一个叫 ch 的字符型变量来获取屏幕输入，并把它赋值给字符型数组。

不过这里有一点要注意，就是那个循环语句中的 i 的取值是从 1 而不是咱们平常的 0 开始的，因为这里数组的第一位咱要留出来存放数组长度。

也正是因为 i 是从 1 开始的，所以说最后把字符串的长度赋值给数组第一个元素空间的时候要把 i 减 1。

最后咱按字符串的长度输出字符串数组里相应长度的内容就行啦。

哎，等会，可能你又要问了，这个数组不是字符型的吗？为啥可以在它的元素空间里存整型数字啊？

哎呀，你难倒我啦……突然想到我在《脑洞大开——C 语言另类攻略》书里忘讲了一个事情：

就是在 C 语言里，其实 char 类型和 int 类型在不产生数据溢出的情况下是互通的。(所谓的数据溢出，指的是 char 类型只有一个字节，所以它能表示的数字大小要小于 int 类型，所以这里要求数据长度不得使 char 类型溢出。)

不信？咱来做个小实验，例如：

```
#include<stdio.h>
int main(void)
{
    int c;
    char a;
    a = 1;
    c = 'h';
    printf("%d %c\n",a,c);
    return 0;
}
```

咱们定义了一个整型变量 c 和一个字符型变量 a，然后给整型变量 c 赋值了一个字符'h'，给字符型变量 a 赋值了一个整型数字 1，猜结果会咋样咧？结果如图 3-26 所示。

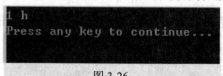

图 3-26

全部正确输出，没问题，证明 int 和 char 在 C 里确实是互通的。

再把话题扯回来……

这个方法的重点就是它没有'\0'这种标志着字符串结束的标志，而是靠咱们自己计算字符串长度的。要注意的是，这种字符串的存储方式因为和 C 正常的存储方式不一样，所以 C 自带的部分依赖'\0'作为结束标志的字符串操作函数在这里是用不了的。

这种方式主要是为在那些没有'\0'字符的语言里提供一种处理思路。当然，在那样的情况下，字符串操作函数也要自己写啦。

那究竟都有哪些字符串操作函数咧？接下来就来看看呗。

3.8 字符串的基本处理

字符串的基本处理，嗯，貌似说起来操作还不少。

这里咱们还是按 C 语言的存储方式为例写操作函数，也就是那个有'\0'符号的品种，就是咱最常用的那种。像 3.7 节讲到的那个没有'\0'的字符串操作就不单独讲了，其实原理都是一样的，只要学好了在 C 语言中的操作方法，移植到另一种情况并不需要很多改动，所以感兴趣读者可以自己去改动一下，这里就先讲比较基础的吧。

这节主要讲字符串的复制、连接、替换、插入、删除、比较以及如何提取子字符串。看上去蛮多的，其实很多都是非常简单的哦。

那咱现在就开始一个个来吧。😎

1. 字符串的复制

说到字符串的复制,咱第一个想到的肯定是 strcpy()这个 C 语言自带的字符串复制函数。嘿嘿，确实这个函数很好用，不过出了 C 语言之后可就没有这种东东可用了哦，所以咱们还是需要自己知道其中的原理。

字符串复制的原理说起来其实很简单，就是给你一个字符串数组，你把它里面'\0'之前的内容都赋值给另一个空的字符串数组就行了。

所以这个函数需要两个字符串数组：一个是要被赋值的数组，另一个是空的要被赋值的数组。咱就按 strcpy()函数的格式来写 strcpy1()函数吧。😀

```
void strcpy1(char *p1,char *p2);
```

其中，p1 是要被复制的字符串数组，p2 是一个空字符串数组。

先自己写写看吧，😎然后再来看例子。例如：

```
#include<stdio.h>
int main(void)
{
    char c1[16] = "Hello World~";     //定义要被复制的字符串数组并赋值
    char c2[16];
    void strcpy1(char *p1,char *p2);  //函数声明
    strcpy1(c1,c2);
    puts(c1);
    puts(c2);
    return 0;
}

void strcpy1(char *p1,char *p2)
{
    int i;
    for(i=0;*(p1+i)!='\0';i++)        //执行复制过程
    {
        *(p2+i) = *(p1+i);
    }
    *(p2+i) = '\0';                   //复制完成后别忘了在字符串后加上'\0'符号
}
```

程序运行结果如图 3-27 所示。

图 3-27

结果没有问题，咱来瞅瞅这段代码吧。

其实也没啥特别需要说的，就是把一个字符串数组里 '\0' 之前的所有内容都依次赋值给另一个字符串数组，然后在这个新字符串数组的字符串内容后面加上一个 '\0' 就行啦。这里容易忘掉给新复制的字符串数组加上 '\0' 这个截止符号，因为在循环中当*(p1+i)== '\0' 时就终止了，所以复制出来的那个字符串数组里没有 '\0'，千万别忘了给它加上一个哦。😊

当然，实际的 strcpy 库函数要比这个更复杂一些，因为它还要考虑更多极端的情况以及安全因素，这里为了简化方便理解，就不深究这些细节了。

说完了字符串的复制，再来看看字符串的连接吧。

2. 字符串的连接

字符串的连接，嘿嘿，顾名思义就是把两个字符串合成一个字符串。

我比较喜欢的方法是先搞清楚这两个字符串的长度，然后按它们的长度之和动态申请一个新的字符串数组，再进行赋值，有些教材是把较短的那个数组里的内容直接赋值到较长的那个数组的内容后面，当然，如果那个数组够长的话，那个样子也是可以的，毕竟数据结构中真相不只有一个嘛。😀

按我的那种思维的话首先要写个计算字符串长度的函数，嘿嘿，我知道你可能会想到 C 语言自带的 strlen()函数，这里咱就自己写个 srelen1()函数来实现吧。其实很简单的，就是统计这个字符串数组在 '\0' 之前有多少个元素就行了。

然后把两个字符串的长度相加再加 1(给 '\0' 留的位置)，拿这个数字去动态申请字符串数组，最后把两个字符串的内容复制进去就行啦。你能写出来吗？试试吧。

例如：

```
#include<stdio.h>
#include<stdlib.h>
int main(void)
{
    int strlen1(char *c);
    void strclink(char *c1,char *c2,char *c3);
    char c1[60],c2[60];
```

```
    char *p;
    int s = 0;
    printf("请输入第一个字符串:");
    gets(c1);
    s += strlen1(c1);        //记录 c1 中字符串的长度
    printf("请输入第二个字符串:");
    gets(c2);
    s += strlen1(c2);        //记录 c2 中字符串的长度
    p = (char*)malloc((s + 1) * sizeof(char));//按两个字符串的长度之和加 1 的数值动态申请空间
    strclink(c1,c2,p);       //调用字符串连接函数
    printf("连接之后的字符串是:");
    puts(p);
    free(p);                 //释放申请空间
    return 0;
}


int strlen1(char *c)
{
    int i;
    for(i=0;*(c+i)!='\0';i++);      //走个空循环，就是为了记录字符串的长度
    return i;
}


void strclink(char *c1,char *c2,char *c3)
{
    int i,t;
    for(i=0;*(c1+i)!= '\0';i++)     //复制 c1 里的字符串
    {
        *(c3+i) = *(c1+i);
    }
    t = i;                          //记住 c3 被赋值到的位置
    for(i=0;*(c2+i)!= '\0';i++)     //按 c3 被赋值到的位置继续复制 c2 里的字符串
    {
        *(c3+t+i) = *(c2+i);
    }
    *(c3+t+i) = '\0';               //给连接好的新字符串加上'\0'
}
```

程序运行结果如图 3-28 所示。

这段代码蛮长的，不过感觉还算比较好理解。咱先来看看这段代码吧。

首先定义了两个字符串数组，然后分别从屏幕

图 3-28

获得字符串赋值。程序中两次调用 strlen1()函数来
记录这两个字符串的长度，之后用这两个字符串的长度之和加 1 的数值动态申请了一个新
字符串数组，通过 strclink()函数对这两个字符串的内容进行连接。其实所谓的连接，这里
就是把这两个字符串的内容合在了一个新的足够长的字符串数组里，这样的好处是原来的
字符串数组依然可用，缺点就是要动态申请新数组，显得有点小麻烦。

这个 strclink()函数就干了一件事，就是依次把两个字符串里的内容赋值给了新字符串
数组，然后在新字符串数组最后加上 '\0'，感觉比较好理解的。当然，真正的 strlen 库函
数更复杂一些，细节我们就不深究了。

3. 字符串的替换

字符串的替换嘛，说白了就是首先输入一个字符串，然后忽然对它哪块不满意需要改，
就再输入一个字符串作为替换的内容，最后告诉程序你要用这个新字符串替换原来字符串
里的哪段内容就行啦。

主要的设计思路就是这样，也就是说，咱要设计的函数要传入 3 个参数，其中两个是
地址，分别存放原字符串和替换字符串的地址，第三个变量是一个整型的值，代表的是要
替换的位置。

```
void exchange(char *p1,char *p2,int num)
```

函数原型差不多就是这样啦，你觉得应该怎么写咧？先自己想想看吧。

例如：

```
#include<stdio.h>
#include<string.h> /*为了省略不必要的代码，这回 strlen()函数就不手写了，直接用 C 自带的了*/
int main(void)
{
    char c1[60],c2[60];
    int num;
    void exchange(char *p1,char *p2,int num);
    printf("请输入原始字符串：");
    gets(c1);
    printf("请输入替换字符串：");
    gets(c2);
    printf("请输入要替换的位置：");
```

```
        scanf("%d",&num);
        exchange(c1,c2,num);
        printf("替换后的字符串是：");
        puts(c1);
        return 0;
    }


    void exchange(char *p1,char *p2,int num)
    {
        int i,k,t;
        k = 0; //把 k 当作 p2 数组的下角标偏移量使用
        t = strlen(p1);//记录没被替换时原字符串的长度
        for(i=num-1;*(p2+k)!='\0';i++) //执行替换
        {
            *(p1+i) = *(p2+k);
            k++;
        }
        if(strlen(p1) > t)
        {
            /*如果替换后的字符串长度比原来长了，那么很可能原来的'\0'已经被覆盖掉，所以别
忘了在其末尾加上'\0'*/
            *(p1+i) = '\0';
        }
    }
```

程序运行结果如图 3-29 所示。

这段代码为了精简版面,没有再自己写 strlen()

图 3-29

函数，而是直接使用了 string.h 头文件里的自带函数。

哎，你明明是在“数据结构”这四个字后面插入的，为啥写的插入位置是 9 呢？

嘿嘿，因为每个中文字符占用的字符串数组空间其实是两个元素空间哦。

咱们知道每个 char 类型的元素空间是 1 个字节，每个英文字符占用的空间也是 1 个字节，所以对英文字符而言每个字符占字符串数组的一个元素空间；而每个中文字符都是 2 个字节，所以要占用字符串数组的两个元素空间哦。

因为数组的下角标是从 0 开始的，所以第 9 个元素的下角标是 8，在执行循环的时候：

```
    for(i=num-1;*(p2+k)!='\0';i++)         //执行替换
```

输入的位置数是要被减 1 的。

感觉这段代码里没啥特别的啦，你看看跟你的想法是不是一样咧？如果不一样的话，动手试试自己的想法能不能实现哦，能实现的话，证明你很厉害哦。😊

4. 字符串的插入

接下来讲讲字符串的插入吧。字符串的插入跟字符串替换的算法有点异曲同工的感觉。因为插入也无非是原来有个字符串，然后因为内容里需要加东西，所以又输入了新字符串和要插入的位置。

但是不同的是替换的话直接把原来的内容覆盖掉就好，而插入的话要考虑在要插入的位置上原来内容的位置移动问题。嘿嘿，如果忘了移动原来的内容，那就也成了字符串替换了。😁

那你猜猜应该怎么办咧？提示：要用到 strlen() 函数。

嘿嘿，没错，用 strlen() 函数算出要插入的字符串的长度，然后先把原字符串要被插入的位置之后的所有内容先移动相应的位置，然后再把新字符串的内容插进来就 OK 了。

```
void insert(char *p1,char *p2,int num)
```

你想想看是不是这个样子咧。😊

例如：

```
#include<stdio.h>
#include<string.h>//为了省略不必要的代码，strlen()函数就不手写啦，直接用 C 自带的了
int main(void)
{
    char c1[60],c2[60];
    int num;
    void insert(char *p1,char *p2,int num);
    printf("请输入原字符串:");
    gets(c1);
    printf("请输入要插入的字符串:");
    gets(c2);
    printf("请输入要插入的位置:");
    scanf("%d",&num);
    insert(c1,c2,num);
    printf("插入后的字符串是:");
    puts(c1);
    return 0;
}

void insert(char *p1,char *p2,int num)
```

```
{
    int i,j,t,k;
    char temp1,temp2;
    t = strlen(p2);//用 t 变量存放要插入的字符串长度
    j = 0;//用于记录要被插入的位置上的值在移位时的实时位置
    k = 0; //用于在插入 p2 内容时改变 p2 的下角标偏移量
    while(t>0) //总共移出 t 个长度的空位以便插入，所以要循环 t 次
    {
        temp1 = *(p1+num-1+j);
        for(i=num-1+j;*(p1+i)!='\0';i++)
        {
            temp2 = *(p1+i+1);
            *(p1+i+1) = temp1;
            temp1 = temp2;
        }
        j++;
        t--;
    }
    for(i=num-1;*(p2+k)!='\0';i++)    //插入
    {
        *(p1+i) = *(p2+k);
        k++;
    }
}
```

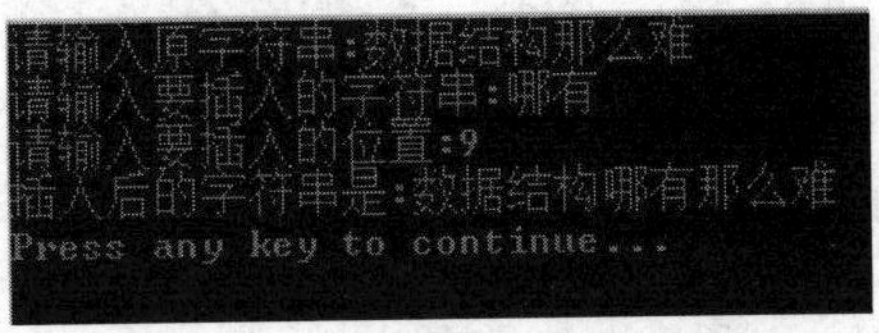

图 3-30

程序运行结果如图 3-30 所示。

写这段代码的时候突然想到了另外一种可能看起更好理解的方法，等下告诉你吧，先把这段代码讲讲吧。

这段代码的算法就是咱刚才说的那样，先计算要插入的字符串的长度，然后先把原字符串里要被插入的位置之后的所有内容都向后移动相应位数。

说白了，就是腾出相应长度的空间好让它插入新内容。

刚才说的另外一种可能更好理解的方法就是在 insert()函数里再定义一个临时字符串数组，在算出要插入的字符串的长度之后，首先直接把原字符串要被插入的位置之后的所有内容复制到这个临时字符串数组中，然后直接把新字符串插入到原字符串上，进行数据覆盖，最后再把临时字符串数组中的内容重新复制到插入完内容的位置之后就行了，这样可以不走那么多次为了移动数据腾出空间而进行的循环。

例如：

```
#include<stdio.h>
#include<string.h> /*为了省略不必要代码，这回 strlen()函数就不手写啦，直接用 C 自带的了*/
int main(void)
{
    char c1[60],c2[60];
    int num;
    void insert(char *p1,char *p2,int num);
    printf("请输入原字符串:");
    gets(c1);
    printf("请输入要插入的字符串:");
    gets(c2);
    printf("请输入要插入的位置:");
    scanf("%d",&num);
    insert(c1,c2,num);
    printf("插入后的字符串是:");
    puts(c1);
    return 0;
}

void insert(char *p1,char *p2,int num)
{
    int i,j,t,k1,k2,k3;
    char temp[60];
    t = strlen(p2);//用 t 变量存放要插入的字符串长度
    k1 = 0; //用于在插入 p2 内容时改变 p2 的下角标偏移量
    k2 = 0; //用于临时字符串数组复制内容时移动下角标
    k3 = 0;
    for(i=num-1;*(p1+i)!='\0';i++)
    {
        *(temp+k2) = *(p1+i);
        k2++;
    }
    for(i=num-1;*(p2+k1)!='\0';i++)
    {
        *(p1+i) = *(p2+k1);
        k1++;
```

```
        }
        for(j=i;k2>0;j++)
        {
            *(p1+j) = *(temp+k3);
            k3++;
            k2--;
        }
        *(p1+j) = '\0';
    }
```

结果和方法一的结果一样哦，如图 3-30 所示。

这里突然想提醒你，如果在输出的字符串后面有乱码，检查一下你写的代码中引用数组下角标时是不是哪里出了问题。

5. 字符串的删除

嘿嘿，学完替换和插入，感觉删除的操作函数已经很容易理解了。

因为替换是找到要替换的地方然后进行数据覆盖；插入是找到要插入的地方之后转移那里原来的数据然后执行插入；而删除是找到要删除的位置，直接把这个位置后面的数据全部向前移动进行数据覆盖就行啦。不过要注意的是，这里不仅要让用户输入要删除的位置，还要输入要删除的长度，这样程序才能清楚要从哪删到哪。

```
    void delete1(char *p1,int num,int len);
```

那你想想应该怎么写咧。

例如：

```
    #include<stdio.h>
    int main(void)
    {
        char c1[60];
        int num,len;
        void delete1(char *p1,int num,int len);
        printf("请输入原字符串:");
        gets(c1);
        printf("请输入要删除的位置:");
        scanf("%d",&num);
        printf("请输入要删除的长度:");
        scanf("%d",&len);
        delete1(c1,num,len);
        printf("删除后的字符串是:");
```

```
        puts(c1);
        return 0;
    }


    void delete1(char *p1,int num,int len)
    {
        int i;

        while(len>0)//进行 len 次数据删除的操作
        {

            /*每次这个循环结束都会有一个字符被覆盖掉,而且每次都是 p1[num-1]这个位置上的内
容被覆盖掉*/

            for(i=num-1;*(p1+i)!='\0';i++)
            {
                *(p1+i) = *(p1+i+1);
            }
            len--;
        }
    }
```

请输入原字符串:数据结构很不简单!
请输入要删除的位置:11
请输入要删除的长度:2
删除后的字符串是:数据结构很简单!
Press any key to continue...

图 3-31

程序运行结果如图 3-31 所示。

因为前面说过了,每个中文字符占两个字符串数组空间,所以想删掉"不"字需要删掉两个数组元素空间。注意"不"字所在的位置不是 c[5],而是 c[10]和 c[11]两个空间。嘿嘿,因为"数据结构很"5 个字占了 10 个数组空间嘛,而且数组下角标又是从 0 开始的,所以第 11 个元素的下角标是 10 喽。

这段代码感觉比较好理解,如果没看懂可以自己动手敲一遍。

6. 字符串的比较

说到字符串比较的话,有一个函数你可能用过,还记得学 C 语言的时候讲过的一个叫 strcmp()的函数吗?没记错的话是给它两个字符串 s1 和 s2,如果内容一样的话返回 0;如果 s1 比 s2 长就返回 1;反之返回-1。

嘿嘿,那这回咱们来写一个简单的 strcmp1()函数来实现这个操作吧。毕竟总有一天咱们要离开 C 的嘛,到时候没有了它自带的 strcmp 咱也不能懵掉啊是不是。😁😌

```
    int strcmp1(char *p1,char *p2);
```

例如:

```
    #include<stdio.h>
```

```c
#include<string.h>//为了省略不必要的代码，这回 strlen()函数就不手写啦，直接用 C 自带的了
int main(void)
{
    char c1[60],c2[60];
    int re;
    int strcmp1(char *p1,char *p2);
    printf("请输入第一个字符串：");
    gets(c1);
    printf("请输入第二个字符串：");
    gets(c2);
    re = strcmp1(c1,c2);
    switch(re)
    {
        case -2:
        printf("两个字符串内容不同  但长度一样\n");
        break;
        case -1:
        printf("两个字符串内容不同  第二个字符串更长\n");
        break;
        case 0:
        printf("两个字符串内容相同\n");
        break;
        case 1:
        printf("两个字符串内容不同  第一个字符串更长\n");
        break;
    }
    return 0;
}


int strcmp1(char *p1,char *p2)
{
    int l1,l2,i;
    l1 = strlen(p1);//分别计算两个字符串的长度
    l2 = strlen(p2);//分别计算两个字符串的长度
    if(l1>l2)
    {
        return 1; //如果第一个字符串长，返回 1
```

```
        }
        else if(l1<l2)
        {
            return -1;//如果第二个字符串长，返回-1
        }
        //如果代码可以执行到这里  说明两个字符串长度一样
        for(i=0;*(p1+i)!='\0';i++)
        {
            if(*(p1+i)!=*(p2+i))
            {
                return -2; //如果两个字符串一样长但内容不同，返回-2
            }
        }
        return 0; //如果两个字符串一样长并且内容一样，返回 0
    }
```

程序运行结果会有四种，就不一一截图了哈，读者可以自己去运行一下示例文件哦。

这里要注意的是写 switch 的时候别忘了每种情况最后都要加 break 中断语句。

当然，还是那句话，这只是一个示例，数据结构中没有标准答案哦。

你如果有更好的想法 那就更好喽。

7. 子字符串的提取

嘿嘿，终于到了这节最后一个内容啦。

其实子字符串的提取跟前面几个操作也有着异曲同工之妙，这回不过是让用户输入要提取的起始位置和提取的长度就 OK 了。

详细点说咧，就是首先有一个字符串数组里面存储了一个字符串，然后用户输入要提取内容的位置和要提取的长度，函数就将相应的内容提取到另一个字符串数组里，也就是说，要传给这个函数的内容分别是：原字符串数组的首地址、用来存放提取的字符串内容的字符串数组、要执行提取的起始位置和要提取的长度。

写成函数原型的话差不多就是这样：

```
    void substr(char *p1,char *p2,int num,int len);
```

先自己动动脑再来看代码吧，当然，动动手就更好喽。

例如：

```
    #include<stdio.h>
    int main(void)
    {
```

```
    char c1[60],c2[60];
    int num,len;
    void substr(char *p1,char *p2,int num,int len);
    printf("请输入字符串：");
    gets(c1);
    printf("请输入提取内容的起始位置:");
    scanf("%d",&num);
    printf("请输入提取长度:");
    scanf("%d",&len);
    substr(c1,c2,num,len);
    printf("提取的内容为:");
    puts(c2);
    return 0;
}


void substr(char *p1,char *p2,int num,int len)
{
    int i,k;
    k = 0; //作为 p2 数组的下角标偏移量
    for(i=num-1;i<num+len;i++)//注意 i 的取值范围
    {
        *(p2+k) = *(p1+i);//数据复制
        k++;//p2 下角标+1
    }
    *(p2+k+1) = '\0'; //给提取好的字符串末尾加上'\0'
}
```

图 3-32

程序运行结果如图 3-32 所示。

还是要注意中文字符的空间占用问题，若提取个半截字出来，那样出来的一般都是乱码。还有要注意的是，提取的长度是加在起始位置之上的，就像这样：

```
    for(i=num-1;i<num+len;i++)
```

千万别写成

```
    for(i=num-1;i<len;i++)
```

这样的话提取的长度是 len-num 的值的长度，而不是咱们想要的长度哦，这里要注意。😊

嘿嘿，那这一节就算讲完喽，接下来再稍微讲一点字符串的高级操作就可以进入链表喽。放心啦，绝对不会很难。

3.9 字符串略微高级点的处理

嘿嘿，一开始本来想把这节题目写成"字符串的高级处理"，但感觉有点太高大上了，和内容不匹配啊，感觉像某宝上买到的实物和图片不符啊，所以就改成"略微高级点"吧。😁别整个标题就虚张声势，把你吓怕了。

这一节主要就讲一种操作，就是字符串的匹配。

字符串的匹配是啥意思？嘿嘿，就是输入一个字符串，然后拿它跟原有的字符串匹配，看原字符串里有没有你想要的这段内容呗，所以说也可以叫做字符串的对比啦。😁

为啥说它略微高级一点呢？因为它涉及了一种特别的叫作朴素算法的算法，这个等下咱们慢慢说。

首先咱从基础的方法开始吧，要是给你一个长字符串和一个短字符串，然后让你设计算法去看长字符串里是否包含了这个短字符串的话，你会怎么设计咧？

嗯，最常见的想法就是挨个匹配呗，拿这个短字符串去匹配长字符串的全部内容看看能不能找到完全一样的内容，找到了就证明长字符串包含了这个短字符串，反之就是没包含。

咱就先从这种开始写起吧。你觉得该怎么写咧？

例如：

```c
#include<stdio.h>
#include<string.h>/*为了省略不必要的代码，这回 strlen()函数就不手写啦，直接用 C 自带的了～*/
int main(void)
{
    int re;
    char c1[60],c2[20];
    int strindex(char *p1,char *p2);
    printf("请输入字符串:");
    gets(c1);
    printf("请输入要进行对比的字符串:");
    gets(c2);
    re = strindex(c1,c2);
    if(re==1)
    {
        printf("对比成功 该字符串存在\n");
    }
    else if(re==0)
```

```
    {
        printf("对比失败  该字符串不存在\n");
    }
    return 0;
}


int strindex(char *p1,char *p2)
{
    int i,j,k,flag;
    for(i=0;*(p1+i)!='\0';i++)              //遍历整个 p1 字符内容的主循环
    {
        /*如果在 p1 里找到了与 p2 的第一个字符相同的字符，则开始匹配 p1 里这个字符之后的
        内容是否也和 p2 里的相同*/
        if(*(p1+i)==*(p2+0))
        {
            flag = 0;                   //用于记录匹配成功的个数
            k = 0;                      //用于移动 p2 数组的下角标
            for(j=i;*(p2+k)!='\0';j++)  //用于匹配的循环
            {
                /*如果中途发现不匹配的，直接跳出用于匹配的循环，停止此次匹配，节约时间*/
                if(*(p1+j)!=*(p2+k))
                {
                    break;
                }
                k++;                    //p2 下角标移动
                flag++;                 //增加匹配成功的个数
            }
            if(flag==strlen(p2))//如果匹配成功的个数刚好和 p2 的字符数相等，证明匹配成功
            {
                return 1;
            }
        }
    }
    return 0;       //主循环走完若还没有找到完全匹配的内容，则匹配失败
}
```

匹配成功的结果如图 3-33 所示。

匹配失败的结果如图 3-34 所示。

图 3-33   图 3-34

咱来看看这段代码吧。

这里的算法比较容易想到，就是对要被匹配的字符串里的每个元素都和作为匹配样本的字符串的第一个元素空间里的内容进行匹配。如果第一位相同，执行一个小循环，看看这个位置之后的内容是否也能完全和样本字符串匹配上。如果能，就是匹配成功；如果不能，就是匹配失败。继续进行主循环，接着找字符内容和样本字符串第一个元素空间里内容相同的位置。如果到了被匹配的字符串的末尾还是没能找到可以完全匹配于样本字符串的子串，则证明匹配失败。

光这么说，感觉太无力啦，咱来画图说明吧。😁

首先输入了一个如图 3-35 所示的要被匹配的字符串，然后又输入了一个要进行对比的字符串，也就是所谓的用作匹配样本的字符串，如图 3-36 所示。

图 3-35   图 3-36

之后程序就开始进行匹配啦，咱们的算法是让被匹配的字符串里的每一个数据都和样本字符串的第一个元素里的数据进行匹配，如图 3-37 所示。

找到了和样本字符串首位内容相同的位置后，开始执行进一步的匹配，看看这个位置之后的内容是否能和样本中首位之后的内容完全匹配。如果完全匹配，返回 1，函数执行结束，如图 3-38 所示。

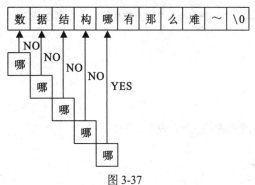
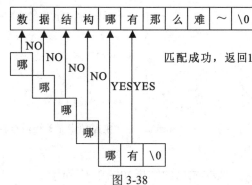

图 3-37   图 3-38

假如把"有"改成"能"的话就会导致此次匹配失败，继续从样本字符串首位开始去和被匹配的字符串的剩余元素进行匹配，如图 3-39 所示。

如果全都匹配完，依然没有找到能完全匹配的子字符串，那么就证明匹配失败了，就要返回 0 了，如图 3-40 所示。

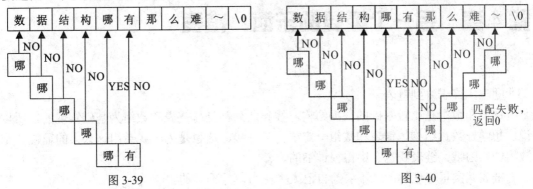

图 3-39　　　　　　　　　　　　　　图 3-40

这是在中途曾经碰到过可能匹配的内容的情况，还有一种情况是从头到尾连一个和样本字符串首位匹配的位置都没找到，就像如果样本字符串是"是"，过程就是像图 3-41 这样的。

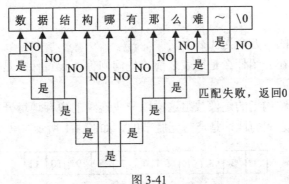

图 3-41

上述的这种比对方法就是朴素算法了，这种算法肯定没有错误，不过走了不少没有必要的循环次数。为了解决这个问题，提高算法整体效率，还有一种算法叫作 KMP 算法。KMP 算法的主要思路就是根据每次的比对结果排除尽可能多的不符合条件的位置，并且在匹配的时候跳过这些位置的匹配，这样就可以省掉很多次无用的匹配，但是因为它有点略难，所以这里不打算讲了，感兴趣可以自己额外学习一下哦。嘿嘿，不喜欢的话，就无视它好啦。😀

第4章 另一个重要的东西：链表

嘿嘿，终于讲到链表了。

链表和数组是比较基础的数据结构，栈和队列都是靠链表和数组为基础实现的。所以说，想学好数据结构，链表和数组一定要先学好喽，这也是为啥我会用这么大的篇幅介绍数组的原因哦。链表我也会讲得很详细的。😊

链表其实很好理解的，不要给自己太大压力，并不难的。

那现在就开始吧。😊

4.1 什么是链表?

好吧，继续咱们的十万个为什么语文课。😁

什么是链表咧？在介绍什么是链表之前，先问问你还记得什么是顺序存储结构，什么是链式存储结构吗？

嗯啊。顺序存储结构指的是像数组这样以一块连续的内存地址开辟的空间存储内容的结构，它的每个元素之间的地址是连贯无脱节的，如图 4-1 所示。

1	2	3	4	5	6	7	8	9	10	11

图 4-1

那么，什么是链式存储结构呢？链式存储结构就是一种以不连续的内存地址开辟的空间存储内容的结构。但是，因为它是内存不连续的嘛，所以肯定就不能像顺序存储结构那样通过下角标访问各元素了。那怎办咧？嘿嘿，想想能够存储地址的数据类型是什么数据类型咧？对了，就是指针类型了。链式结构的每个元素都是由两部分构成的，一部分是数值域，存放数据的空间；另一部分是指针域，存放着至少一个自定义类型的指针变量，用于元素之间的衔接，示意图如图 4-2 所示。嘿嘿，其实在链式存储结构里，元素有了个更加形象的名字：结点(Node，因为链式结构就像是一条链子一样，而其中的每个元素就相当于这条链子上的一个小突起，看起来就像在绳子上的结一样，所以叫做结点蛮贴切的。)

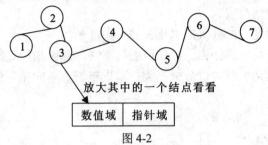

图 4-2

链表是一个典型的链式存储数据结构，特点是结构的长度十分灵活，都是在运行时现用现申请而不需要像数组那样有定性的长度限制。而且它比顺序存储结构另一个方便的地方，是在数据插入和删除上不需要像数组一类的顺序存储结构那样进行很多次的数据移动，只要插入或删除一个结点就行啦。

哦，当然，我并不是说链表比数组好，这两种结构并没有什么好坏之分，只是在不同情况下两种结构的适用度不同罢了，二者各有所长哦。尤其到了后面你会发现它俩在很多数据结构中都扮演了很重要的角色呢。

哎，说到这我就突然想问你一句啊，既然链的所有结点都是通过 malloc()一类的函数申请的，然后通过指针彼此连接成为链式存储结构，那么我用 malloc()一类的函数用类似 p= (int*)malloc(num * sizeof(int));这样的格式申请出来的数组是链式存储结构还是顺序存储结构咧？

嘿嘿，当然还是顺序存储结构啦()，只不过是通过 malloc()一类的函数动态申请出来的而已。😁

p = (int*)malloc(num * sizeof(int));

还记得顺序存储结构的概念吗？申请出来的空间不就是一块地址连续的空间嘛，空间的长度是 num×int 个单位长度。如果 num 是 11，则申请出来的空间如图 4-3 所示。

| ? | ? | ? | ? | ? | ? | ? | ? | ? | ? | ? |

图 4-3

嘿嘿，这肯定是顺序存储结构啦。😎

哎，说到这的话，问题又来啦，哦当然不是问你挖掘机技术哪家强。😎

你觉得在申请链式结构的结点时，咱们应该申请什么数据类型才能满足结点这种既能存储数据的数据域空间又能存放其他结点地址的指针域空间的要求咧。

嘿嘿，嗯啊，就是结构体。在 C 语言中一般结点的内容都是定义在一个结构体里的。

说到这，我又想问了，你觉得链表的逻辑关系和物理存储分别是啥咧？嘿嘿，嗯啊，它逻辑关系上是线性结构，物理存储上是链式存储结构，而数组是顺序存储的线性结构，也就是说它俩都是线性结构哦。

嘿嘿，最后一个问题，挖掘机技术哪家强？😁😀

说了这么多，链表是啥估计你已经知道啦，那它都有哪些种类咧？

嗯，简单分一下的话大概可以分成三类：单向链表、单向循环链表和双向链表，分别如图 4-4 所示。

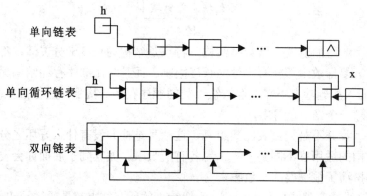

图 4-4

嗯，还有一种比较特殊的静态链表，等这三种讲完再单独说吧。

接下来的内容在三种链表中各有不同，所以就分开讲吧。

4.2 单向链表

单向链表是最简单最基础的链表喽，它的指针域里只有一个指针变量指向下一个结点。也就是说，这种链表只能从头走到尾，没办法折返去找它的上一个结点，用你在课上听着比较熟悉的话说就是只能通过这个结点去找它的后继结点，而没有办法去找它的前驱结点。

后继和前驱不需要我说吧？大白话讲后继就是后一个，前驱就是前一个。

在链表中第一个结点叫头结点，这个结点数据域不存放内容，只是使用其 next 指针指向真正的第一个结点，最后一个结点叫尾结点。嘿嘿，其实这些也已经不算是新闻啦，不过有一个算是新闻吧，就是头结点的问题，它一方面是为了方便找到头结点以防在链表遍历的时候不是从头结点开始的而造成遍历不完全，另一方面在单向循环链表中很有用。

嘿嘿，但是我又想告诉你个毁三观的事情啦，就是头结点这种东西不是绝对必须的，但是在一些情况下使用它却可以解决很多麻烦。嘿嘿，举例子说明吧。

这里继续咱上一章的那个学生成绩录入程序的例子吧，这回咱们用链表来实现它。首先拿单向链表做一个最简单的版本吧。

　　设计一个程序，将用户输入不定个数的学生成绩按输入顺序编号并保存，以用户输入 0 作为录入结束标志，此时按编号顺序输出各学生成绩。

　　这个用单向链表实现很容易，不过有两种实现方法哦，一种是带头结点的方法，一种是不带头结点的方法。哎，它俩区别在哪咧？嘿嘿，你先自己尝试实现一下就知道啦。😁

　　这里就先讲不带头结点的方法了哈。

　　例如：

```c
#include<stdio.h>
#include<stdlib.h>/*要用到 malloc()和 free()啦，所以别忘了这个头文件哦*/
struct student
{
    int grade;
    struct student *next;
};//定义了一个叫 student 的结构体，别忘了结构体最后的分号哦
typedef struct student Node; //使用 typedef 给 student 声明了别名
typedef Node* Ptr; //使用 typedef 给 student 结构体指针声明了别名
int main(void)
{
    int i;
    Ptr head,previous,last;//定义三个 student 结构体类型指针
    head = (Ptr)malloc(sizeof(Node)); //申请第一个结点的空间
    if(head==NULL) //如果申请失败，程序退出
    {
        return -1;
    }
    scanf("%d",&head->grade);
    previous = head;
    while(1)
    {
        //申请当前最后一个结点的空间
        last = (Ptr)malloc(sizeof(Node));
        if(last==NULL)   //如果申请失败，退出
        {
            return -1;
        }
        previous->next = last; //结点连接
```

```
    scanf("%d",&last->grade);
    if(last->grade==0)/*如果录入的是 0,处理掉尾结点后的结点,将尾结点 next 指针赋值 NULL*/
    {
        free(last);
        previous->next = NULL;
        break;
    }
    /*如果录入不是 0,previous 指针获得当前结点地址,last 指针继续申请下一个结点空间*/
    previous = last;
}
for(i=0;head!=NULL;i++)//循环输出
{
    printf("第%d 个学生的成绩为:%d\n",i+1,head->grade);
    previous = head;/*将输出后的结点地址赋值给 previous 指针,准备释放该空间*/
    head = head->next;//头指针指向下一结点,下一结点成为第一结点
    free(previous);//释放已经输出完内容的结点
}
return 0;
}
```

先来看下效果吧,结果如图 4-5 所示。

图 4-5

这段代码里可是有很多东西要讲的,看我写了那么多注释就能看出来吧。

首先还是要提醒一下,既然要用到 malloc()和 free()函数了,就别忘了包含 stdlib.h 头文件喽。

然后咱先定义了一个叫 student 的结构体,它包含了一个用来存储成绩值的整型变量 grade 和一个用来存放下一个结点地址的 student 类型结构体指针 next。也就是说在这个例

子里，每个结点的数值域和指针域都是分别只有一个变量，示意图如图 4-6 所示。

图 4-6

为了方便起见，咱们给 student 类型结构体起了个别名 Node，就是结点的意思喽。

哎，是不是好像突然看到了一个似曾相识的家伙？嗯啊，就是这个 typedef 啦，还记得它吗？它的作用之一就是给别人起小名的，这样可以达到简化书写以及让数据类型名更贴近实际存储内容等目的。

这里咱们用 typedef 主要是为了简化书写。

    typedef struct student Node;

这条语句是给 student 类型的结构体起了个别名 Node。哎呀，猛然发现改成这个名字很贴切嘛。😁

这样如果我们想定义一个 student 类型的结构体变量，就不用在麻烦的写成

    struct student s1;

直接写成

    Node s1;

就行喽。

不过在这里咱们用得更多的是该类型的结构体指针变量，所以程序里就又加了一条语句

    typedef Node* Ptr;

刚才咱们已经为 student 结构体起了个 Node 的别名，所以这里的 Node*指代的就是 struct student*啦。看，这里简化书写的优点就出来啦，等下还会更明显哦。🙄

这里咱给 student 结构体指针起的别名是 Ptr，其实是指针 Pointer 的简写啦。

哎，发现没啊，在起别名的时候我好像总是把首字母大写啦。嘿嘿，这其实是为了防止以后不小心忘掉了这个名字被用过，然后在程序中又定义了一个这个名字罢了。这就和宏定义的时候使用的字母全是大写有点像哦，毕竟咱们在定义变量的时候一般不会用大写嘛。

继续往下看，我猜看到这句话你可能会有点疑问。

    Ptr head,previous,last;

Ptr 前面已经说过啦，指代的是 student 结构体的指针类型，所以这是定义了三个 student 结构体指针，这毫无疑问。不过，这三个指针的用途倒是大有门道喽。

head 看意思就知道喽，头指针，后面咱主要就是拿它指向链表当前的第一个结点，也算是一种标记喽。

previous，最近的，意思就是指向最近一次被操作的结点的指针喽。

last 这个好理解，尾指针，它所指向的是当前链表的最后一个结点。

理解了它仨接下来再看后面的代码就会方便一些喽。

哎呀，代码位置已经离咱挺远啦⋯⋯一段一段切过来讲吧。

```
head = (Ptr)malloc(sizeof(Node)); //申请第一个结点的空间
if(head==NULL) //如果申请失败，程序退出
{
    return -1;
}
```

给第一个结点申请了空间，如果申请失败就退出，这没啥说的啦。

```
scanf("%d",&head->grade);
previous = head;
```

给第一个结点的数值域赋值，这里没有考虑刁钻数据，即输入的第一个数是 0 的情况这里暂不考虑。

给头结点数值域赋值之后把这个结点的地址赋值给 previous 指针，表示这个结点是当前最近一次被操作的结点。

接下来这个 while 循环就大有来头喽。

```
while(1)
{
    last = (Ptr)malloc(sizeof(Node));
    //申请当前最后一个结点的空间
    if(last==NULL)    //如果申请失败，退出
    {
        return -1;
    }
    previous->next = last; //结点连接
    scanf("%d",&last->grade);
    if(last->grade==0)/*如果录入的是 0，处理掉尾结点后的结点，将尾结点 next 指针赋值 NULL*/
    {
        free(last);
        previous->next = NULL;
        break;
    }
    /*如果录入不是 0，previous 指针获得当前结点地址，last 指针继续申请下一个结点空间*/
    previous = last;
}
```

这段循环就是构建从第二个结点到尾结点之间所有结点的关键部分啦。刚才说过，last 指针指向的是当前链表最后一个结点，所以每次都是用 last 指针申请新结点的空间，如果失败就退出，如果成功的话，就把这个结点地址赋值给上一个结点的 next 指针；而上一个结点就是最近一次被操作的结点，即 previous 指针指向的结点。

previous->next = last; //结点连接

这种语句完成了新结点与上一个结点的连接。

将屏幕录入的成绩赋值给新申请的结点的数据域，如果录入的是 0，就释放掉这个结点的空间，然后把最后一个有实际成绩内容的结点作为尾结点，即当前 previous 指针指向的结点，把这个结点的 next 指针赋值 NULL，这个单向链表就算结束。

```
if(last->grade==0)/*如果录入的是 0，处理掉尾结点后的结点，将尾结点 next 指针赋值 NULL*/
{
    free(last);
    previous->next = NULL;
    break;
}
```

反之，如果录入的不是 0，就将录入的分数赋值给 last->grade，然后执行

```
/*如果录入不是 0，previous 指针获得当前结点地址，last 指针继续申请下一个结点空间*/
previous = last;
```

即此时 last 指针指向的结点成为了最近一次被操作的结点，继续执行循环 last 指针将申请新的结点空间。

当用户录入 0 之后 while 循环结束，开始进入输出环节。

```
for(i=0;head!=NULL;i++)//循环输出
{
printf("第%d 个学生的成绩为:%d\n",i+1,head->grade);
previous = head;
//将输出后的结点地址赋值给 previous 指针，准备释放该空间
head = head->next;//头指针指向下一结点，下一结点成为头结点
free(previous);//释放已经输出完内容的结点
}
```

这段代码的意思是从头指针 head 指向的结点开始执行循环，直到 head 指针指向 NULL，每次执行的操作是将其数值域的内容输出并标明序号。每次执行输出后，输出内容的这个结点是最近一次被操作的结点，所以该结点的地址会被赋值给 previous 指针，然后 head 头指针重新指向这个结点的下一个结点，并将那个结点作为当前链表的第一个结点。这样 previous 指针指向的结点就彻底没用了，所以执行了释放内存操作。

```
    free(previous);//释放已经输出完内容的结点
```

这个循环一直执行，直到碰到了尾结点。还记得吗，刚才咱给那个尾结点的 next 指针赋值的是啥来着？嗯啊，就是 NULL。所以当尾结点成为链表的头结点时，它的数值域被输出后，循环依旧会执行。head 指针指向 head->next 指针指向的内容，但这次 head 指针获得的赋值将会是 NULL，所以，循环就结束了。

说了这么多终于解释完了这段代码，不过感觉还是很模糊啊……😊

所以，咱们来画图吧。😁

首先通过 malloc()函数动态申请一个结点空间，并把它的首地址赋值给 head 头指针，如果申请失败则程序退出，成功的话就会如图 4-7 所示。

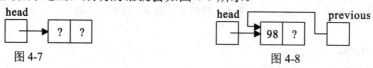

图 4-7   图 4-8

刚申请的结点数值域和指针域都是未赋值的，所以内容用问号代替啦。哎，你可能会问啦，为啥不用 0 和 NULL 表示呢？嘿嘿，你忘了吗，用 malloc()函数申请的空间里的内容不一定是初值 0 或 NULL 的哦。😊

然后从屏幕获取用户录入数据并赋值给这个结点数值域中的 grade 变量，将 previous 指针指向这个结点的地址，如图 4-8 所示。

之后进入了循环，就是在用户录入 0 之前一直申请新结点并将地址赋值给 last 指针，然后将新结点的地址赋值给上一个结点的 next 指针，将用户录入的数据赋值给新结点的 grade 变量，将 previous 指针指向新结点地址以便 last 指针继续申请新结点空间，如图 4-9(a)所示。

```
    while(1)
    {
        //申请当前最后一个结点的空间
        last = (Ptr)malloc(sizeof(Node));
        if(last==NULL)  //如果申请失败，退出
        {
            return -1;
        }
        previous->next = last; //结点连接
        scanf("%d",&last->grade);
        if(last->grade==0)/*如果录入的是 0,处理掉尾结点后的结点,将尾结点 next 指针赋值 NULL*/
        {
            free(last);
            previous->next = NULL;
```

```
        break;
    }
    /*如果录入不是 0，previous 指针获得当前结点地址，last 指针继续申请下一个结点空间*/
    previous = last;
}
```

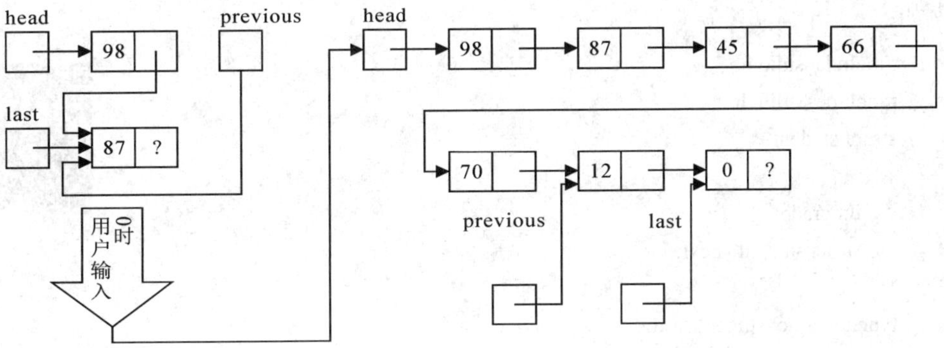

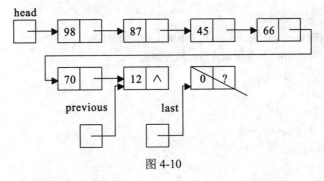

(a)   (b)

图 4-9

当循环结束时就是图 4-9(b)这个状态啦，previous 指针指向的是链表真正的尾结点，last 指针指向的是多余的结点，所以咱们执行了下面这段代码。

```
if(last->grade==0)/*如果录入的是 0，处理掉尾结点后的结点，将尾结点 next 指针赋值 NULL*/
{
    free(last);
    previous->next = NULL;
    break;
}
```

释放掉了没用的结点，并将尾结点指针赋值为 NULL，如图 4-10 所示。

图 4-10

最后执行的就是从第一个结点开始输出并释放空间的操作了，感觉没啥可说的啦，就不画了哈。😁😐(我才不会说是因为嫌画太麻烦呢。😐)

不过上述代码写法是没有调用函数的版本，直接通过 main 函数实现了一切内容。正常创建链表和输出链表内容是分别靠特定的函数实现的，所以说啦，比较正式的代码如下述例子所示。

例如：

```
#include<stdio.h>
#include<stdlib.h>
struct student
{
    int grade;
    struct student *next;
};
typedef struct student Node;
typedef Node* Ptr;
int main(void)
{
    Ptr CreatLinklist();
    void Show(Ptr head);
    Ptr head;
    head = CreatLinklist();
    Show(head);
    return 0;
}

Ptr CreatLinklist()
{
    Ptr head,previous,last;
    head = (Ptr)malloc(sizeof(Node)); //申请头结点的空间
    if(head==NULL) //如果申请失败，程序退出
    {
        return NULL;
    }
    scanf("%d",&head->grade);
    previous = head;
    while(1)
```

```
        {
            last = (Ptr)malloc(sizeof(Node));
            //申请当前最后一个结点的空间
            if(last==NULL)   //如果申请失败，退出
            {
                return NULL;
            }
            previous->next = last; //结点连接
            scanf("%d",&last->grade);
            if(last->grade==0)/*如果录入的是 0，处理掉尾结点后的结点，将尾结点 next 指针赋值 NULL*/
            {
                free(last);
                previous->next = NULL;
                break;
            }
            previous = last;/*如果录入不是 0，previous 指针获得当前结点地址，last 指针继续申请下
一个结点空间*/
        }
        return head;
    }
    void Show(Ptr head)
    {
        int i;
        Ptr previous;
        for(i=0;head!=NULL;i++)//循环输出
        {
            printf("第%d 个学生的成绩为:%d\n",i+1,head->grade);
            previous = head;/*将输出后的结点地址赋值给 previous 指针，准备释放该空间*/
            head = head->next;//头指针指向下一结点，下一结点成为头结点
            free(previous);//释放已经输出完内容的结点
        }
    }
```

因为具体内容和上一个版本没啥大变化，就是把代码分段各自写成函数啦，自己领悟一下吧，这个例子就不细讲了哈。

在这个问题里用不上头结点，用了倒也不是错，只是没有必要而已，头结点在单向循环链表中作用更大，接下来咱们就来讲单向循环链表吧。

放心，不难，Believe yourself。

4.3 单向循环链表

上一节咱们讲了单向链表，这回咱来介绍下单向循环链表。

哎，你可能会问啦，单向链表和单向循环链表有差别吗？嘿嘿，当然有啊。

你看啊，上一节咱们构建的链表的尾结点 next 指针指向的是谁啊？是 NULL 对不？也就是说这种结构到了尾结点是完全没办法回头的。而单向循环链表则是把尾结点 next 指针指向了链表的第一个结点，这样这个链表虽然还是单向的，但是却有了循环的功能，如图 4-11 所示。

哎，我这里又说到了这个头结点的问题，嘿嘿，在上一节的时候有没有发现一个细节啊？我一直没把链表的第一个结点叫做"头结点"，而是一直就是说成"第一个结点"。虽然我也很不习惯，但是没办法啊，因为它真的不是头结点……所以这里就先好好讲讲头结点到底是啥吧。

所谓的头结点咧，前面说过的，它是一个插在链表第一个结点之前的结点，这个结点数据域一般不存放内容只是使用其 next 指针指向真正的第一个结点。这样一方面解决了找不到第一个结点的问题，还简化了很多特殊问题，如图 4-12 所示。

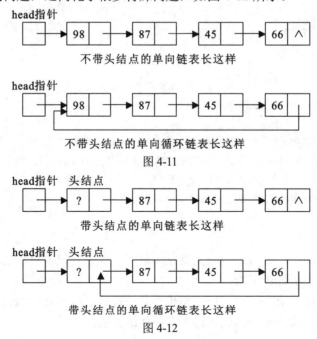

图 4-11

图 4-12

嘿嘿，其实在普通单向链表中头结点作用并不大，但是在单向循环链表中倒是蛮好用哦。

哎，说到这你可能要问啦，你说的"特殊问题"到底是啥啊？

嘿嘿，其实就是一种特殊情况啦，在单向循环链表里对第一个结点执行的插入或删除操作和其他结点不一样，所以在写代码时需要判定这个指令是否是针对第一个结点的，如果是的，需要进行特殊操作。哎，光这么说累觉不爱啊，咱还是来个例子吧。

这回的例子很经典，而且还是课程设计的一道题：约瑟夫问题。

这个问题真心十分经典啦，经典到我都忍不住想讲一下起源啦。

据说在罗马人占领乔塔帕特后，著名犹太历史学家 Josephus 及他的朋友与 39 个犹太人躲到一个洞中，39 个犹太人决定宁愿死也不要被敌人抓到，于是决定了一个自杀方式：41个人排成一个圆圈，由第 1 个人开始报数，每报数到第 3 个人该人就必须自杀，然后再由下一个重新报数，直到所有人都自杀身亡为止，然而 Josephus 和他的朋友并不想遵从。首先从第一个人开始，越过 k-2 个人(因为第一个人已经被越过)，并杀掉第 k 个人；接着，再越过 k-1 个人，并杀掉第 k 个人；这个过程沿着圆圈一直进行，直到最终只剩下一个人留下，这个人就可以继续活着。问题是，一开始要站在什么地方才能避免被处决？Josephus与他的朋友先假装遵从，他将朋友与自己安排在第 16 个与第 31 个位置，于是逃过了这场死亡游戏。

后来进化版的约瑟夫问题大概意思就是 M 个人围成一圈排好序号，每个人手里都有不同的密码，然后选择一个人，从他开始以他手中的密码为初始数报数。如果谁报到的数字变成 1 了，这个人就退出并以退出这个人手中的密码为新的起始数继续报数，直到所有人都出列为止。

嘿嘿，这个问题的过程用单向循环链表或者数组都可以实现，这里用的是单向循环链表，如果有兴趣的话可以自己用数组写写看哦。

按照游戏规则，咱先以不用头结点的单向循环链表实现。

例如：

```c
#include<stdio.h>
#include<stdlib.h>
struct man//定义作为结点的结构体
{
    int num;
    int password;
    struct man *next;
};
typedef struct man Node; //定义别名
typedef Node* Ptr;
```

```
int main(void)
{
    int num;
    Ptr head;
    Ptr CreatJosephus(int num);
    void Show(Ptr head,int num);
    printf("请输入人数:");
    scanf("%d",&num);
    /*使用 CreatJosephus()函数创建单向循环链表并将返回值赋值给 head 指针*/
    head = CreatJosephus(num);
    Show(head,num);//使用 Show()函数输出链表内容
    return 0;
}


Ptr CreatJosephus(int num)
{
    Ptr head,previous,last;
    int i;
    //申请第一个结点的空间，失败则退出
    head = (Ptr)malloc(sizeof(Node));
    if(head==NULL)
    {
        printf("wrong!");
        return NULL;
    }
    previous = head;
    for(i=0;i<num;i++)//创建后续结点并赋值
    {
        last = (Ptr)malloc(sizeof(Node));
        printf("请输入第%d 个人的密码:",i+1);
        scanf("%d",&previous->password);
        previous->num = i+1;
        previous->next = last;
        previous = last;
    }
    //将第一个结点的地址赋值给尾结点 next 指针以构成循环链表
```

```
        previous->next = head;
        return head;//返回第一个结点的地址
}

void Show(Ptr head,int num)
{
    int i,j,num1;
    Ptr previous,last;
    last = head;
    printf("请输入第一次要报的人:");
    scanf("%d",&num1);
    printf("出列顺序为:\n");
    for(i=num;i>0;i--)//总共要输出 num 个人，每输出一个 i 自减 1
    {
        //遍历链表，相当于人在报数，在报到 1 前一直循环
        for(j=num1;j>1;j--)
        {
            previous = last;
            last = last->next;
        }
        previous->next = last->next;/*报到 1 时将这个结点的前一个结点 next 指针指向这个结点的
                                    后一个结点*/
        printf("%d ",last->num);
        //以被输出的结点的密码为下一次报数的起始数
        num1 = last->password;
        free(last);    //释放空间
        //last 指向被释放结点的下一个结点以便继续报数
        last = previous->next;
    }
}
```

哎，看到这个例子文件的文件名你可能就知道啦，这个例子有缺陷，为什么这么说咧？
咱先来看结果吧，如图 4-13 所示。
如果不是从第一个人的密码开始报数，结果正常。
但是如果从第一个人开始报数，问题就出来了，如图 4-14 所示。

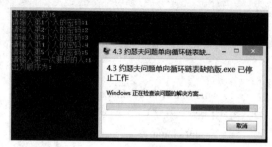

图 4-13   图 4-14

程序崩溃了……为什么会这样咧？咱来看看代码。

main()函数里这次没有什么特别需要说的了，都是些定义或者函数调用啥的，比较有内容的是 CreatJosephus()和 Show()两个函数，咱一个个来说。

```
Ptr CreatJosephus(int num)
{   Ptr head,previous,last;
    int i;
    //申请第一个结点的空间，失败则退出
    head = (Ptr)malloc(sizeof(Node));
    if(head==NULL)
    {
        printf("wrong!");
        return NULL;
    }
    previous = head;
    for(i=0;i<num;i++)//创建后续结点并赋值
    {
        last = (Ptr)malloc(sizeof(Node));
        printf("请输入第%d 个人的密码:",i+1);
        scanf("%d",&previous->password);
        previous->num = i+1;
        previous->next = last;
        previous = last;
    }
    //将第一个结点的地址赋值给尾结点 next 指针以构成循环链表
    previous->next = head;
    return head;//返回第一个结点的地址
}
```

CreatJosephus()函数用于创建单向循环链表。CreatJosephus()函数从主函数 main()中获得了循环链表的长度(即有几个人)，然后开始了创建单向循环链表的过程。这个过程和上一节创建单向链表的过程只有一点点不同，就是这个函数将尾结点的 next 指针指向了第一个结点以便实现链表循环。

　　然后咱来说说 Show()函数吧，剧透一下哈，这个函数是有问题的。

```
void Show(Ptr head,int num)
{
    int i,j,num1;
    Ptr previous,last;
    last = head;
    printf("请输入第一次要报的人:");
    scanf("%d",&num1);
    printf("出列顺序为:\n");
    for(i=num;i>0;i--)//总共要输出 num 个人，每输出一个 i 自减 1
    {
        //遍历链表，相当于人在报数，在报到 1 前一直循环
        for(j=num1;j>1;j--)
        {
            previous = last;
            last = last->next;
        }
        previous->next = last->next;/*报到 1 时将这个结点的前一个结点 next 指针指向这个结点的
                                      后一个结点*/
        printf("%d ",last->num);
        //以被输出的结点的密码为下一次报数的起始数
        num1 = last->password;
        free(last);   //释放空间
        //last 指向被释放结点的下一个结点以便继续报数
        last = previous->next;
    }
}
```

　　问题出在哪呢？咱来看看。

　　Show()函数从 main()函数中获得了 head 指针的地址以及这个链表的长度(即人数)，然后询问用户第一次从哪个人开始报数，将链表遍历到那里，将这个结点的上一个结点的 next 指针和这个结点的下一个结点连一起，最后输出这个结点的序号并以其密码继续报数。以

此循环往复，直到所有人都出列为止。

既然不是从第一个人开始报数都是行得通的，就证明这个函数的总体算法没有问题，那问题出在哪了呢？

问题出在了程序中有下划线的语句上，这个小循环是嵌套在主循环中的，它的起始条件是让 j = num1。num1 是第一次报数时的起始人，但有一个明显的细节

```
for(j=num1;j>1;j--)
```

如果输入的第一次要报数的人就是第一个人的话，num1 就会被赋值为 1，那么它就不符合 j>1 的条件，这个循环不会被执行。因为这个指针是在这个 Show()函数中被定义的，所以 previous 指针不会被赋值，而且在这个小循环中首次被使用，如果小循环没有被执行，那 previous 指针内容就还是初始状态，然后就以这初始状态执行了小循环之后的这条语句：

```
previous->next = last->next;   /*报到 1 时将这个结点的前一个结点 next 指针指向这个结点的
                               后一个结点*/
```

因为 previous 指针还没有被赋值，所以它还没有指向某个结点，也就不可能有 previous->next 这个结点指针的存在。从而导致

```
previous->next = last->next
```

赋值失败，链表断裂，程序崩溃……

你看，问题就出在对第一个结点的操作上了。

哎，也许你会问；如果把 j>1 改成 j>=1 不就好了吗？嗯，对于第一个结点而言程序是不会崩溃了，不过这样的话每次出列的人都是本应该出列人的后一个人，因为多走了一次循环……

那么应该怎么办啊？额，常规的方法是加个 if 语句，如果 num1==1 就执行另一套操作。不过这里我不想那么复杂，我想只用一种算法就能把所有结点都搞定。

那应该怎么办啊？嘿嘿，简单啊，把第一个结点变成第二个结点不就好了，神马意思？就是在第一个结点前加一个头结点，这样第一个结点就不再是第一个结点喽，就可以被正常操作喽。

例如：

```
#include<stdio.h>
#include<stdlib.h>
struct man
{
    int num;
    int password;
    struct man *next;
};
```

```
typedef struct man Node;
typedef Node* Ptr;
int main(void)
{
    Ptr head;
    int num;
    Ptr CreatJosephus(int num);
    void Show(Ptr head,int num);
    printf("请输入人数:");
    scanf("%d",&num);
    head = CreatJoseph(num);
    Show(head,num);
    return 0;
}

Ptr CreatJosephus(int num)
{
    int i,j;
    Ptr head,previous,last;
    //申请头结点空间，这回是真的头结点哦😁
    head = (Ptr)malloc(sizeof(Node));
    previous = head;
    for(i=0;i<num;i++)//从创建第一个结点开始创建后续结点并赋值
    {
        last = (Ptr)malloc(sizeof(Node));
        printf("请输入第%d 个人的密码:",i+1);
        scanf("%d",&last->password);
        last->num = i+1;
        previous->next = last;
        previous = last;
    }
    last->next = head->next;/*将头结点的 next 指针的地址赋值尾结点 next 指针以构成带头结点
的循环链表*/
    return last;
}

void Show(Ptr head,int num)
```

```
    {
        int i,j,num1;
        Pu previous,last;
        previous = head;
        last = head->next;
        printf("请输入第一次要报的人:");
        scanf("%d",&num1);
        printf("输出的次序是:\n");
        for(i=num;i>0;i--) //总共要输出 num 个人，每输出一个 i 自减 1
        {
            for(j=num1;j>1;j--)//遍历链表，相当于人在报数，在报到 1 前一直循环
            {
                previous = last;
                last = last->next;
            }
            /*报到 1 时将这个结点的前一个结点 next 指针指向这个结点的后一个结点*/
            previous->next = last->next;
            //以被输出结点的密码为下一次报数的起始数
            num1 = last->password;
            printf("%d ",last->num);
            free(last); //释放空间
            //last 指向被释放结点的下一个结点以便继续报数
            last = previous->next;
        }
    }
```

程序运行结果如图 4-15 所示。

嘿嘿，这回从第一个人开始报数就完全没问题啦。😁

哎，那到底咱干了啥呢？咱来看看这个修改后的代码哈，还是一样，main()函数就不说啦哈。

咱们先来看看修改了的 CreatJosephus()函数。

图 4-15

```
    Ptr CreatJosephus(int num)
    {
        int i,j;
        Ptr head,previous,last;
```

```
//申请头结点空间，这回是真的头结点哦😁
head = (Ptr)malloc(sizeof(Node));
previous = head;
for(i=0;i<num;i++)//从创建第一个结点开始创建后续结点并赋值
{
    last = (Ptr)malloc(sizeof(Node));
    printf("请输入第%d 个人的密码:",i+1);
    scanf("%d",&last->password);
    last->num = i+1;
    previous->next = last;
    previous = last;
}
last->next = head->next;/*将头结点的 next 指针的地址赋值给尾结点 next 指针以构成带头结
点的循环链表*/
    return last;
}
```

跟上一个版本的 CreatJosephus()函数比起来，其实只有上面划了下划线的内容改变了，但是就是因为改变了这三句话，问题解决啦，那咱是怎么实现的咧，来看看吧。😁

先从多的第一句话看起吧。

```
    last = (Ptr)malloc(sizeof(Node));
```

这句语句写在 for 循环内部第一句，上一个版本中没有这句语句，这句语句干了啥呢？咱往前看，在函数刚开始执行的时候咱已经执行过这么一句语句

```
    head = (Ptr)malloc(sizeof(Node));
```

即已经申请过一个结点的空间，上一个版本的函数中是直接以这个结点开始进行结点赋值，而现在这个版本的函数是在结点赋值之前又申请了第二个结点的空间，并且是以第二个结点开始进行结点赋值，并且将 head 指针所指向的第一个申请的结点 next 指针指向第二个结点。也就是说第一个结点被当作了头结点使用，这个头结点在函数执行循环操作时完全没有被操作过，直到函数中的循环操作结束，即所有结点都已经申请好并按顺序赋值完毕后，才执行了增加的第二条语句：

```
last->next = head->next;        /*将头结点的 next 指针的地址赋值给尾结点 next 指针以构成带头
                结点的循环链表*/
```

这时的 last 指针指向的是尾结点，这句话的操作就是将尾结点的 next 指针指向头结点的 next 指针。

重点来了。

```
    return last;
```

这是新版本函数的最后的 return 语句，发现它和上个版本的函数的不同了吗？嗯啊，上个版本的 CreatJosephus()函数中，咱们返回的是 head 指针指向的地址，而 head 指针指向的地址是链表第一个结点的地址。而这回咱们返回的是 last 指针所指向的地址，而 last 指针指向的是链表尾结点的地址哦。

咱再来看看 Show()函数有啥改变。

```
    void Show(Ptr head,int num)
    {
        int i,j,num1;
        Ptr previous,last;
        previous = head;
        last = head->next;
        printf("请输入第一次要报的人:");
        scanf("%d",&num1);
        printf("输出的次序是:\n");
        for(i=num;i>0;i--)              //总共要输出 num 个人，每输出一个 i 自减 1
        {
            //遍历链表，相当于人在报数，在报到 1 前一直循环
            for(j=num1;j>1;j--)
            {
                previous = last;
                last = last->next;
            }
            /*报到 1 时将这个结点的前一个结点 next 指针指向这个结点的后一个结点*/
            previous->next = last->next;
            //以被输出的结点的密码为下一次报数的起始数
            num1 = last->password;
            printf("%d ",last->num);
            free(last);                //释放空间
            //last 指向被释放结点的下一个结点以便继续报数
            last = previous->next;
        }
    }
```

总共就多了一条语句就是加下划线的这条语句：

```
    previous = head;
```

即把 previous 指针赋值了头结点的地址，这样 previous 不再出现没有初始化的问题。

也就是说这个新版本的程序其实和原来那个版本相比就是多了个头结点以及修改了返回的指针所指向的结点位置。

哎，那为啥结果差别这么大咧？

咱来好好画个图解释一下。

首先，咱先看看上个版本的代码构建出来的单向循环链表，如图 4-16 所示。

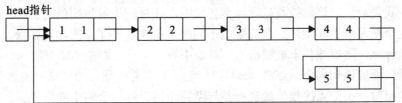

图 4-16

数值域里的第一个数代表着这个人的编号，第二个数代表着这个人手里的密码，我是按图 4-17 这个例子里的数据画的哦。

Ps：总觉得画出文艺范了。

从图 4-16 中可以看出来，这个链表本身结构十分完整，没有任何问题。问题在于第一次报数的时候，如果选中的第一个人刚好是序号为 1 的人的话，刚好很不幸地让程序算法崩溃了……原因上面说过了，这里直接画图说明喽。

图 4-17

当这个链表被传入 Show()函数时，Show()函数定义了两个结点类型指针 previous 和 last，并且将这个链表第一个结点的地址赋值给了 last 指针，如图 4-18 所示。

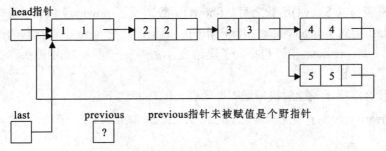

图 4-18

然后咱再来看看新版本的 CreatJosephus()函数构造出来的单向循环链表，如图 4-19 所示。

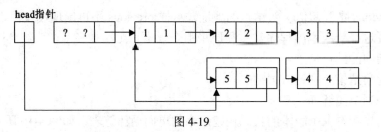

图 4-19

好吧，我是应该说这图被我越画越文艺了呢，还是应该说越画越乱了呢……😵

你看这个循环链表和刚才那个有哪些不同啊，嗯啊，多了个头结点，而且这个头结点只使用了指针域，数值域并未被赋值。所以要小心了，千万别把尾结点的 next 指针指向头结点首地址，而应该指向头结点的 next 指针地址。不然的话，当把这个链表传给 Show() 函数进行输出时，头结点的数值域也会参与循环输出，结果会输出乱码。

还有要注意这次 head 指针指向的是尾结点的地址。

既然头结点的数值域并没有参与循环输出，那么加了这个头结点到底有啥用呢？它又是如何解决了上个版本中链表的问题的呢？敬请收看今天的焦点访谈。😁

嘿嘿，你说的没错，头结点的数值域确实没用上，但是指针域用上了啊，而且作用非常大！为神马这么说咧？咱来看图 4-20。

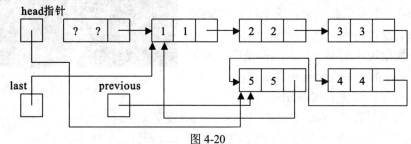

图 4-20

把这个链表传入 Show() 函数之后，Show() 函数定义了 previous 和 last 两个结点类型指针，然后将 last 指向了 head->next 指针所指向的地址，并把 head 指针指向的地址赋值给了 previous 指针，即 previous 指针也指向了尾结点。(好吧……图 4-20 中箭头和线段开始不可避免的重叠了……囧)

哎，为什么这样子就能解决问题呢？嘿嘿，咱接着往下看。

```
for(j=num1;j>1;j--)    //遍历链表，相当于人在报数，在报到 1 前一直循环
{
    previous = last;
    last = last->next;
}
```

如果这次咱要求从第一个人开始报数的话，这个小循环还是不会执行，因为输入的num1 等于 1，不满足 j>1 的要求。但是，这次的 previous 指针不再是没有初始化的，而是指向尾结点的啦。

所以执行

previous->next = last->next;

语句的时候，尾结点的 next 指针会指向第二个结点，之后第一个结点会被释放，至此第一个结点就已经被成功释放掉啦。

之后的结点就可以正常被输出和释放喽，因为最特殊的情况已经被解决喽。😁

哎，说到这你觉得这段代码是不是有问题啊。

嗯啊，肯定还是有问题的嘛，因为这个例子代码的名字是"4.3 约瑟夫问题单向循环链表有头结点不完美版.c"嘛。😁😎

哎，那你能发现是哪出问题了嘛？

嘿嘿，运行上的逻辑问题肯定是没有了，因为程序运行成功而且输出正常哦，但是收尾工作做得怎么样咧？哈哈，提示就到这喽，接下来看你的了，正确的例子代码贴在这啦。你考虑完了可以看看，看看你找的问题点对不对。🙂

例如：

```
#include<stdio.h>
#include<stdlib.h>
struct man
{
    int num;
    int password;
    struct man *next;
};
typedef struct man Node;
typedef Node* Ptr;
int main(void)
{
    Ptr head,realhead;          //多定义了一个结点类型指针，为啥咧？
    int num;
    Ptr CreatJosephus(int num);
    void Show(Ptr head,Ptr realhead,int num);
    printf("请输入人数:");
    scanf("%d",&num);
    head = CreatJosephus(num);           //head 指针获得尾结点地址
```

```
        realhead = head->next;              //realhead 指针指向真正的头结点
        head->next = realhead->next;  /*将 head->next 指针指向头结点的 next 指针以防链表输出时误
输出头结点的数值域内容*/
        Show(head,realhead,num);
        return 0;
}


Ptr CreatJosephus(int num)
{
    int i,j;
    Ptr head,previous,last;
    //申请头结点空间，这回是真的头结点哦😁
    head = (Ptr)malloc(sizeof(Node));
    previous = head;
    for(i=0;i<num;i++)        //从创建第一个结点开始创建后续结点并赋值
    {
        last = (Ptr)malloc(sizeof(Node));
        printf("请输入第%d 个人的密码:",i+1);
        scanf("%d",&last->password);
        last->num = i+1;
        previous->next = last;
        previous = last;
    }
    //将尾结点 next 指针赋值头结点地址以构成带头结点的循环链表
    last->next = head;
    return last;
}


void Show(Ptr head,Ptr realhead,int num)
{
    int i,j,num1;
    Ptr previous,last;
    previous = head;
    last = head->next;
    printf("请输入第一次要报的人:");
    scanf("%d",&num1);
    printf("输出的次序是:\n");
```

```
        for(i=num;i>0;i--)           //总共要输出 num 个人，每输出一个 i 自减 1
        {
            //遍历链表，相当于人在报数，在报到 1 前一直循环
            for(j=num1;j>1;j--)
            {
                previous = last;
                last = last->next;
            }
            /*报到 1 时将这个结点的前一个结点 next 指针指向这个结点的后一个结点*/
            previous->next = last->next;
            //以被输出的结点的密码为下一次报数的起始数
            num1 = last->password;
            printf("%d ",last->num);
            free(last);              //释放空间
            //last 指向被释放结点的下一个结点以便继续报数
            last = previous->next;
        }
        free(realhead); /*释放掉真正头结点的空间(因为头结点一直没有参与链表输出，所以空间尚
未被释放*/
    }
```

有修改的地方都已经划下划线喽，你猜猜这些修改是为了解决啥问题咧？

哎，那我又想问了，这个问题真的需要头结点吗？没觉得这个头结点完全可以省略掉吗？嘿嘿，确实，在这个问题里，其实头结点完全没有必要。上面写的这个版本也还是不能算是完美版，不信的话，你看看课程设计里有这道题的，老师绝对不会建议你写带头结点的版本。

哎，那如果不带头结点，应该怎么写咧？自己想想喽，最终的完整完美版代码已经保存在"4.3 约瑟夫问题不带头结点完美版.c"中了哦，快来看看吧，这个才是最终版哦。

例如：

```
#include<stdio.h>
#include<stdlib.h>

struct man                  //声明作为结点类的结构体
{
    int num;
    int password;
    struct man *next;
```

```
};

typedef struct man Node;          //声明别名
typedef Node* Ptr;

int main(void)
{
    Ptr head;
    int num;
    Ptr CreatLinklist(int num);
    void Show(Ptr head, int num);

    printf("请输入人数:");
    scanf("%d",&num);
    head = CreatLinklist(num);
    Show(head, num);
    return 0;
}

Ptr CreatLinklist(int num)
{
    int i;
    Ptr head,previous,last;

    head = (Ptr)malloc(sizeof(Node));    //申请第一个结点空间，失败则退出

    if(head==NULL)
    {
        printf("wrong!");
        return NULL;
    }

    last = head;

    for(i=0;i<num;i++)                //循环申请结点空间并赋值及连接
    {
        previous = last;
```

```
        printf("请输入第%d 个人的密码:",i+1);
        scanf("%d",&previous->password);
        previous->num = i+1;
        last = (Ptr)malloc(sizeof(Node));

        if(last==NULL)
        {
            printf("wrong!");
            return NULL;
        }

        previous->next = last;
    }

    previous->next = head;          //尾结点指向第一个结点
    free(last);                     //释放多余结点
    last = previous;
    return last;                    //返回尾结点地址
}

void Show(Ptr head, int num)
{
    int num1,i,j;
    Ptr previous,last;

    last = head->next;              //last 指针指向第一个结点
    previous = head;                //previous 指针指向尾结点
    printf("请输入第一次要报的人:");
    scanf("%d",&num1);
    printf("输出顺序为:\n");

    for(i=num;i>0;i--)
    {
        for(j=num1;j>1;j--)
        {
            previous = last;
            last = last->next;
```

95

```
            }

        previous->next = last->next;
        printf("%d ",last->num);
        num1 = last->password;
        free(last);
        last = previous->next;
        }
    }
```

嘿嘿，是不是突然觉得被我坑了这么多页啊，其实也不算啦，这里就是想告诉你每种方法都可行，只是不一定最优。数据结构中真相不只有一个，所以自己多多研究，说不定会有更好的新发现哦。🙂

单向循环链表就讲到这喽，表示画图用了好长时间呢，因为全是一条线一条线画的，有点抽象……🙂

接下来让我们看看双向链表吧。

4.4 双向链表

好吧，接下来讲双向链表了。

双向链表其实也可以分成两种：双向链表和双向循环链表。

其实差别就一个：双向链表尾结点的 next 指针以及第一个结点的 back 指针都指向 NULL；而双向循环链表尾结点的 next 指针指向第一个结点，第一个结点的 back 指针指向尾结点。

哎，注意啊，我又说的是"第一个结点"，为什么咧？嘿嘿，嗯啊，就是因为双向链表也有带头结点和不带头结点不同的版本。因为双向链表和双向循环链表差别不大，所以就不分开讲了哈。

哎，说到这你可能会问我了哈，学了这么多种链表，到底哪种最好呢？嘿嘿，哪有什么最好啊，每种链表都有各自的长处，只是体现的方面不同而已。应对不同的问题，使用不同的链表结构会获得不同的效率和方便度，所以说，没有什么"最好"、"最不好"之分的哦。🙂只是适用情况各自不同而已。

双向链表其实就是每个结点比单向链表多了个 back 指针，它是用来指向当前结点的上一个结点地址的。双向链表结构不仅可以顺序遍历，还可以逆序遍历，相较于单链表，在某些情况下这样的链表更好用哦，示意图如图 4-21 所示。

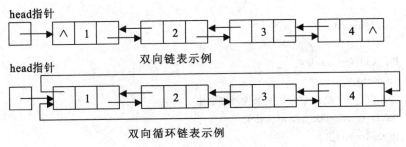

双向链表示例

head指针

双向循环链表示例

图 4-21

双向链表这就举个比较简单的例子吧。

还记得咱们前面一直用的那个学生成绩录入系统的例子吗？输入要求不变，还是以用户输入 0 为输入完毕，这回咱们要求先顺向输出，再逆向输出，要注意别在顺序输出的时候就把结点空间全释放了哦。

试试看吧。😊

例如：

```
#include<stdio.h>
#include<stdlib.h>
struct Student                    //声明双向链表的结点
{
    int grade;
    struct Student *next;
    struct Student *back;
};
typedef struct Student Node;      //声明别名
typedef Node* Ptr;
int main(void)
{
    Ptr head;
    Ptr CreatLinkList();
    Ptr Show1(Ptr head);
    void Show2(Ptr head);
    head = CreatLinkList();
    head = Show1(head);
    Show2(head);
    return 0;
}
```

```
Ptr CreatLinkList()
{
    Ptr head,previous,last;
    int num,i;
    //申请第一个结点空间，如果失败则退出
    head = (Ptr)malloc(sizeof(Node));
    if(head==NULL)
    {
        printf("wrong!");
        return NULL;
    }
    head->back = NULL;          //第一个结点的 back 指针赋值 NULL
    previous = head;
    scanf("%d",&num);           //获取用户第一次输入的成绩
    while(num!=0)               //在成绩不为 0 时循环创建结点及连接双向链表
    {
        previous->grade = num;
        last = (Ptr)malloc(sizeof(Node));/*通过 malloc 函数申请新结点空间并将其地址赋值给 last
指针，失败则退出*/
        if(last==NULL)
        {
            printf("wrong!");
            return NULL;
        }
        last->back = previous;      //与上一个结点连接
        previous->next = last;      //上一个结点与新结点连接
        previous = last;
        scanf("%d",&num);
    }
    previous = previous->back;/*因为最后一个结点获得的是 0 值，所以需要释放，先将 previous
指针指向倒数第二个结点*/
    previous->next = NULL;          //将倒数第二个结点 next 指针设为 NULL
    free(last);                     //释放掉最后一个结点，即被赋值为 0 的结点空间
    return head;                    //返回第一个结点的地址
}
```

```
Ptr Show1(Ptr head)
{
    Ptr previous;
    printf("正向输出:\n");
    while(head!=NULL)
    {
        printf("%d\n",head->grade);
        previous = head;
        head = head->next;          //head 指针向下一个结点移动
    }
    return previous;/*此时 previous 指针指向最后一个结点，head 指向 NULL，所以应该返回
previous 指针存储的地址*/
}
void Show2(Ptr head)
{
    Ptr previous;
    printf("反向输出:\n");
    while(head!=NULL)
    {
        printf("%d\n",head->grade);
        previous = head;
        head = head->back;          //头结点向上一个结点移动
        free(previous);             //释放掉已经输出的结点
    }
}
```

图 4-22

程序运行结果如图 4-22 所示。

这段代码虽然略长，不过还蛮好理解的，咱一起来看看吧。

主函数就不说啥喽，很好理解。

先来说说用来创建双向链表的 CreatLinkList() 函数吧。

这个函数其实和原来用来创建单向链表的那个函数原理差不多的，就多了一个点，就是要考虑上一个结点和新结点之间的 back 指针连接，注意了这个以后就没啥问题啦。

剩下的 Show1()和 Show2()函数其实也是大同小异。

Show1()函数是将 head 指针从第一个结点开始通过 next 指针后移并输出相应结点内容，直到 head 指针指向 NULL；previous 指针指向尾结点，并返回 previous 指针所存储的尾结点地址。

Show2()函数是将 head 指针从尾结点开始通过 back 指针前移并输出相应结点内容，并在输出后释放该结点空间，直到 head 指针指向 NULL，即所有结点均已输出并释放空间为止。

这个例子用的是双向链表而不是双向循环链表，主要是因为这样比较方便，因为有 NULL 这个值的帮助嘛，循环的判断条件就很好规定啦😁

当然你也可以通过双向循环链表实现，具体的我这里就不写喽，靠你的智慧自己写喽。加油哦，还可以再挑战一下带头结点的写法哦。

因为在单向链表小节中我已经讲了足够的内容，双向链表的知识和它大同小异，所以这里就不重复啦。接下来要讲链表的几个基础操作，这些操作在后面的数据结构中都会经常用到，所以要学明白哦。

嘿嘿，放心啦，你没问题的。😊

4.5 链表的遍历和连接

1. 链表的遍历

链表的遍历其实咱们已经在前面例子里用过很多次啦，但是遍历的概念是对每个元素 (链表上就是每个结点喽)按顺序进行且仅进行一次访问。

咱们平时所说的遍历其实更多的时候应该说是多次遍历，比方说像单向循环链表的遍历和输出，每次输出前都会遍历一遍当前链表内所有结点。每种链表的遍历都是大同小异的，所以这里咱们就拿单向链表来举例吧。

继续上次那个成绩录入系统的例子，规则都不变，就是再加一个查找函数，在输入结束后通过查找函数来寻找用户输入的特定成绩，找到就返回该成绩所在的结点序号，没找到就输出提示。蛮简单哦，自己先试试看吧。😊

例如：

```
#include<stdio.h>
#include<stdlib.h>
struct Student //声明作为结点的结构体
{
    int grade;
    struct Student *next;
```

```
};
typedef struct Student Node;//声明别名
typedef struct Student* Ptr;
int main(void)
{
    Ptr head;
    Ptr CreatLinklist();
    void Search(Ptr head);
    head = CreatLinklist();
    Search(head);
    return 0;
}

Ptr CreatLinklist()
{
    Ptr head,previous,last;
    int num;
    //申请第一个结点空间，如果失败则退出
    head = (Ptr)malloc(sizeof(Node));
     if(head==NULL)
    {
        printf("wrong!");
        return NULL;
    }
    last = head;
    scanf("%d",&num);
//在用户输入 0 之前循环创建结点并进行结点间连接和结点赋值
while(num!=0)
    {
        previous = last;
        previous->grade = num;
        last = (Ptr)malloc(sizeof(Node));
        if(last==NULL)
        {
            printf("wrong!");
            return NULL;
        }
```

```
            previous->next = last;
            scanf("%d",&num);
        }
        previous->next = NULL;/*将倒数第二个结点的 next 指针赋值 NULL 为释放掉最后一个结点
做准备(最后一个结点存放的成绩是 0。即用户输入的结束标志)*/
        free(last);//释放最后一个结点的空间
        return head;
    }


    void Search(Ptr head)
    {
        int i,num,flag;
        Ptr previous;
        i = 1;
        flag = 0;
        printf("请输入要查询的成绩:");
        scanf("%d",&num);
        while(head!=NULL)//链表遍历
        {
            if(head->grade==num)
            {
                printf("找到该成绩 位于第%d 个结点\n",i);
                flag++;
            }
            previous = head;
            head = head->next;
            i++;
            free(previous);
        }
        if(flag==0)
        {
            printf("未找到该成绩！ ");
        }
    }
```

找到了要查询的成绩的运行结果如图 4-23 所示。

未找到要查询的成绩的运行结果如图 4-24 所示。

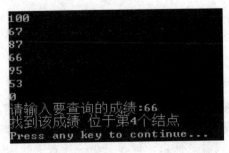

图 4-23

图 4-24

嘿嘿，这段代码感觉还比较容易理解的。

这里用来创建单向链表的 CreatLinklist()需要我讲下吗？感觉和前面的几个函数很相近，因为我怕过程中有人理解不了，所以基本代码都是一个逻辑出来的，这样好处是容易理解，缺点是可能会让你思路变窄……所以一定要自己多多练习哦，数据结构光看是永远看不会的哦。😊

那这样的话创建单向链表的这个函数我就先不说啦哈，不过这个通过遍历查找数据的Search()函数倒是有一点点值得说的东西，为了看着方便，先把代码切过来吧。

```c
void Search(Ptr head)
{
    int i,num,flag;
    Ptr previous;
    i = 1;
    flag = 0;
    printf("请输入要查询的成绩:");
    scanf("%d",&num);
    while(head!=NULL)//链表遍历
    {
        if(head->grade==num)
        {
            printf("找到该成绩 位于第%d 个结点\n",i);
            flag++;
        }
        previous = head;
        head = head->next;
        i++;
        free(previous);
    }
```

```
        if(flag==0)
        {
            printf("未找到该成绩！ ");
        }
    }
```

首先传入的 head 指针存储的地址是链表第一个结点的地址，这没啥说的喽。然后用户输入要查询的成绩 ，while 循环开始遍历链表结点，如果结点内容和要查询的内容不符就释放该结点并匹配下一结点(这里因为例子就只做一件事，就是只做一次查询然后输出结果，所以用不上的结点就直接释放了，在实际应用里并不是都是遍历一次就释放空间哦，说不定后面还需要使用这个结点，所以这个是视实际情况而定的哦。)如果找到了就输出结点位置，没找到就输出未找到该成绩。

哎，但我就是想问你这点啊，这里的 flag 变量是干嘛的？

咱先把用到了 flag 变量的地方找出来吧。

```
        flag = 0;
        if(head->grade==num)
        {
            printf("找到该成绩 位于第%d 个结点\n",i);
            flag++;
        }
            if(flag==0)
        {
            printf("未找到该成绩！ ");
        }
```

这样看起来就方便多啦。😁

从代码中看起来这个 flag 变量就是做了个标记喽？如果 flag 非 0，就证明至少找到了一个满足用户输入的结点；如果 flag==0，就证明一个满足条件的结点都没找着。昂，那咱是不是就可以说这个 flag 变量就是用来做标记用的呢？哎呀！貌似可以。

哎，那问题又来了啊，为什么不在找到满足条件的结点以后就结束函数的执行啊？

```
        if(head->grade==num)
        {
            printf("找到该成绩 位于第%d 个结点\n",i);
            return;
        }
```

像这样不是连 flag 变量都省了吗？

嘿嘿，如果你告诉我原因是可能后面还有满足条件的结点，所以循环应该继续的话，那我只能说你说对了一半哦……😁

因为无论后面还有没有符合条件的结点，这个循环都必须走下去。为啥咧？看到这条语句了吗？

　　　　free(previous);

重点来了，如果咱们在找到满足条件的结点就退出函数的话，那么该结点后面的所有结点都还没被释放……画图说明吧，初始图如图 4-25 所示。

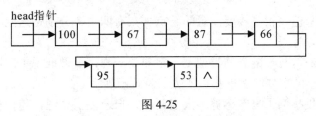

图 4-25

你看，每个结点都存储了用户输入的成绩。按上面的运行结果示例，在咱们输入 66 以后，Search()函数开始进行遍历，过程中不满足条件的结点都会被释放掉，如图 4-26 所示。

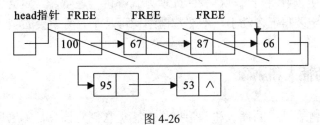

图 4-26

当函数走到这一步的时候，就找到满足条件的结点啦，如果这个时候就退出函数的话，后面这三个结点就都没有释放。

所以咱们在找到结点之后没有立刻结束函数执行，而是让它循环到底，为的是释放所有结点的空间哦。😊

哎，又发现问题啦，如果我真的就在找到结点的时候结束函数执行，用了一个 return 语句。但是这个函数定义时是无返回值 void 类型，咱写个 return 会不会通不过编译啊……？

嘿嘿，当然不会啦，咱只是写了个 return 语句，但没写返回啥啊，正常的返回值语句是：

　　　　return　返回常量或变量数据类型

比方说

　　　　return 0; return head;

所以 return 语句是没有返回值的，因为咱们什么也没有返回，这样的空返回语句作用是结束函数执行，但并不返回任何内容，所以不会编译不通过哦。😊

嗯啊，我觉得遍历讲这些足够啦，那接下来讲讲链表的连接吧。

2. 链表的连接

嗯，链表的连接也蛮好理解，指的是把两个链表连接成一个链表。要考虑的问题就是在连接的时候要注意指针的指向，前面链表的最后一个结点的 next 指针要指向后面链表的第一个结点，后面链表的第一个结点要是有 back 指针要记得指向前面链表的最后一个结点。

前面链表的第一个结点如果有 back 指针或后面链表的最后一个结点有 next 指针也是同理的哦。

也就是说，两个链表相连接要注意的结点一共有四个，分别是这两个链表的第一个结点和最后一个结点。

还有要说明的是这两个链表的类型不一定非要一样，就像谁说单向链表和双向链表不能连接啊？只是四个结点要注意的指针不太一样而已嘛。😁

额，这个需要我举例子吗？感觉不太需要的，自己先试试吧，随便构建两个链表然后连接到一块去。

接下来要讲的内容比较重点：链表结点的插入和删除。

这个很常用，所以我将对每种链表的处理方式都讲一遍哦，一定会讲的很细的，不要担心，不过你也一定要自己多动手，不然数据结构可是不容易学会的哦。😊

4.6 链表结点的插入和删除

本节咱来讲讲链表结点的插入和删除操作，感觉它俩应该算是除遍历之外使用频率最高的操作了吧，所以咱们要讲的细一点哦。

1. 单向链表的插入和删除

那咱就先从单向链表的结点插入和删除说起吧。

咱已经知道单向链表如图 4-27 所示。

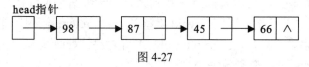

图 4-27

那根据咱们对单向链表的了解，每个结点都只有一个 next 指针而没有 back 或其他指针。也就是说这个 next 指针要么指向该结点的下一个结点，要么指向 NULL(尾结点)喽。哎，那它的插入是不是应该是这样的咧？

比方说咱们要在 87 这个结点后面插入一个存有 76 数字的结点，也就是说插入位置如

图 4-28 所示。

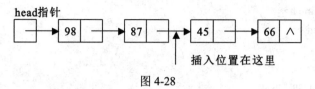

图 4-28

那是不是应该像图 4-29 这样操作咧？

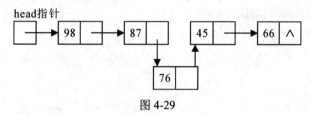

图 4-29

就是把存有 87 数字结点的 next 指针指向新插入的结点，再把新插入的结点的 next 指针指向原来存有 87 数字结点的下一个结点喽？

嗯啊，完全正确，没有问题。

那么以此类推，单向链表的结点删除操作是不是就是这样咧？

假设要删除掉存有 87 数字的结点，如图 4-30 所示。

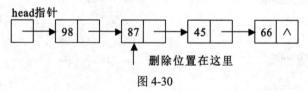

图 4-30

那是应该像图 4-31 这样操作吗？

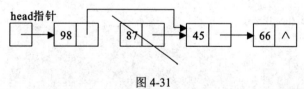

图 4-31

嗯啊，看样子就是将要被删除的结点的上一个结点的 next 指针指向下一个结点，然后释放掉要被删除的结点就可以喽？

哎，问题来了，真的这么简单吗？不对吧，比方说要删除第一个结点或者在尾结点之后要插入结点，那这样的操作还能行得通吗？好像行不通。那该怎么办？添加判断喽。怎么添加判断？嘿嘿，例子说明喽。😁

还是继续学生成绩录入系统的例子吧，这回咱们加入添加和删除成绩的选项。

例如：

```
#include<stdio.h>
#include<stdlib.h>
struct Student
{
    int grade;
    struct Student *next;
};
typedef struct Student Node;
typedef Node* Ptr;
int main(void)
{
    Ptr head;
    int num;
    Ptr CreatLinklist();
    void Insert(Ptr head);
    void Delete1(Ptr head);
    head = CreatLinklist();
    printf("请选择要进行的操作:\n1、插入\n2、删除\n");
    scanf("%d",&num);
    if(num==1)
    {
        Insert(head);
    }
    else if(num==2)
    {
        Delete1(head);
    }
    return 0;
}

Ptr CreatLinklist()
{
    Ptr head,previous,last;
    int num;
    //申请第一个结点空间，如果失败则退出
    head = (Ptr)malloc(sizeof(Node));
    if(head==NULL)
```

```
    {
        printf("wrong!");
        return NULL;
    }
    last = head;
    scanf("%d",&num);
    //在用户输入 0 之前循环创建结点并进行结点连接和结点赋值
    while(num!=0)
    {
        previous = last;
        previous->grade = num;
        last = (Ptr)malloc(sizeof(Node));
        if(last==NULL)
        {
            printf("wrong!");
            return NULL;
        }
        previous->next = last;
        scanf("%d",&num);
    }
    previous->next = NULL; /*将倒数第二个结点的 next 指针赋值 NULL 为释放掉最后一个结点
                        做准备(最后一个结点存放的成绩是 0，即用户输入的结束标志)*/
    free(last);//释放最后一个结点的空间
    return head;
}


void Insert(Ptr head)
{
    Ptr previous,last,temp;
    int num,num1,i;
    last = head;
    printf("请输入要插入的成绩:");
    scanf("%d",&num);
    printf("请输入要插入的位置:");
    scanf("%d",&num1);
    //申请要插入的结点的空间，如果失败则退出
    temp = (Ptr)malloc(sizeof(Node));
```

```c
        if(temp==NULL)
        {
            printf("wrong!");
            return;
        }
        temp->grade = num;
        if(num1==1)     /*如果插入点在第一个结点之前，将 head 指针指向新结点，即新结点
                        成为第一个结点*/
        {
            temp->next = head;
            head = temp;
        }
        else //如果插入结点不是第一个结点，找到要插入的位置后正常插入
        {
            for(i=num1;i>1;i--)
            {
                previous = last;
                last = last->next;
            }
            previous->next = temp;
            temp->next = last;
        }
        printf("插入成功！  当前成绩为:\n");
        while(head!=NULL)    //循环输出
        {
            printf("%d ",head->grade);
            previous = head;
            head = head->next;
            free(previous);
        }
    }

    void Delete1(Ptr head)
    {
        Ptr previous,last;
        int num;
        last = head;
```

```
    previous = NULL;
    printf("请输入要删除的成绩:");
    scanf("%d",&num);
    while(last->grade!=num)//匹配各结点成绩
    {
        previous = last;
        last = last->next;
    }
    if(previous!=NULL)    /*用来判断被删除的是不是第一个结点,如果不是就执行这个 if 语句,
                          即正常删除结点操作*/
    {   previous->next = last->next;
        free(last);
    }
    else/*如果被删除的是第一个结点,将 head 指针指向第二个结点后释放第一个结点空间*/
    {
        head = last->next;
        free(last);
    }
    printf("删除成功 当前成绩为:\n");
    while(head!=NULL)//循环输出
    {
        printf("%d ",head->grade);
        previous = head;
        head = head->next;
        free(previous);
    }
}
```

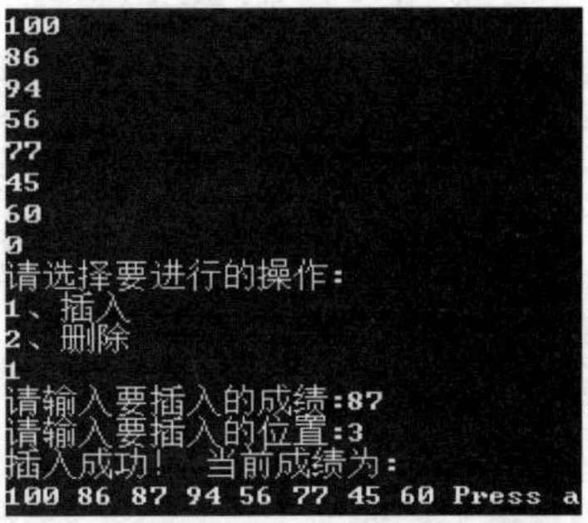

图 4-32

图 4-33

插入成绩结果如图 4-32 所示。

删除成绩结果如图 4-33 所示。

这段代码蛮有代表性的,来看看有代表性的地方吧。

主函数里没啥特想说的,CreatLinklist()函数也是老生常谈啦。这次咱就来看看分别负责插入和删除的 Insert()和 Delete1()函数吧。

Insert()函数做的事情很容易看出来哦。首先输入要插入的成绩和插入的位置,然后判断插入的位置是不是 1,即是不是要替代当前第一个结点的位置成为新的第一个结点。如果是的话,先把 head 指针

指向要插入的结点，然后再将这个要插入的结点的 next 指针指向原来的第一个结点；如果不是要插在第一个结点的位置的话，那就和咱们刚才最初讲的那种普通操作一样啦。

而 Delete1()函数则是使用了更巧妙的方法来判断要被删除的结点是不是第一个结点，这个妙处就在这里：

```
last = head;
previous = NULL;
printf("请输入要删除的成绩:");
scanf("%d",&num);
while(last->grade!=num)      //匹配各结点成绩
{    previous = last;
     last = last->next;
}
if(previous!=NULL)      /*用来判断被删除的是不是第一个结点，如果不是就执行这个 if 语句，
                        即正常删除结点操作*/
{
     previous->next = last->next;
     free(last);
}
else/*如果被删除的是第一个结点，将 head 指针指向第二个结点后释放第一个结点空间*/
{
     head = last->next;
     free(last);
}
```

加了下划线的那句是关键哦。你看，如果要被删除的是第一个结点的话，那么下面这段代码就一次也没有执行，即 previous 指针指向的还是 NULL。这样就可以通过 previous 指针是否被重新赋值来判断要被删除的是不是第一个结点喽，是的话就先将 head 指针指向第二个结点再释放第一个结点；如果不是就按照正常操作做喽。😁

```
while(last->grade!=num)        //匹配各结点成绩
{    previous = last;
     last = last->next;
}
```

这个例子已经把特殊情况的插入和删除操作做了一个小小的总结，单向循环链表跟这个是大同小异的。要注意的是如果被插入或删除的是第一个结点要记得尾结点的 next 指针也要相应修改，其他的基本都一样，所以这里就不写了哦，自己动手试试吧，你没问题的哦。😊

2. 双向链表的插入和删除

咱再来看看双向链表结点的插入和删除吧。

双向链表跟单向链表比起来其实是大同小异的，示意图如图 4-34 所示。

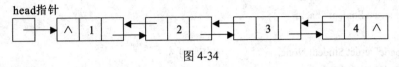

图 4-34

比方双向链表，如果不考虑第一个结点这类特殊操作的话，插入一个结点要考虑的指针跟单向链表比起来就是多了 back 指针的处理，假设插入位置是图 4-35 标注的位置。

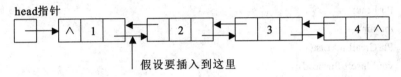

图 4-35

因为多了 back 指针，所以考虑的时候就需要更周全一点啦，😁要考虑到所有的前向指针和后向指针是否被正确赋值就是关键点。

双向链表插入后结点的效果如图 4-36 所示。

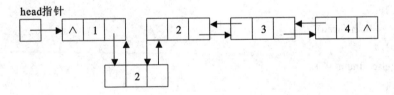

图 4-36

嘿嘿，看懂了吗？插入新结点的 back 指针要指向插入位置前一个结点，插入位置前一个结点的 next 指针也应该指向新结点。同理，插入位置后一个结点的 back 指针也应该指向新结点，新结点的 next 指针也要指向插入位置后一个结点，说起来好像绕口令……😶

每个结点多了一个 back 指针，和单向链表相比在操作时就需要多做一次指针赋值。

不过和单向链表一样，双向链表结点插入和删除的时候也要考虑特殊情况，而且要考虑的特殊情况更特殊一点……

那到底都要考虑啥呢？嘿嘿，例子说明吧。

例如：

```
#include<stdio.h>
#include<stdlib.h>
```

```
struct Student                          //声明要作为结点的结构体
{
    int grade;
    struct Student *next;
    struct Student *back;
};
typedef struct Student Node;            //声明别名
typedef Node* Ptr;
int main(void)
{
    Ptr head;
    int num;
    Ptr CreatLinkList();
    void Insert(Ptr head);
    void Delete1(Ptr head);
    printf("请输入要执行的操作:\n1、插入\n2、删除\n");
    head = CreatLinkList();
    scanf("%d",&num);
    if(num==1)
    {
        Insert(head);
    }
    else if(num==2)
    {
        Delete1(head);
    }
    return 0;
}

Ptr CreatLinkList()
{
    Ptr head,previous,last;
    int num,i;
    head = (Ptr)malloc(sizeof(Node));
    //申请第一个结点空间，如果失败则退出
    if(head==NULL)
    {
```

```
        printf("wrong!");
        return NULL;
    }
    head->back = NULL;    //第一个结点的 back 指针赋值 NULL
    previous = head;
    scanf("%d",&num);       //获取用户第一次输入的成绩
    while(num!=0)          //在成绩不为 0 时循环创建结点及连接双向链表
    {
        previous->grade = num;
        last = (Ptr)malloc(sizeof(Node));   /*通过 malloc 申请新结点空间并将其地址赋值给 last 指
                                               针，失败则退出*/
        if(last==NULL)
        {
            printf("wrong!");
            return NULL;
        }
        last->back = previous;    //与上一个结点连接
        previous->next = last;    //上一个结点与新结点连接
        previous = last;
        scanf("%d",&num);
    }
    previous = previous->back;    /*因为最后一个结点获得的是 0 值，所以需要释放，先将
                              previous 指针指向倒数第二个结点*/
    previous->next = NULL;//将倒数第二个结点 next 指针设为 NULL
    free(last);//释放掉最后一个结点，即被赋值为 0 的结点的空间
    return head;//返回第一个结点的地址
}


void Insert(Ptr head)
{
    Ptr previous,last,temp;
    int num,num1,i;
    last = head;
    //申请要插入的结点空间  失败则退出
    temp = (Ptr)malloc(sizeof(Node));
    if(temp==NULL)
    {
```

```
        printf("wrong!");
        return;
    }
    printf("请输入要插入的成绩:");
    scanf("%d",&num);
    printf("请输入要插入的位置:");
    scanf("%d",&num1);
    temp->grade = num;
    if(num1==1)    /*如果插入位置为1，即第一个结点的位置，则将 head 指针指向新结点，
                   并处理相应指针*/
    {
        temp->back = NULL;
        temp->next = head;
        head->back = temp;
        head = temp;
    }
    else    //如果插入位置不是第一个结点位置，则按常规操作执行
    {
        for(i=num1;i>1;i--)
        {
            previous = last;
            last = last->next;
        }
        temp->back = previous;
        previous->next = temp;
        if(last!=NULL)    //如果插入位置不是尾结点，执行这个操作
        {
            last->back = temp;
        }
        temp->next = last;
    }
    printf("插入成功！  当前成绩顺序输出为:\n");
    while(head!=NULL)    /*因为后面还要倒序输出，还要用到这些结点，所以顺序输出的
                        时候不释放结点空间*/
    {
        printf("%d\n",head->grade);
        previous = head;
```

```
        head = head->next;
    }
    printf("倒序输出为:\n");
    head = previous;
    while(head!=NULL)
    {
        printf("%d\n",head->grade);
        previous = head;
        head = head->back;
        free(previous);                //释放各结点空间
    }
}
void Delete1(Ptr head)
{   Ptr previous,last;
    int num;
    last = head;
    //依然使用了这招，判断要删除的结点是不是第一个结点
    previous = NULL;
    printf("请输入要删除的成绩:");
    scanf("%d",&num);
    while(last->grade!=num)
    {   previous = last;
        last = last->next;
    }
    /*如果真是要删除第一个结点，先处理好 head 指针和第二个结点的 back 指针*/
    if(previous==NULL)
    {   head = head->next;
        head->back = NULL;
        free(last);                //删除第一个结点
    }
    /*如果要删除的不是第一个结点，先找到要删除的结点，然后按正常操作执行删除结点*/
    else
    {
        previous->next = last->next;
        if(last->next!=NULL)    //如果被删除的不是尾结点，执行该操作
        {
            last->next->back = previous;
```

```
            }
        free(last);
    }
    printf("删除成功！  当前成绩顺序输出为:\n");
    /*因为后面还要倒序输出，还要用到这些结点，所以顺序输出的时候不释放结点空间*/
    while(head!=NULL)
    {   printf("%d\n",head->grade);
        previous = head;
        head = head->next;
    }
    printf("倒序输出为:\n");
    /*注意：执行完上个循环时，head 已经指向了 NULL，为了能倒序输出，要先将它指向
        最后一个结点*/
    head = previous;
    while(head!=NULL)
    {
        printf("%d\n",head->grade);
        previous = head;
        head = head->back;
        free(previous); //释放各结点空间
    }
}
```

双向链表插入结点效果图如图 4-37 所示。

双向链表删除结点效果图如图 4-38 所示。

上面那段代码在完全不加空行的情况下就总共有 163 行，表示接下来的代码还不知道会多长的……😊

运行示例的两个截图很有代表性哦，分别是插入到第一个结点位置和删除尾结点的情况。

和原来一样，main()函数和 CreatLinkList()函数就不讲了哦，因为 main()函数没有特别重要的内容，而 CreatLinkList() 和前面双向链表小节里的 CreatLinkList()完全一样，就是从那拷过来用的。😁

要看的还是 Insert()函数和 Delete()函数。

先从 Insert()函数看起吧。

额，估计看到这的时候上面例子的代码早就看不

图 4-37

图 4-38

到了……😊先把 Insret()函数代码切过来吧。

```
void Insert(Ptr head)
{
    Ptr previous,last,temp;
    int num,num1,i;
    last = head;
    //申请要插入的结点空间，失败则退出
    temp = (Ptr)malloc(sizeof(Node));
    if(temp==NULL)
    {
        printf("wrong!");
        return;
    }
    printf("请输入要插入的成绩:");
    scanf("%d",&num);
    printf("请输入要插入的位置:");
    scanf("%d",&num1);
    temp->grade = num;
    if(num1==1)          /*如果插入位置为 1，即第一个结点的位置，则将 head 指针指向新结点，
                            并处理相应指针*/
    {
        temp->back = NULL;
        temp->next = head;
        head->back = temp;
        head = temp;
    }
    else    //如果插入位置不是第一个结点位置，则按常规操作执行
    {
        for(i=num1;i>1;i--)
        {
            previous = last;
            last = last->next;
        }
        temp->back = previous;
        previous->next = temp;
        if(last!=NULL)    //如果插入位置不是尾结点，执行这个操作
        {
```

```
            last->back = temp;
        }
        temp->next = last;
    }
```

输出那一段我就不切了，因为没啥大用。😁

要插入新结点嘛，所以肯定要先申请一个新结点空间并将要插入的成绩赋值给它，这没啥说的喽，要说的是对插入位置的判断。

```
    /*如果插入位置为1，即第一个结点的位置，则将head指针指向新结点，并处理相应指针*/
    if(num1==1)
    {
        temp->back = NULL;
        temp->next = head;
        head->back = temp;
        head = temp;
    }
```

如果插入的位置是1的话，要考虑的是head指针和原第一个结点的问题。首先原第一个结点的back指针就应该指向这个新结点，而同理新结点的next指针就应该指向原来的第一个结点，这样原来的第一个结点就已经成功变成第二个结点了。之后要考虑的就是head指针的问题啦，咱不能还让head指针指向原来的第一个结点啊，因为原来的第一个结点已经变成第二个结点了，应该把新的第一个结点的地址赋值给它，即把插入的新结点的地址给它。

这个是插入的位置是第一个结点位置的情况，除去这个特殊情况，其他情况要考虑的是要插入位置的前一个结点和后一个结点。这里问题又来了，挖掘机技术……哦不是，😵如果插入位置刚好是尾结点位置怎么办？它是没有后一个结点的。嘿嘿，所以这里有了这条语句：

```
    if(last!=NULL)          //如果插入位置不是尾结点，执行这个操作
    {
        last->back = temp;
    }
```

如果不是插入在尾结点位置，即存在后一个结点的情况下，就将被插位置的下一个结点的back指针指向插入的新结点；如果插入位置真是尾结点位置 就不执行这句话，不然程序会因为找不到后一个结点而崩溃。

Delete1()删除结点的函数和插入函数有点相像。

先把有用的代码切过来吧。

```
void Delete1(Ptr head)
{
    Ptr previous,last;
    int num;
    last = head;
    //依然使用了这招，判断要删除的结点是不是第一个结点
    previous = NULL;
    printf("请输入要删除的成绩:");
    scanf("%d",&num);
    while(last->grade!=num)
    {
        previous = last;
        last = last->next;
    }
    if(previous==NULL)    /*如果真是要删除第一个结点，先处理好 head 指针和第二个结点的
                        back 指针*/
    {
        head = head->next;
        head->back = NULL;
        free(last); //删除第一个结点
    }
    else/*如果要删除的不是第一个结点，先找到要删除的结点，然后按正常操作执行删除结点*/
    {
        previous->next = last->next;
        if(last->next!=NULL)//如果被删除的不是尾结点，执行该操作
        {
            last->next->back = previous;
        }
        free(last);
    }
}
```

依然是省略掉了输出的代码，嘿嘿，节约篇幅嘛。😁

这里有一个亮点，和单向链表结点删除时一样，就是：

```
//依然使用了这招，判断要删除的结点是不是第一个结点
previous = NULL;
```

如果要删除的刚好是第一个结点，即第一次 last->grade 就刚好满足 last->grade == num 的条件，那么

```
while(last->grade!=num)
{
    previous = last;
    last = last->next;
}
```

这个循环就不会执行，previous 指针就不会被重新赋值，所以它的值还是 NULL。这样就可以通过判断 previous 指针存储的值是不是 NULL 来判定要被删除的是不是第一个结点。这个在单向链表结点删除时也用过哦。

```
if(previous==NULL)    /*如果真是要删除第一个结点，先处理好 head 指针和第二个结点的
                        back 指针*/
{
    head = head->next;
    head->back = NULL;
    free(last); //删除第一个结点
}
```

如果要删除的结点真的是第一个结点的话，要考虑的是 head 指针和第二个结点。因为从此第二个结点要作为第一个结点了，所以它的 back 指针要赋值 NULL，并将 head 指针赋值第二个结点的地址，这样第一个结点就可以顺利被舍弃并删除释放空间了。

这是要删除的结点是第一个结点的情况，如果要删除的不是第一个结点，要考虑的就是删除这个结点的前一个结点和后一个结点了。需要修改前一个结点的 next 指针和后一个结点的 back 指针，这个就不说喽，另一个特殊情况还没说呐。

如果要删除的刚好是尾结点的话，它就没有后一个结点了。如果硬是把它当作后一个结点并赋值的话程序会崩溃的…… 所以有了这条语句：

```
if(last->next!=NULL)//如果被删除的不是尾结点，执行该操作
{
    last->next->back = previous;
}
```

如果要删除的不是尾结点，即要被删除的结点后面还有结点，就执行将后面那个结点的 next 指针指向要被删除的结点的前一个结点的操作；如果要被删除的刚好是尾结点，就不要执行这句话了，不然会崩溃的。

这样，双向链表的结点删除和插入就算是讲完喽，双向循环链表结点的插入和删除就交给你喽，方法十分类似的哦。自己好好尝试一下吧，加油。

接下来讲一个偶然在严蔚敏老师的《数据结构》书中看到的内容吧，简单还挺有意思的。

4.7 链表的反转以及静态链表

链表的反转？什么意思咧？

嗯，简单说就是将原来的链表完全反转过来，如图 4-39 所示。

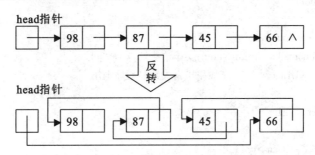

图 4-39

也就是原来的第一个结点变尾结点，原来的尾结点变第一个结点，中间各结点也全部按次序反转的链表。

额，感觉被我画成拧麻花了……😵😵

嘿嘿，看到这可以看出来，这种反转对于双向链表意义不大，因为人家本来就既可以顺序遍历又可以倒序遍历，没必要这样反转的。换句话说，这种反转更主要针对的是单向链表，这里就讲讲单向链表的反转吧。

例如：

```
#include<stdio.h>
#include<stdlib.h>
struct Student
{
    int grade;
    struct Student *next;
};
typedef struct Student Node;
typedef Node* Ptr;
int main(void)
{
    Ptr head;
    Ptr CreatLinklist();
```

```
            void Invert(Ptr head);
            head = CreatLinklist();
            printf("逆序输出为:\n");
            Invert(head);
            return 0;
        }
    Ptr CreatLinklist()
    {
            Ptr head,previous,last;
            head = (Ptr)malloc(sizeof(Node)); //申请头结点的空间
            if(head==NULL)              //如果申请失败，程序退出
            {
                return NULL;
            }
            scanf("%d",&head->grade);
            previous = head;
            while(1)
            {
                //申请当前最后一个结点的空间
                last = (Ptr)malloc(sizeof(Node));
                if(last==NULL)   //如果申请失败，退出
                {
                    return NULL;
                }
                previous->next = last; //结点连接
                scanf("%d",&last->grade);
                if(last->grade==0)      /*如果录入的是 0 处理掉尾结点后的结点，将尾结点 next 指针
                                            赋值 NULL*/
                {
                    free(last);
                    previous->next = NULL;
                    break;
                }
                previous = last;        /*如果录入不是 0，previous 指针获得当前结点地址，last 指针继续
                                            申请下一个结点空间*/
            }
            return head;
```

```
        }

        void Invert(Ptr head)
        {
            Ptr previous,last;
            last = NULL;
            while(head!=NULL)
            {
                previous = head;
                head = head->next;
                previous->next = last;
                last = previous;
            }
            head = previous;
            while(head!=NULL)
            {
                printf("%d\n",head->grade);
                previous = head;
                head = head->next;
                free(previous);
            }
        }
```

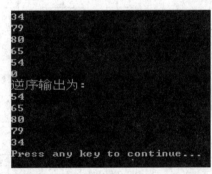

图 4-40

链表逆向输出运行效果如图 4-40 所示。

这段代码蛮有意思的，咱来看看吧。

老规矩，要讲的只要 Invert()函数，因为其他函数和前面的一模一样，我是直接拷过来用的。

这个执行反转的 Invert()函数都干了些啥呢？嘿嘿，其实一段代码就解释完了。

```
        while(head!=NULL)
        {
            previous = head;
            head = head->next;
            previous->next = last;
            last = previous;
        }
```

因为这个函数从 main()那里获得了 head 指针存储的地址，即链表的第一个结点的地址，所以这段代码执行的是如图 4-41 所示的一个过程。

额，画得有点乱……😵

二个指针每次都将向后遍历一个结点，并且 head 指针指向这个新遍历到的结点；previous 指向新 head 指针指向的结点的前一个结点；而 last 指向 previous 的前一个结点；这样就可以将各结点反向链接。

单向循环链表的反转怎么写咧？嘿嘿，虽然没有太大的实用性，不过你可以尝试一下，依然交给你发挥喽。

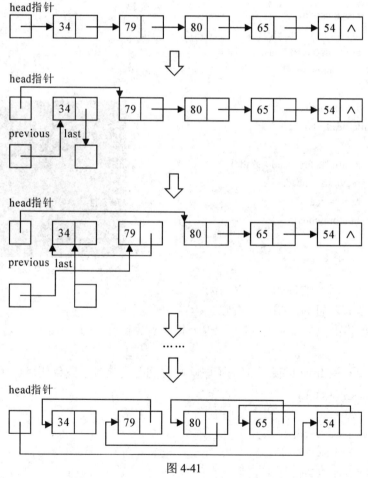

图 4-41

还要讲的话就剩一个叫静态链表的东西啦，它是通过不带结构体指针成员的结构体或者数组来替代指针创建链表，这个主要适用于没有指针的语言。不过现在而言用处不大，原来都不打算讲了，不过最后还是觉得提一下比较好，真的只是非常浅的提一下哦，因为它的几乎所有思维都和正常链表是通用的，所以这里我只是做个抛砖引玉，插入和删除结点之类的功能要你自己去思考和实现哦。😀(讨厌，我才不会说是我犯懒不想写呢……😶)

　　例如：

```
#define MAX 10
#include<stdio.h>
struct arr
{
    int next;
    int value;
};
typedef struct arr Link;
typedef Link* Lptr;
int main(void)
{
    Link link_list[MAX];
    void creat_link(Lptr link_list);
    link_list[0].next = 1;
    creat_link(link_list);
    return 0;
}


void creat_link(Lptr link_list)
{
    int i;
    for(i=1;i<MAX;i++)
    {
        scanf("%d",&(link_list[0].value));
        link_list[link_list[0].next].value = link_list[0].value;
        link_list[link_list[0].next].next = i + 1;
        link_list[0].next = i + 1;
    }
    link_list[MAX - 1].next = -1;
    link_list[0].next = 1;
    printf("静态链表创建成功！链表内各结点数据为:\n");

    while(link_list[0].next!=-1)
```

```
    {
        link_list[0].value = link_list[link_list[0].next].value;
        link_list[0].next = link_list[link_list[0].next].next;
        printf("%d\n",link_list[0].value);
    }
}
```

程序运行效果如图 4-42 所示。

哎，发现没啊，程序中结构体数组的第一个元素即静态链表的第一个结点一直帮助构建静态链表。它既用来给各结点赋值和连接，又负责输出各结点内容，但它本身是不保存数据的，即不能被当作正常结点来用。额，也可以说是最好别拿来用，真想拿来用也能做到但就是麻烦点。

图 4-42

这里只是实现了一个静态链表的初始化赋值过程哦，第一次赋值对于静态链表而言应该是最简单的啦，不需要考虑链表顺序，因为所有作为结点的结构体数组元素都没被使用过，不用考虑这个结点的后继和前驱是谁，也就不用考虑插入和删除时会碰到的各结点之间的联系问题。

哎，我好像一不小心把对静态链表进行数据插入和删除操作时要注意的东西都说出来啦。

那接下来的问题就全靠你喽，感兴趣的话自己去探索和实现吧，自己尝试，收获才是最大的哦。

这样子，链表这章就算是结束啦。怎么样，感觉学的还好吗。

嘿嘿，如果还是有点乱乱的话没关系，自己多动动手熟悉熟悉会容易理解得多哦。

接下来就要进入栈跟队列喽，嘿嘿，咱们一起加油吧。

第 5 章 学以致用——栈与队列

嘿嘿，看到栈与队列了，可喜可贺啊。☺

就像第 1 章说过的，跟注重原理和操作的数组和链表比起来，咱们讲栈和队列的时候将会更着重于应用。嘿嘿，因为栈和队列本身是由数组或链表构建的嘛，所以学栈和队列的前提是要对数组和链表有一定了解了哦，学以致用嘛。这就好比咱们学数组和链表是在打地基，那么现在就要开始用这个地基创造上层建筑了，很有艺术范吧。☺

哦，当然，没有那么难的，你没问题的。☺

5.1 什么是栈? 什么是队列?

好吧，每一章的第一节都难免变成十万个为什么语文课。😀

要想说明什么是栈的话，先问你个问题吧。

你，打过枪吗?

我说的是打仗时候用的那个枪哦，嘿嘿，估计这个你肯定没打过。额，好吧，我也没打过☺，但是没吃过猪肉还没见过猪跑嘛，玩反恐精英一类游戏的时候都换过弹匣吧。哎，别不相信，弹匣装子弹的方式就是利用了栈的原理。

为什么这么说呢? 你看啊，存放在弹匣中的子弹在被装入弹匣的时候，最先放进去的子弹是不是留在弹匣最底端，打出去的时候也是排在最后? 同理最后放进去的子弹留在了弹匣的顶端，打出去的时候是排在第一个的? 不仅如此，枪在发射子弹的时候是不是每次只能从弹匣的最顶端取子弹，而不能从其他任何位置取子弹的说? (能的话，估计是枪爆膛了☺)

嘿嘿，这就完全符合栈的定义喽。

栈是"仅在表尾进行插入和删除操作的线性表"，示意图如图 5-1 所示。

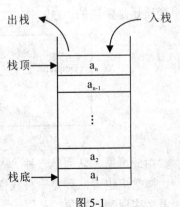

图 5-1

弹匣就像一个栈，每个子弹都相当于一个数据元素，越是先入栈的元素离栈底越近，出栈越晚；而越是后入栈的元素离栈顶越近，出栈越早。还是不太理解的话可以试试用弹匣做类比哦。😊

由此可见，栈是一种"后进先出"的结构哦。

哎，概念里说栈是"线性表"，也就是说，数组和链表都可以用来构建栈，那要怎么构建咧？嘿嘿，别急，咱后面慢慢说。

解释完了什么是栈，咱再来说说啥是队列吧。为了解释的清楚些，咱再举个例子吧，不过这回的例子有节操的多哦。😁😁

你，去过银行吗？

哎，好像我在明知故问哎。哎，那我问你啊，在一线城市去银行办业务和在三线城市去银行办业务不同点在哪里啊？

对，一线城市这里要排号，而在三线小城，除了周末高峰时期，基本完全没有排号这一说。比方说在杭州拿完号就可以去上课了，因为两节课结束再回来也是来得及的😊

哎，那你注意了银行的排号系统了吗？它是不是在给完你号码之后你就算是排在了当前所有顾客的最后一个？然后柜员(就是柜台里那个人)每次服务完一个顾客(为啥我写到这感觉这语义这么别扭……😊)，就会将这个顾客的号码销毁掉，然后系统就开始广播下一个号码："请XX号到X柜台办理业务"，依次类推直到你的号码被叫到。

其实这个系统就算是一个队列哦，你看啊，你获得号码的时候就相当于站到了这个队列的最后，办业务是从队首的顾客开始的；每办理完一次便有一个顾客离开，最后就轮到你了。在这个过程中，后来的顾客就会排在你后面，这个就完全符合队列的定义哦。

队列是"只允许在一段执行插入操作，在另一端进行删除操作的线性表"，示意图如图5-2所示。这个定义也蛮好理解的，如果觉得理解困难的话最简单的方法就是类比你在食堂排队的时候的情形。哦，当然，这里没有插队，表示在食堂也几乎没见过插队。嘿嘿，这里素质还是蛮高的。😁

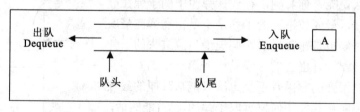

图 5-2

由此可见，队列是一种"先进先出"的结构哦。

概念里也说队列是一种线性表，所以队列既可以用数组实现又可以用链表实现，那到底怎么实现咧？别急，从下一节开始，咱一个一个讲。😊

讲到这，估计你已经对栈和队列到底是什么已经有个大概的认识了吧。嘿嘿，这样咱接下来就开始讲栈和队列的具体实现吧。

5.2 栈和队列的实现

上一节咱已经讲完神马是栈和队列了，那这回咱就来具体实现吧。

先从栈的实现开始说吧。

1. 栈的实现

前面说过的，栈和队列都是线性表，所以它们都是既可以用数组实现又可以用链表实现的数据结构。不过对于栈而言，使用数组实现更为常用和推荐。为什么咧？嘿嘿，先把两种实现都讲给你再跟你解释吧。

先从链表实现开始吧，既然栈结构需要栈顶和栈底，栈底还算好判断，对链表而言只要这个结点的 next 指针指向 NULL 就证明到栈底了。而栈顶如何判断呢？嘿嘿，这里就要一个 top 指针啦，让这个 top 指针永远指向链表的第一个结点，它所在的位置不就是当前栈的栈顶了嘛。嘿嘿，也就是说，这个 top 指针有点类似于链表中的 head 指针哦。这么说的话，这个 top 指针应该定义为什么数据类型也很清楚了吧？嗯啊，就是要定义成作为结点的结构体类型的指针哦。

那咱还是继续咱们学生成绩录入系统的例子吧。其他要求不变，唯一新增的要求是这回咱们通过栈结构实现学生成绩的逆向输出，你觉得该怎么写咧？先自己想想然后动手试试看吧。　例如：

```c
#include<stdio.h>
#include<stdlib.h>
struct Student //声明作为结点的结构体
{
    int grade;
    struct Student *next;
};
typedef struct Student Node;//声明别名
typedef Node* Ptr;
int main(void)
{
    Ptr top;
    Ptr CreatSteak();
    void Show(Ptr top);
```

```
    top = CreatSteak();
    Show(top);
    return 0;
}


//创建能够实现栈结构的链表，发现它和创建普通链表的区别了吗
Ptr CreatSteak()
{
    Ptr top,previous,last;
    int num;
    //申请栈底结点的空间，失败则退出
    top = (Ptr)malloc(sizeof(Node));
    if(top==NULL)
    {
        printf("wrong!");
        return NULL;
    }
    last = top;
    //将栈底结点的 next 指针赋值 NULL 以证明其后再无结点
    last->next = NULL;
    previous = last;
    scanf("%d",&num);
    while(num!=0)        /*循环申请结点空间并赋值，而且将其 next 指针指向前一个结点，
                            注意重点是"指向前一个结点"*/
    {
        previous->grade = num;
        last = (Ptr)malloc(sizeof(Node));
        if(top==NULL)
        {
            printf("wrong!");
            return NULL;
        }
        last->next = previous;
        //top 指针指向最新一个已经被赋值的结点，以其作为栈顶结点
        top = previous;
        previous = last;
        scanf("%d",&num);
```

```
        }
        free(previous);//释放多余的那个存放了 0 值的结点
        return top;//返回栈顶结点的地址
    }
    void Show(Ptr top)
    {   Ptr previous;
        printf("栈内数据为:\n");
        while(top!=NULL)//输出栈内元素并释放相应空间
        {
            printf("%d\n",top->grade);
            previous = top;
            top = top->next;
            free(previous);
        }
    }
```

图 5-3

程序运行结果如图 5-3 所示。

因为栈是后进先出的结构，所以正常输出便是与输入相逆的顺序。

在这种忽略代码风格没有空行的情况下总共有 63 行代码，不过内容很有意思，也很有代表性，咱来看看具体实现代码吧。

老规矩，main()函数就跳过不说啦，而且这个 main()函数总共加上 return 0 才 6 行代码……我都不知道该讲什么。🙂

但是这回创建链表的函数很有意思哦，它跟原来那个 CreatLinkList()函数有一点点不一样了，哪里不一样咧？咱来看看吧。

```
        Ptr top,previous,last;
```

首先定义了三个结点类型的指针变量，因为是栈结构嘛，所以链表中的 head 指针这里被命名为了更为形象的 top 指针，表明它指向的是当前栈的栈顶。

```
        top = (Ptr)malloc(sizeof(Node));
        last = top;
        last->next = NULL;
```

这三条语句干了三件事：

(1) 申请了栈底结点的空间并把地址赋值给了 top 指针；

(2) 将 last 指针指向 top 指针所指向的地址，即指向栈底结点，意味着当前的栈顶和栈底都是同一个结点；

(3) 这个是重点，它将栈底结点的 next 指针指向了 NULL！

哎，问题来了，挖掘机……不对，为什么它把栈底结点的 next 指针指向了 NULL 呢？

133

在创建单向链表的时候第一个结点的 next 指针不是应该指向下一个结点吗，这里怎么指向 NULL 了呢？

嘿嘿，太单纯啦，少年，因为它是为了实现栈结构的链表啊，当然会和普通的单向链表在链接方式上有一点点不一样啦。

那到底是哪里不一样了呢？嘿嘿，画图说明吧，普通单向链表如图 5-4 所示的。

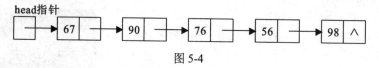

图 5-4

你看啊，普通的单向链表的结点除了尾结点以外，所有结点都无一例外地指向了它所在结点位置的下一个结点。这样从第一个结点开始输出时，顺序和输入顺序相同。哎，重点来了！既然如果每次都是指向后一个结点的话，输出顺序会和输入顺序相同，那为了用链表实现"后进先出"的栈结构应该怎么办咧？

嗯啊，那就将每个结点都指向它的前一个结点不就完了嘛，然后第一个结点的 next 指向 NULL 就好啦，如图 5-5 所示。

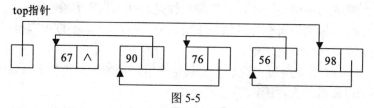

图 5-5

哦，不过你有木有感觉到这样子看起来特闹心啊……

所以咧，栈结构一般都是这么画的，如图 5-6 所示。又要考验我美术功底了吗……😊

嘿嘿，这样看起来是不是就舒服多啦。(表示这张图画得我半死……全是拿直线工具一笔一笔画的。😊)

这样图一画出来，不推荐使用链表实现栈结构的原因之一就已经出来了。你看啊，每个结点之间是不是都用着 next 指针连着的？哎，那我完全可以不删除栈顶结点而直接去访问其他结点啊，只要这么写就行了：

> top->next->next->next……

只要多写几个 next，我甚至可以把整个栈在不删除任何结点的情况下遍历一遍。这样就违背了栈结构的定义，定义要求栈结构只能从栈顶进行插入和删除操作，而我们用链表写的话可以通

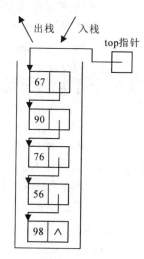

图 5-6

过 next 指针在任何结点的位置进行操作，所以这显然不太符合栈结构的设计要求……

原因之二是用链表实现栈结构的话，每个结点占用的空间跟数组的每个元素占用的空间比起来，明显前者占用的空间更大，因为结点要多一段空间来存放 next 指针嘛，虽然没大多少，但别忘了这只是一个结点，每个结点都大这么一点点，后果就是使用链表实现比使用数组实现栈结构占用空间明显大很多。所以在栈这里，比较推荐用数组实现。当然啦，对于栈内可能要存放的元素的个数在不明的情况下，使用链表实现也不失为一个好方法。所以，这只是建议而已啦，绝对不是规定，因为，在数据结构中，真相，永远不只有一个哦。😊

2. 数组的实现

既然比较推荐使用数组实现，那咱接下来就来好好看看用数组是怎么实现栈结构的吧。😊

用数组的话也无非是要考虑用链表实现的那几个问题，即对当前栈顶的判断，栈底也和链表实现一样比较好说，如果是从下角标为 0 的元素开始进行赋值，那么这个下角标为 0 的元素就是栈底元素啦。现在问题是，栈顶位置怎么判断呢？嘿嘿，既然是数组嘛，当然是靠下角标啦，定义一个 top 变量，用它来记录当前最后一个被赋值的元素的下角标，然后输出从这个元素位置开始就好啦，嘿嘿，例子说明吧。

例子和用链表实现时一样，只是这次要求使用数组实现，试试看吧。😊

例如：

```c
#define MAX 100
#include<stdio.h>
int main(void)
{
    int a[100];
    int top;
    int CreatSteak(int *a);
    void Show(int *a,int top);
    top = CreatSteak(a);
    Show(a,top);
    return 0;
}

int CreatSteak(int *a)
{
    int top,num;
    top = -1;
    scanf("%d",&num);
    while(num!=0)
```

```
        {
            if(top==MAX - 1)
            {
                printf("栈已满");
                return MAX - 1;
            }
            top++;
            *(a+top) = num;
            scanf("%d",&num);
        }
        return top;
    }


    void Show(int *a,int top)
    {
        printf("栈内数据为:\n");
        while(top>=0)
        {
            printf("%d\n",*(a+top));
            top--;
        }
    }
```

图 5-7

程序运行结果如图 5-7 所示。

这段程序只用 40 行代码就完成了任务，说明用数组实现栈貌似是简单一点点哦。

咱来看看代码吧。这回 main() 函数有 7 行，还是没啥可讲，Show() 函数只是循环输出，也没啥可讲的，所以剩下要看的只有用数组实现的 CreatSteak() 函数喽。

int top,num;

哎，发现没，这回的 top 变成整型变量啦，为啥咧？嘿嘿，因为这回它要存放的是数组的下角标啊，下角标都是整型的，所以它也一定是整型的啦。哎，还记得下角标的专业叫法叫啥嘛？嘿嘿，嗯啊，叫偏移量。😁

top = -1;

这条语句是重点哦，因为数组的下角标是从 0 开始的，所以在栈是空栈(尚未存放任何数据的栈叫空栈)的时候 top 的值要赋值为-1 哦，赋值为 0 的话在执行这个循环的时候数据的赋值会从 a[1]而不是从 a[0]开始了，原因？看有下划线的那句话喽。

while(num!=0)

```
        {
            if(top==99)
            {   printf("栈已满");
                return 99;
            }
            top++;
            *(a+top) = num;
            scanf("%d",&num);
        }
```

这个循环里还有一点很有意思啊，就是判断栈是否已满，这个必须要有哦，没有的话很有可能出现数组下角标越界的问题。

最后，函数返回 top 的值，即告诉 main()函数这个栈的栈顶是数组的第几个元素就OK啦。

画图表示的话就是图 5-8 这样的。

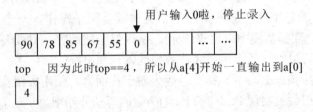

图 5-8

这么看栈的实现是不是很简单呢？嘿嘿，别急哦，还有一些细节没说，下一节咱们就来仔细看看在实现时的一些细节吧。

哎，等会，你可能会问了，队列的实现去哪了？嘿嘿，那我问你啊，既然队列是"先进先出"的数据结构，那么就意味着它的输出顺序和输入顺序是一样的，用链表和数组实现输出和输入顺序一样的队列，你会想到什么咧？嘿嘿，嗯啊，把链表和数组正常使用不就是"先进先出"的结构了嘛。😁

什么叫"正常使用"？就是你原来怎么用现在就怎么用啦，链表就跟原来一样从前到后输出，如图 5-9 所示。

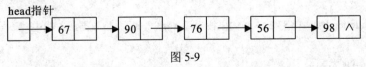

图 5-9

而数组在实现栈的时候是从后往前输出的，这回从下角标为 0 的元素开始从前往后输出不就 OK 了嘛。嘿嘿，是不是觉得非常简单啊。😁

下一节，咱们就要讲一些实现过程中的具体细节了。不过放心，依然很简单哦。

5.3 栈与队列实现的细节技巧

上一节咱们讲了栈和队列的初级实现，其中队列的实现咱们没有具体举例。

因为如果只是为了实现"先进先出"的话，链表和数组的正常实现就能够办到。栈也是一样，如果就只是为了实现"后进先出"的话，也只是将链表和数组稍作整改就可以实现。但是这个样子真的就是栈和队列的全部了吗？不见得吧。😁

比方说我们推崇的模块化操作，咱们上一节就没做到吧？咱们在上一节的栈的实现中构建的栈只能用来实现学生成绩录入，而没法解决普遍性问题。要想解决普遍性问题，还需要一种在使用方式上能够更加普遍化、兼容化的操作栈的函数，来实现通过调用相应函数不管你输入什么、想用这个栈实现什么都可以的目的，而不再拘泥于只允许用户输入整数，然后直到用户输入 0 结束这种单一的操作。嘿嘿，也可以说算是一种实现方法的推广吧。😊

把栈的实现中的各个操作分开来看的话无非就是两个操作，一个是把数据压入栈中(Push)；另一个是把数据从栈中取出来(Pop)。所以对于栈而言，只要写出了这两个函数，对于任何栈，都是可以用这两个函数完成数据的入栈和出栈的。

那这两个函数应该怎么写咧？嘿嘿，因为对于栈而言，使用数组实现的时候比较多，所以咱们就先从使用数组实现 Push()和 Pop()函数的写法开始吧。

还记得咱用数组实现栈结构的时候都干了啥吗？嗯啊，定义了一个叫 top 的整型变量，用它来存放当前最后一个被赋值的元素的下角标以便找到栈顶。而这个 top 变量在数组没有收到赋值即数组栈是空栈的时候，它的数值是多少来着还记得吗？嗯啊，是-1。用 top==-1 来表示数组栈是空栈是大家的习惯哦，表示这个习惯还是蛮有用的。😁

这样说完之后，将数据推入栈中的 Push()函数的写法基本就出来了，只要给 Push()函数传入一个数组的首地址，然后再给 Push()函数传一个 top 变量，这个变量的初值为-1，以后每次数组获得一个赋值就将 top++，一直这样直到栈满即可。

以整型数组栈实现起来就是这样的。

```
int Push(int *a, int top, int value)//value 是要入栈的数据
{
    while(top != MAXSTEAK)//如果栈未满 top++一次并将数据压入栈中
    {
        top++;
        *(a + top) = value;
        return top;//返回当前栈顶的位置
```

```
    }
    if(top == MAXSTEAK)//如果栈已满，提示并停止赋值
    {
        printf("栈已满");
        return MAXSTEAK;
    }
}
```

这里的 MAXSTEAK 是数组的最大长度，即 MAXSTEAK 是根据数组的长度决定的，每个问题中都要根据其长度自定。

这段代码还好理解吧？当这个 Push()函数被调用时函数会先判断栈是否已满，即 top 是否等于 MAXSTEAK；是的话证明数组的最大下角标的元素空间也已经被使用了，这时再进行入栈操作的话是会造成数组下角标越界的，所以要提示并返回，不再进行入栈操作；反之如果栈未满，则将 top 自增一次，以便移到已经被赋值的下一个下角标进行赋值，并返回 top 的值以便下一次入栈时知道哪里是栈顶(也就是说每次返回的 top 的值刚好都是最后一次被赋值的元素位置的下角标)。

说完 Push()函数咱再来看看 Pop()函数的实现吧。Pop()函数每次输出栈中的一个元素，而且这个元素必须且一定是当前在栈顶的数据(为啥必须是栈顶的？想想栈结构的定义喽)。那根据 Push()函数来看，应该给 Pop()函数传入数组的首地址和当前数组的 top 变量值，即栈顶下角标，然后 Pop()函数将输出栈顶的数据，并将 top 自减一次并返回 top 现在的值作为栈的新的栈顶元素的下角标。

Pop()函数实现代码还是以整型数组为例喽。

```
    int Pop(int *a,int top)
    {
        while(top >= 0)
        {
            printf("%d",*(a + top));
            top--;
            return top;
        }
        if(top == -1)
        {
            printf("栈已空");
            return -1;
        }
    }
```

这段代码感觉也蛮好理解的。

当函数被调用时，函数会先检查传入的 top 的值是否大于等于 0，即检查这个栈还有没有元素。如果还有的话就输出当前栈顶的数据，并把 top 自减 1，以表明原来的栈顶的数据已经被输出，并将原栈顶下面那个元素作为新的栈顶，返回这个栈顶的下角标，即 return top; top 变量存储的值即为当前栈顶元素在数组中的下角标；反之如果栈已经空了，即 top== -1，就提示栈已空并返回-1，停止输出元素的值以防数组下角标输出越界。

这里的例子都是以栈结构的数组是整型数组为例的，如果栈数组是其他类型的数组，要改动的地方你知道都有哪里吗？

嘿嘿，对于 Push()函数而言，要改动的地方有两个。一个是数组的类型，即 int *a 中的 int 要改为相应数组的类型；另一个是要被压入栈的数据 value 的数据类型，也改成相应的数据类型就 OK 了。

同理，Pop()函数要改动的地方也是数组的数据类型，要改为相应类型；另一个地方是输出时的格式，不能再用%d 了，要改为相应数据类型的输出格式，即 Pop()函数要改动的地方也是两个哦。☺

然后再来看看如果是使用链表实现栈结构的话，这两个函数应该怎么改咧？

用链表实现与用数组实现的最大不同就应该是多了个 next 指针了吧，而且链表的结点在入栈时需要现申请新结点空间，出栈时需要释放栈顶结点的空间。并且 top 不再是一个记录整数的变量，而是一个结点结构体类型的指针，一直指向当前栈的栈顶结点。所以说要实现起来比较困难哦，嘿嘿，虽说比较困难，但也是能实现的啦，那应该怎么实现咧？

先从入栈的 Push()函数开始说吧。因为每次入栈都意味着要申请一个新的结点空间来作为栈顶结点，所以每次都要使用 malloc 这类的内存申请函数啦，并且将这个阶段的 next 指针指向原先的栈顶结点，然后要将 top 指针指向这个结点，表明这个结点是当前栈的栈顶结点。还有一个问题哦，就是如何判断当前新申请的这个结点是不是这个栈的第一个结点，即它是不是栈底结点。这个要解决的话也好说，在 main()函数中定义 top 指针时将它赋值为 NULL 就好啦，然后在 Push()函数中加一个对 top 指针是否指向 NULL 的判断就好了。如果 top==NULL，证明当前申请的结点就是这个栈的第一个结点，即栈底结点。这样的话在对这个结点进行操作时，要将它的 next 指针指向 NULL，然后将 top 指针指向它。哎，说到这我突然挺想问你下啊，这种通过将指针赋值 NULL 判断是否是第一个结点的方法是不是哪里见过啊？嗯啊，就是在前面讲链表的插入和删除操作时用到过的哦，你看，学好链表在这里是有用的吧。☺

讲完了原理，咱来看看具体实现吧。

```
struct num //声明作为结点的结构体
{
```

```
        int value;
        struct num *next;
};
typedef struct num Node;//声明别名
typedef Node* Ptr;
Ptr top = NULL; //空栈时 top = NULL
Ptr Push(Ptr top, int value)
{   Ptr last;
    if(top==NULL)
    //top==NULL 说明当前要申请的结点就是栈的栈底结点，要对其特殊对待
    {
        last = (Ptr)malloc(sizeof(Node));
        //申请栈底结点空间，失败则退出
        if(last == NULL)
        {
            printf("wrong!");
            return NULL;
        }
        last->next = NULL;
        //因为是栈底结点嘛，所以它的 next 指针要指向 NULL
        last->value = value; //将数据 value 赋值给 last->value
        top = last; /*将 top 指针指向这个结点，表示这个结点也是当前栈结构的栈顶结点*/
        return top; //返回栈顶结点地址
    }
    else //如果要申请的结点不是栈底结点，正常操作
    {
        last = (Ptr)malloc(sizeof(Node)); //申请结点空间，失败则退出
        if(last==NULL)
        {   printf("wrong!");
            return NULL;
        }
        last->next = top; /*此时 top 指向的是原来的栈顶结点，所以让 last->next 指向 top*/
        last->value = value;//将数据 value 赋值给 last->value
        top = last; /*将 top 指针指向这个结点，表示这个新结点是当前栈结构的栈顶结点*/
        return top; //返回栈顶结点地址
    }
}
```

你看，用链表实现的栈的 Push()函数是不是要比数组实现的长好多咧？

咱来看看代码吧，其实这段代码就是把我刚才说的原理实现了一下。多出来的东东无非是这段内容。因为我要是不写这段内容的话下面写申请结点空间的时候专有名词太多，比方说 Node、Ptr，所以在最前面先告诉你这些都代表啥。

```
struct num //声明作为结点的结构体
{
    int value;
    struct num *next;
};
typedef struct num Node;//声明别名
typedef Node* Ptr;
Ptr top = NULL; //空栈时 top = NULL
```

接下来再看看如果用链表实现栈的话，出栈的 Pop()函数怎么写吧。

跟 Push()函数比起来，Pop()函数可能更好理解哦。它要干的事就一件：输出栈顶结点的数据，然后释放结点并将 top 指针指向栈顶结点的 next 指针指向的结点。

额，不知道这些算不算是"一件事"……

由此可见，要传递给 Pop()函数的是 top 指针所指向的地址，而 Pop()函数也要将新的栈顶结点的地址返回给主函数。所以，差不多应该是这么写喽。

```
struct num //声明作为结点的结构体
{
    int value;
    struct num *next;
};
typedef struct num Node;//声明别名
typedef Node* Ptr;
Ptr Pop(Ptr top)
{
    Ptr previous;
    if(top!=NULL)
    {   printf("%d",top->value);
        previous = top;
        top = top->next;
        free(previous);
        return top;
    }
```

```
        else
        {   printf("栈已空");
            return NULL;
        }
    }
```

你看，是不是比 Push()函数短了许多啊。😁

来看看这个函数吧，就跟我刚才说的思路一样，给 Pop()函数传入栈顶结点的地址，如果这个地址是 NULL，则说明已经是空栈了(你忘了吗，咱们给栈底结点的 next 指针赋值为NULL 了，所以如果栈是空栈，那么在它输出栈底结点的时候因为执行了上面 Pop()函数里的 top = top->next;所以 top 指针就也被赋值 NULL 啦)。如果是空栈，输出"栈已空"并返回 NULL；否则输出当前栈顶结点的数据，将 top 指向栈顶结点的 next 指针指向的地址，并释放栈顶结点，最后返回 top 指针所存储的地址作为此时栈的栈顶结点的地址。如果被输出的结点刚好是栈底结点了，则此时 top 指针指向的就会是栈底结点 next 指针指向的NULL 了，即栈已空。

上面这两个函数也是以栈中要存储的数据是整型为例的，如果不是整型的话，把结点中的 int value 的 int 改为相应类型，并将 Pop()函数中 printf 函数的输出格式改一下就 OK啦。😁

如果掌握了这两个函数，栈的应用就会比较容易哦，因为已经万变不离其宗啦。😁

然后，咱再来说说队列的几个细节吧。

队列咱也已经知道了，它既可以用数组实现也可以用链表实现。用链表实现肯定比数组方便啦，因为长度可以随时变嘛，这就好像食堂永远猜不到会有多少人来一样。所以除非十分了解队列可能的长度，否则最好别把队列长度定死，即不建议使用数组实现队列。

嘿嘿，栈跟队列刚好反过来了，栈常用数组实现，而队列常用链表实现。哦当然，只是"常用"，而不是"必须用"哦。😁

队列用链表实现的方法就不说啦，无非就是从第一个结点开始排队然后从第一个结点开始执行和释放喽，其中添加队列结点的函数 Enqueue()和删除队列结点的函数 Dequeue()也很容易写出来，你可以自己先试试哦，加油喽。😁

我更想说的是用数组实现的时候的几个细节。

问你下哈，你觉得在数组里队列是怎么排列的呢？嘿嘿，这不废话嘛，肯定是从下角标是 0 的元素空间开始使用然后一直往后排呗，如图 5-10 所示。

1	2	3	4	5	6	7	8	9	10	11	12	13

图 5-10

嗯啊，第一次是这样，可是等到数组满了且队列的第一个第二个元素刚好已经用完并且从队列中移除了呢？那么现在的状况是不是如图5-11所示。

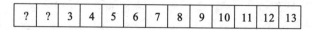

图 5-11

在这种情况下还是往数组"尾巴"那块插数据吗？嘿嘿，肯定不能啦，肯定是再利用已经执行完的队列空间啦，那应该怎么做呢？嘿嘿，你看啊 现在的队列头是不是就已经不是下角标为0的位置了？那咱们是不是应该先记下现在队列头的下角标咧？如图5-12所示。

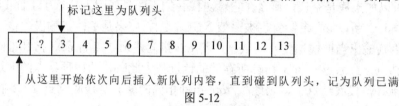

图 5-12

然后往小于队列头下角标的空间里存放新的队列数据，直到前面空间全被再次使用才属于队列再次满了的情况。之后如果要从队列获取位于队列头的数据就要注意修改队列头的下角标了，应该改成新队列头的下角标，那原来的队列头的元素空间是不是就又可以插入数据了咧？嘿嘿，也就是说用数组实现的队列结构中，整个队列的队列头是循环移动的，这样才能使得数组空间最大化使用。哎，那你觉得咱们的 Enqueue()函数和 Dequeue()函数应该怎么写咧？先自己写写看吧，嘿嘿，反正都讲到队列的细节啦，就先把实现代码贴出来吧。

嗯，要讲细节嘛，就肯定要先从"粗节"说起啦。😁先把最原始的数组实现队列的代码贴出来吧。

例如：

```
#define MAX 10
#include<stdio.h>
int main(void)
{
    int queue[MAX];
    int i,num,head;
    void Enqueue(int head,int *queue);
    int Dequeue(int head,int *queue);
    for(i=0;i<MAX;i++)//给队列数组的各元素赋初值
    {
        *(queue+i) = i;
```

```
    }
    head = 0;//表示当前的队列头位置是下角标为 0 的元素的位置
    head = Dequeue(head,queue);
    Enqueue(head,queue);
    return 0;
}


int Dequeue(int head,int *queue)//删除队列数据的函数
{
    int num,i,j;
    printf("请输入要出列的数据个数:");
    scanf("%d",&num);
    if(head + num < MAX)//如果队列内数据足够输出要求的个数
    {
        //从队列头按顺序输出要求个数的数据
        for(i = head;i < head + num;i++)
        {
            printf("数据%d 已出列\n",*(queue+i));
        }
        head += num;
    }
    else//否则有些数据会被输出不止一次……
    {
        for(i = head;i < MAX;i++)
        {
            printf("数据%d 已出列\n",*(queue+i));
        }
        j = num - i;
        for(i=0;i<j;i++)
        {
            printf("数据%d 已出列\n",*(queue+i));
        }
        head = head + num - MAX;
    }
    return head;
}
```

```
void Enqueue(int head,int *queue)//添加数据到队尾的函数
{
    int i,num;
    printf("请输入要入队列的数据个数:");
    scanf("%d",&num);
    if(num < head + 1)//如果队列内剩余空间足够存放新数据，执行此操作
    {
        for(i=0;i<num;i++)
        {
            printf("请输入入队的第%d 个数据",i+1);
            scanf("%d",queue+i);
        }
        printf("入队成功！");
    }
    else//否则弹出提示
    {
        printf("队列剩余空间不足！");
    }
}
```

程序运行结果如图 5-13 所示。

其实这个运行结果示例蛮有槽点的。嘿嘿，等下慢慢说吧，而且说不定你已经看出来了。😀

图 5-13

其实这段代码要讲的东西不多，基本都是可以看得懂的哦。

首先咱先做了一个宏定义规定了队列的最大长度，嘿嘿，你可能会问啊，为什么非要定死呢？直接在定义数组的时候自行定义长度不就好啦？嗯啊，确实可以，不过那样的话每次想要修改队列长度的时候都要把整个代码所有涉及数组长度的地方都改成新的长度才可以，不然程序很可能会出现各种奇怪的情况……😮

那样的代码，每次修改的内容都很多。而如果使用宏定义规定好队列长度的话，每次要修改队列长度，只需要修改宏定义，整个代码就可以完美运行啦，这也就是所谓的可维护性哦。

然后咱们再扯回来接着看代码，咱们先定义了最大长度的数组作为构成队列的结构，然后使用 for 循环对它进行了赋值，填满队列，之后执行了 Dequeue()函数进行队列数据出列，哦说到这提醒你下，别忘了队列内的数据只能从队列头开始按顺序出列哦，就像栈内的数据只能从栈顶的数据开始按顺序出列一样，都是结构的自身特性，不能修改哦。😊

好吧，咱们再扯回来(= =)，执行 Dequeue()函数之后该函数会获取用户输入的要出列的

数据个数，然后做一个判断(注意，此处有槽点！)如果用户输入数据小于队列当前长度，就开始按顺序从队列头输出用户要求个数的数据；如果用户输入的长度大于当前队列的长度，就再把前面输出的数据从上一轮输出时的队列头的位置，再输出要求长度比队列长度多出来个数的数据，也就是说原来在队列头位置的数据可能会被输出两次……

之后 Dequeue()函数返回新的队列头的位置下角标，数据入队函数 Enqueue()获得该下角标并开始执行数据入队操作。哦，说到这又想插一句了，别忘了新入队的数据永远是排在当前队列的队尾的哦。

最后咱再扯回来😎，Enqueue()函数会获取用户输入的要入队的数据个数，然后对此做一个判断(前面的槽点在这里导致出乱子了……😎)，如果队列内的剩余空间足够，就开始让用户输入数据；如果空间不够就提示并返回。

咦，好像很完美啊，你说的槽点在哪咧？？？

哈哈，这回咱来揭示槽点吧，放张图出来一切就明白了，如图 5-14 所示。

图 5-14

哎呀呀！问题来咯，你看啊 这个队列的最大长度是多少来着？是 10，对不？这回咱输入了 12，所以咱们的 Dequeue()函数非常"准确"的执行了这段代码：

```
if(head + num < MAX)//如果队列内数据足够输出要求的个数
{
    for(i = head;i < head + num;i++)
    //从队列头按顺序输出要求个数的数据
    {
        printf("数据%d 已出列\n",*(queue+i));
    }
    head += num;
}
else//否则有些数据会被输出不止一次……
```

```
        {
            for(i = head;i < MAX;i++)
            {
                printf("数据%d 已出列\n",*(queue+i));
            }
            j = num - i;
            for(i=0;i<j;i++)
            {
                printf("数据%d 已出列\n",*(queue+i));
            }
            head = head + num - MAX;
        }
```

结果原队列中的队头元素和第二个元素被输出了两次……这只是槽点之一哦，因为这个 Dequeue()函数还干了一件本来是对的但是在这种情况下就不对了的事情，结果使得噩梦继续了……它干了啥呢？就是这个了：

```
        return head;
```

在刚才的循环里 head = head + num − MAX;所以现在 head 的值是 1，而不是 10。本来队列内所有数据都出列了，应该是 10 的，即当前队列为空队列；但是因为这个队列中用两个数据被二次输出了，造成 head 被赋值为了 1，使得这个队列变得最多只能再入队两个数据……

还有一个更大的槽点是在这啊。

```
        if(num < head + 1)//如果队列内剩余空间足够存放新数据，执行此操作
        {
            for(i=0;i<num;i++)
            {
                printf("请输入入队的第%d 个数据",i+1);
                scanf("%d",queue+i);
            }

            printf("入队成功！ ");
        }
```

入队成功个大爷啊！怎么着也应该把入队之后的队列内的情况输出一遍吧！整个"入队成功"糊弄谁哪，这是哪个傻 X 写的代码啊！(哎，等会，好像是我自己写的……)

哎，那我为啥会写出这么有槽点的代码咧？唉，一言难尽啊，我不知道队尾在哪啊。(我去，你不是说一言难尽吗？结果半句话就说完啦？)

确实，这段代码的所有槽点究其原因，都是因为只知道队列头的位置却不知道队列尾的位置造成的。图解如下 😊，就拿咱第一次输入的数据为例吧，初始赋值之后，队列如图 5-15 所示。

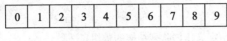

图 5-15

此时的 head = 0;即队列头在下角标为 0 的元素位置。

之后咱们让队列中的前七个数据按顺序出列了，此时队列如图 5-16 所示，head 的值是 7，即数组中第八个元素是当前队列的队列头。

图 5-16

最后咱又向队列加入了 5 个数据，如图 5-17 所示。

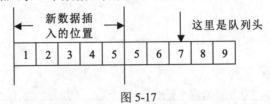

图 5-17

哎，发现没啊，数组构造的队列中各元素中的数据，即使是已经出列了的数据也不会被删除掉，而是会在被再次使用该空间的时候把原来的数据覆盖掉。所以不知道队尾的话一切就麻烦了，根本不知道哪里是当前队列的结尾……😊 所以程序执行到这就没有下文了，因为它不知道该输出哪些数据，哪些数据是有效的，所以这里就直接显示了一个无力的 "入队成功！"……

而且这个代码还有一个致命的弱点：只能入队一次。因为第二次就不知道应该从哪个位置开始入队了……还是那个原因：不知道当前队列队尾在哪……😊

那要怎么办呢？嘿嘿，当然是把 head 和 end 都定义成指针，然后分别指向队列的队头和队尾啦。这样子无论是队头还是队尾都是轻松可以找到的啦，不过这期间要注意防止数组越界。嘿嘿，那应该怎么做咧？你先自己猜猜喽，例子代码在下面哈。

这里也提醒你下喽，数组实现队列结构的限制性太多，等下咱们实现的时候你就能看出来了，所以在能够使用链表实现队列结构的时候是不太推荐用数组实现的哦。

好了，那咱先把例子文件贴出来吧。

例如：

```
#define MAX 10
#include<stdio.h>
int main(void)
{
    int queue[MAX];//定义作为队列结构的数组
    int *head,*end;//定义队头指针队尾指针
    int size;//用来记录队列中可使用空间个数的变量
    int Requeue(int *head,int *end,int *queue,int size);
    int Dequeue(int *head,int *end,int *queue,int size);
    head = (queue + 0);
    end = (queue + 0);
    size = MAX;
    size = Requeue(head,end,queue,size);
    size = Dequeue(head,end,queue,size);
    return 0;
}

int Requeue(int *head,int *end,int *queue,int size)
{
    int i,num;
    printf("请输入要入队的数据个数:");
    scanf("%d",&num);
    if(num <= size)//如果剩余空间足够，进行插入
    {
        for(i=0;i<num;i++)
        {
            if(end == (queue + MAX))    /*防止下角标越界，如果将要越界，进行循环操作
                                        将指针指向数组首地址*/
            {
                end = (queue + 0);
            }
            printf("请输入第%d 个数据:",i+1);
            scanf("%d",end);
            end++;//end 指针指向下一个空间
            size--;//剩余可用空间减 1
        }
```

```
    }
    else
    {
        printf("超过队列长度!");
    }
    return size;//返回最新的可用空间信息
}

int Dequeue(int *head,int *end,int *queue,int size)
{
    int num,i,s;
    printf("请输入要出列的数据个数:");
    scanf("%d",&num);
    if(num <= MAX - size)//如果队列内数据个数足够，开始出列
    {
        for(i=0;i<num;i++)
        {
            printf("数据%d 已经出列\n",*head);
            head++;
            size++;
            if(head == (queue + MAX))/*防止下角标越界，如果将要越界，进行循环操作将指针
                                        指向数组首地址*/

            {
                head = (queue + 0);
            }
        }
    }
    else
    {
        printf("队列内元素个数不足!");
        return size;
    }
    s = MAX - size;//用来记录当前队列剩余数据个数
    if(s != 0)//如果还有剩余数据，输出剩余数据信息
    {
        printf("出列成功  当前队列剩余元素依次为:\n");
        while(s > 0)
```

```
        {
            printf("%d ",*head);
            head++;//指针移向下一个元素空间
            if(head == (queue + MAX))
            {   head = (queue + 0);
            }
            s--;
        }
    }
    else//否则提示队列已空
    {
        printf("出队成功，当前队列为空队列!");
    }
    return size;
}
```

两种结果的示例，分别是出列后队列中还有数据(见图 5-18)和已经成为空队列(见图 5-19)的情形。

图 5-18

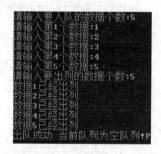

图 5-19

嘿嘿，这段代码也很好理解，其实就是加入了两个指针以及判断相应的指针位置是否越界。

首先让用户输入要入队数据的个数，程序判断队列空间是否满足要求，如果满足就开始输入。然后让用户输入要出队的数据个数，如果队列内数据个数满足就输出。最后判断输出后的队列中是否还有数据，有的话按其顺序输出队列内数据信息，反之提示队列已空。

这个例子就可以执行多次插入和删除数据的操作，因为知道了队头和队尾的实时位置啦，并且代码中的各种判断语句已经可以初步防止数组越界问题了。这里为了例子代码简短一点，所以就只插入和删除了一次，这个例子已经可以用来构建循环队列了哦。(循环队列就是可以将元素空间循环利用的队列结构，这里其实就已经是了。)

画图解释就是这样的。

首先，用户输入数据，按照这个例子中用到的数据，如图 5-20 所示，后面 5 个元素空间没有用上，两个指针分别指向队头和队尾。

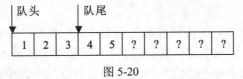

图 5-20

在输出时队头和队尾指针指向的位置会发生改变，这里因为只进行了一次插入和删除操作，所以队尾指针位置没有变过。但是如果是多次插入和删除操作的话两个指针都会有变化的。

数据出列过程中指针的变化如图 5-21 所示。

嘿嘿，也就是说啦，在使用指针的方法中，队列为空的标志就是队列头指针和队列尾指针指向了同一个元素地址哦。

哎，等会，你想到了什么没啊？如果队列是满队列的话，是不是队列头指针和队列尾指针也是指向同一个位置的啊？那怎么区分咧？嘿嘿，这个问题就交给你啦。提示：想办法加一个判断让程序判断队列是空的还是满的。

事实证明，使用数组实现队列结构实在是一个抓狂的事情……使用链表实现队列的话，完全不需要考虑这么多内容，只需要轻松地每插入一个数据就新申请一个结点然后连接在原来队列链表的最后就行了。

所以，在能够使用链表的时候，建议使用链表实现队列。嘿嘿，刚好和栈的建议是相反的。😁

这样子，这段内容就算是告一段落啦，接下来就来看看栈和队列的具体应用吧。毕竟栈和队列相比于数组和链表，是更加注重应用的嘛，下一次咱就从栈的应用开始讲吧。嘿嘿，放心，绝对不会很难哦。😊

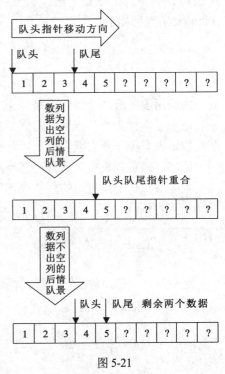

图 5-21

5.4 栈的应用之一：递归? (大雾)

前面咱们已经把栈和队列理论上的东东讲得差不多啦，所以现在就开始讲应用吧。

第一个要讲的这个应用很重要哦，嗯，有多重要呢？简单说就是如果递归没搞懂的话，后面章节讲树的三种遍历方法：前序遍历、中序遍历和后序遍历看起来就都会是天书级的……😐

嘿嘿，不过也别害怕哦，其实理解起来也不是那么难的，要对自己有信心哦。😊

说了这么多，那递归到底是什么呢？嘿嘿，递归说白了就是函数自己调用自己的过程，嗯，举个例子吧。就以那个超级热门几乎每个 C 教材讲到函数递归时都必举的那个斐波那契(Fibonacci)数列的例子为例吧。

说到斐波那契(Fibonacci)数列，你还记得这家伙是个啥咩？貌似大一的高数还是线代讲过来着，嘿嘿，反正我是已经记不住啦，😁😊所以去特意找了下。传说中的斐波那契(Fibonacci)数列如下式所示：

$$F(n) = \begin{cases} 0 & n = 0 \\ 1 & n = 1 \\ F(n-1) + F(n-2) & n > 1 \end{cases}$$

用应用题的方法来说，它是一个生兔子的问题，就是从第一个月开始一对兔子每月生一对小兔子，然后小兔子两个月之后拥有生育能力，新兔子每次还是只生一对小兔子……期间假定没有兔子死亡或去世，以此类推下去问第 N 个月有多少对兔子的问题。

好吧，感觉我说完之后自己都凌乱了……😐又是数学问题😐😵

咱先用教材上最爱用的办法来实现它吧。

```
int Fib(int n)
{
    return (n == 1 || n == 2) ? 1 : Fib(n - 1) + Fib(n - 2);
}
```

这种写法不知道你能不能看得惯,其实把它展开写的话就是这样的。

```
int Fib(int n)
{
    if(n == 1 || n == 2)
    {
        return 1;
    }
    else
    {
        return Fib(n - 1) + Fib(n - 2);
    }
}
```

这段代码的意思是如果输入的 n 是 1 或 2 的话,就返回 1(F(2)等于 F(0)+ F(1),所以 n 等于 2 的时候返回值也是 1),否则的话就返回 Fib(n − 1) + Fib(n - 2)。而这个 Fib(n − 1) + Fib(n − 2)显然不会是一个数字,所以程序会对它调用 Fib()函数再次进行计算,直到 n 减到 1 或 2 的时候再一层层返回上一级最后输出 Fib(n)。

光是这么说的话,感觉好无力啊…… 还是上图吧。😊

因为这个算法其实是一个反面教材,等下后面会慢慢说的。这里就先给一个比较小的 n 值吧,假设 n = 5,那么它的递归过程如图 5-22 所示。

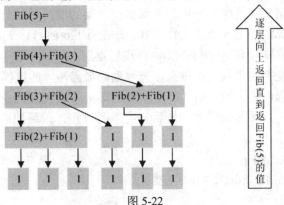

图 5-22

你看喽,这个 Fib()函数很明显只有到了 n 等于 1 或 2 的时候才会返回一个有意义的值 1,不然的话就会一直执行自身直到 n 值减到 2 或 1 的时候再逐层返回,最终返回 Fib(n)的值。

哎,说到这好像一切都很完美啊,尤其是这个函数的实现写法:

```
int Fib(int n)
{
    return (n == 1 || n == 2) ? 1 : Fib(n - 1) + Fib(n - 2);
}
```

简直帅呆了,就一个三元运算判断符就解决问题了,这要是招聘的笔试题简直是满分答案啊。

额,真的是这样…吗…?

现在咱就来好好看看这段代码到底是哪出问题了以至于会是一个典型的反面教材吧。

也许这就是传说中的中看不中用吧,咱就接着拿图 5-23 这张图来说明问题吧。

你看这张图里,有没有发现神马特别冗余的东西啊?嗯啊,很多计算其实是重复而不必要的。比方说在

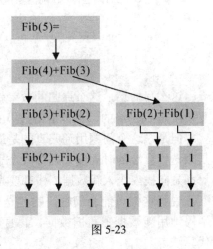

图 5-23

这个计算 Fib(5)的过程里，Fib(1)计算了 2 次，Fib(2)计算了 3 次，Fib(3)计算了 2 次。这个本来只需要进行 5 次运算的过程被它这样重复运算了 9 次，效率差不多低了一半。所以这个函数的递归效率是超级低的……而且这个算法的时间复杂度明显非常高，可以说是既耗费了时间又耗费了空间。

那要怎么改进呢？

咱先来看一下这个斐波那契数列的前几项都长啥样吧。

1，1，2，3，5，8，13，21，34，55……

哎发现没呀，从第三项开始每一项的值都是由该项的前两项的值相加得来的。

刚才咱们的那种算法是把 n 值从大往小算，即先算 Fib(n − 1) + Fib(n − 2)，再算 Fib(n − 2) + Fib(n − 3)直到最后算到 Fib(1) + Fib(2)，再逐层返回。所以出现了那么多次的没有必要的计算量，那咱能不能把这个规则倒过来，把数列的最前两项的值以及要求的项数 n 传给函数，然后让函数从前两项开始往后加一直累加到第 n 项，就相当于每次都将问题从求前 n 项变成求前 n–1 项，直到累加成就剩最后一项即第 n 项，最后把这最后一项也累加进去并返回总累加值就行了。

```
int Fib_i(int a,int b,int n)
//a、b 分别是数列首项和第二项，n 为要求的项数
{
    if(n == 3)//如果 n 是 3，直接返回 a+b
    {
        return a + b;
    }
    else/*否则进行一次前两项和累加，使其变成求 n - 1 项和，直到就剩一项，即 n 变成 3 的时候*/
    {
        return Fib_i(b ,a + b ,n – 1);
    }
}
```

这么写的话，这个递归的效率就大大提高啦，比之前那个提高了差不多一倍哦，时间复杂度是 O(n)级的，不再是指数级的喽。

但是，这个问题用递归真的是最佳的吗？即使是改良后的递归算法的时间复杂度也只是跟迭代算法的时间复杂度打成个平手，而在空间复杂度上却比迭代高很多，因为每次运算都是向栈内压入新数据，栈都要为其提供新空间。

说到这你可能会问啦，啥是迭代？嘿嘿，所谓的迭代其实就是不停地换代，也就是不停地用新数据覆盖旧数据，再直白点就是咱们平时使用的循环语句算法就算是一种迭代算法。

刚才的 Fib()函数如果用迭代的方法写的话如下述代码所示。

```
int Fib(int n)
{
    int i,s;
    int a[100];
    *(a + 0) = 0;
    *(a + 1) = 1;
    s = *(a + 0) + *(a + 1);
    for(i=2;i<n;i++)
    {
        *(a + i) = *(a + i - 1) + *(a + i - 2);
        s += *(a + i);
    }
    return s;
}
```

如果觉得看指针风格不舒服的话咱就看这个数组风格的版本，不过要多练练写指针风格的数组操作比较好哦。😊

```
int Fib(int n)
{
    int i,s;
    int a[100];
    a[0] = 0;
    a[1] = 1;
    s = a[0] + a[1];
    for(i=2;i<n;i++)
    {
        a[i] = a[i - 1] + a[i - 2];
        s += a[i];
    }
    return s;
}
```

这种就是所谓的迭代写法啦。嘿嘿，其实说白了咱们平时用的算法，只要不是递归，基本都是迭代的。至少到现在为止，还没碰到第三种哦。😊

再扯回话题，你看啊，在这个例子里，其实迭代的时间复杂度也是 O(n)和改进后的递归算法是一样的，但是空间复杂度远低于递归。所以其实斐波那契数列计算是不需要递归的，这也是为啥在《脑洞大开：C 语言另类攻略》书里我没讲递归的原因，而且递归速度比迭代慢，这是没法改的，为啥？还记得在《脑洞大开：C 语言另类攻略》里咱画的那个图吗？

　　喏，就是图 5-24 这张。

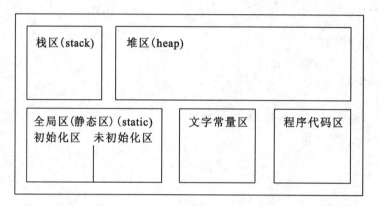

图 5-24

　　在实际运行中迭代一直是在栈空间上进行的，而递归是在栈和程序代码去上来回窜的。怎么回事儿呢？你看啊，递归函数是不是咱们自己创建的函数？所以它的存放位置是在程序代码区，形式是二进制，而在递归进行时，每次的自身调用都会进行一次代码区寻址和将 Fib() 函数的一系列参数压入栈中，也就是入栈，直到程序返回 1 再层层出栈。关于入栈和出栈的细节，可以去看看《脑洞大开：C 语言另类攻略》书中的"像套娃一样的函数嵌套"一节。这一进一出，使得递归函数在每次出入栈都会比迭代的一次计算多花几毫秒的时间，这个时间差积少成多就会出现相差很大的效率结果。

　　所以咧，老师们一直建议能使用迭代就不要使用递归，这么看起来不是没有道理的哦。不过在某些情况下，迭代是实现不了某些功能的，比方说后面章节讲树的三种遍历的问题。所以说，递归也是很有用的哦，而且在很多情况下，递归地好的话可以获得意想不到的效果哦。所以，不要抛弃递归，毕竟，在数据结构中，真相，永远不只有一个嘛，不一定什么时候，不同的东西就会展现完全不同的结果哦。😊

　　哎，说到这了，你有没有发现什么不对的啊？嗯啊，这里讲的递归看起来更多的是栈空间的应用，而不是栈数据结构的应用啊！嘿嘿，反正听着都叫"栈"嘛，这里咱们主要是要了解递归的好处和它的运行机理喽，嘿嘿，也算是栈结构的应用吧。😊（虽然很牵强……嗯😖）

　　这样子，递归就算是暂时告一段落啦。接下来就来讲讲回溯算法吧，也是很常用的算法哦。

5.5　栈的应用之二：回溯算法

回溯算法是啥咧？简单说来咧就是把一件事情的所有可能性都测试一遍，对于初步可行的可能性再进行深度试探，初步就不可行的直接退回到上一层那个可行的可能性上继续试探其他可能性，直到完全求解所求问题为止。

再换一种说法就是从问题的某一种可能性出发，搜索所有能达到的可能情况，然后再以其中的一种可行的可能性为新的出发点，继续向下探索，这样就走出了一条"路"。如果这条路中间"遇堵"，就再回到上一个出发点以另一种可行的可能性为出发点继续试探。如果最后能搜索到终点，则该问题有解；反之这个问题就是无解的。

嘿嘿，用最直白的说法就是类似走迷宫啦。你从起点出发的时候是不是不知道哪条路是通路咧？所以你就需要把每条可能的路都试探一遍，中间如果遇到岔路，就需要再先选择一条路，然后走到头，如果是死路就再折返回刚才的岔路去试探下一条路，直到把所有能走的路都试探完。如果你走出去了，那就是有出口(有解)；要是还没走出去……恭喜你，出不去啦(无解)。😁

这样子可以理解回溯算法是什么了吗？嘿嘿，嗯啊，就是一种属于穷举的试探法。哎，说到要回溯，你会想到啥咧？谁可以让咱们有回溯的功能咧？嗯啊，又是栈结构啦，而且回溯算法很多时候都是以递归形式来利用栈结构的哦，咱来举个例子吧。

就拿走迷宫来举例吧，咱先定义一个数组，长这样：

1, 1, 1, 1, 1, 1, 1, 1, 1, 1
1, 0, 1, 0, 1, 0, 0, 0, 0, 1
1, 0, 1, 0, 1, 0, 1, 1, 0, 1
1, 0, 1, 0, 1, 1, 1, 0, 0, 1
1, 0, 1, 0, 0, 0, 0, 0, 1, 1
1, 0, 0, 0, 1, 1, 1, 0, 0, 1
1, 1, 1, 1, 1, 1, 1, 1, 1, 1

哎，这个数组好像除了 1 就是 0 耶，啥意思咧？嘿嘿，在这里算是模拟了一个小迷宫吧，以 1 表示墙体和障碍物(现在可以理解为啥这个数组的最外面一层数据都是 1 了吧🙄)，以 0 表示可以走的路。然后以迷宫内任意位置为起点，以[5][8]位置为出口，咱来设计个回溯算法让它走出去吧。提示：利用递归函数尝试所以可能性，并且在试探过程中随时标记已经走过的地方为 2 以便顺利回溯，还要注意因为起点是任意的，所以要判断这个起点是不是障碍物位置，是的话就不用走了。

先自己考虑一下下吧😊

例如：

```c
#include<stdio.h>
int maze[7][10] = {
        1,1,1,1,1,1,1,1,1,1,
        1,0,1,0,1,0,0,0,0,1,
        1,0,1,0,1,0,1,1,0,1,
        1,0,1,0,1,1,1,0,0,1,
        1,0,1,0,0,0,0,0,1,1,
        1,0,0,0,1,1,1,0,0,1,
        1,1,1,1,1,1,1,1,1,1
        };
/*偷个懒 把二维数组定义为了全局变量，这样后面函数调用的时候就不用通过指针调用啦*/
int main(void)
{
    int i,j;
    int find(int x ,int y);
    find(1,1);                          //这里以 maze[1][1]为起点
    printf("迷宫走法如下:\n");
    for(i = 1;i < 6;i++)
    {
        for(j = 1;j < 9;j++)
        {
            printf("%d",*(*(maze+i)+j));
        }
        printf("\n");
    }
    return 0;
}

int find(int x ,int y)
{
    if(x == 5 && y == 8)                //判断是不是终点位置，是的话标记该位置并返回
    {
        *(*(maze + x) + y) = 2;
        return 1;
    }
```

```
//判断该位置是否是落脚点，如果是障碍物就直接返回
else if(*(*(maze + x) + y) == 0)
{
    *(*(maze + x) + y) = 2;          //标记该位置为已走过
    if(find(x - 1,y) + find(x + 1,y) + find(x,y - 1) + find(x,y + 1) > 0)//如果该位置的上下左右有
                                                                         可以走的点
    {
        return 1;
    }
    else//如果该位置的上下左右都不能走，返回 0
    {
        *(*(maze + x) + y) = 0;
        return 0;
    }
}
else
{
    return 0;
}
}
```

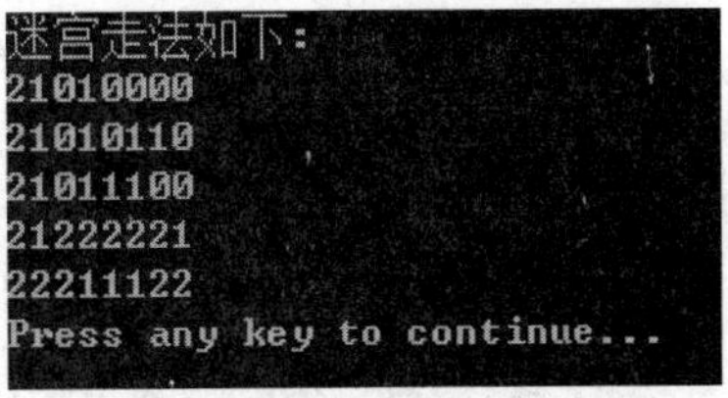

迷宫走法如下：
21010000
21010110
21011100
21222221
22211122
Press any key to continue...

图 5-25

程序运行结果如图 5-25 所示。

这里是假设以 maze[1][1]为起点走的哦，图中有 2 标记的位置就是具体走法哦。在输出的时候我省略掉了数组最外层的围墙，不然看起来好乱的……😊

嘿嘿，这里其实我偷了个小懒，就是直接把二维数组定义成全局变量啦，还记得什么是全局变量吗？嗯啊，定义在 main()函数之外的生命周期和 main()函数一样的可以被各函数调用的那种变量就是全局变量啦，上本《脑洞大开：C 语言另类攻略》书里讲过的哦。😊这里的 maze[7][10]就是一个全局变量，所有函数都可以使用它而不需要任何指针的显式调用。

不然的话，find()函数就需要写成 find(int maze[][10],int x,int y)来显式调用二维数组地址了。哎，说到这的话顺便提一下吧，二维数组地址作为参数时的调用方法有没有看到一个很奇特的地方啊。嗯啊，需要标明列数的，即第二个中括号里的数字不能缺省，为什么咧？嘿嘿，因为二维数组的内存分配是按行来的，所以你需要将列数传给函数让函数知道这个二维数组的各行地址是如何排列的。这个没记错在《脑洞大开：C 语言另类攻略》书里讲如何定义二维数组的时候貌似讲过的，这里算是再回顾一下吧。😊

嘿嘿，说了这么多，接下来咱来看看这段代码吧。

这里主要要看的还是这个 find()函数里的递归方式，只要把这个递归过程搞明白，这个

回溯算法就已经没有什么大问题啦。😊

```
int find(int x ,int y)
{
    if(x == 5 && y == 8)                //判断是不是终点位置，是的话标记该位置并返回
    {
        *(*(maze + x) + y) = 2;
        return 1;
    }
    //判断该位置是否是落脚点，如果是障碍物就直接返回
    else if(*(*(maze + x) + y) == 0)
    {
        *(*(maze + x) + y) = 2;         //标记该位置为已走过
        //如果该位置的上下左右有可以走的点
        if(find(x - 1,y) + find(x + 1,y) + find(x,y - 1) + find(x,y + 1) > 0)
        {
            return 1;
        }
        Else                            //如果该位置的上下左右都不能走，返回 0
        {
            *(*(maze + x) + y) = 0;
            return 0;
        }
    }
    else
    {
        return 0;
    }
}
```

这个就是 find()函数啦，咱来一句一句看吧。😊

```
if(x == 5 && y == 8)          //判断是不是终点位置，是的话标记该位置并返回
{
    *(*(maze + x) + y) = 2;
    return 1;
}
```

第一个 if 语句是判断当前点是不是终点位置，是的话就返回 1。这个判断在函数第一

次被调用的时候没有意义，因为第一次传入函数的位置的是起点位置，如果终点和起点是同一点就没什么意义了嘛。但是在递归过程中这句话意义很大，他用来判断回溯算法是否成功找到了终点，同时也是递归终止的标志。

然后咱再来看下一个判断：

```
//判断该位置是否是落脚点，如果是障碍物就直接返回
else if(*(*(maze + x) + y) == 0)
```

这句话是用来判断当前这个点是不是可以落脚的点。如果它值不是 0，证明它要么是 1即障碍物，或者 2 即已经走过的点。无论是哪种，都是应该跳过不再走的。这个判断如果成立，即该位置值为 0 的话就将该位置的值改为 2，标记其已经走过，并继续向下执行下一个内嵌在该判断语句中的判断，就是这个：

```
//如果该位置的上下左右有可以走的点
if(find(x - 1,y) + find(x + 1,y) + find(x,y - 1) + find(x,y + 1) > 0)
{
    return 1;
}
Else            //如果该位置的上下左右都不能走，返回 0
{
    *(*(maze + x) + y) = 0;
    return 0;
}
```

这里就是递归的关键啦，其中最最关键的就是这句再次执行了函数自身的判断语句：

```
//如果该位置的上下左右有可以走的点
if(find(x - 1,y) + find(x + 1,y) + find(x,y - 1) + find(x,y + 1) > 0)
{
    return 1;
}
```

这句判断里它执行了 4 个 find()函数，这 4 个 find()函数分别是以当前点的上下左右四个点为落脚点探索看看有没有可以走的路，然后在这个探索中每个点又会再次执行 4 个find()函数。

这个过程感觉应该画个图来表达，毕竟总用语言描述限制性太多了，如图 5-26 所示。(这里还是以 maze[1][1]为起点为例)

画叉叉的证明是走不通或重复的路，像这样多次递归之后便找到了 maze[5][8]即终点位置，这时再输出除迷宫外围墙壁以外的所以内容就可以通过被赋值为 2 的位置的轨迹看路线啦。

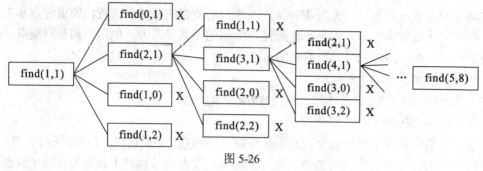

图 5-26

这里还有一句话蛮有用：

```
else                    //如果该位置的上下左右都不能走，返回 0
{
    *(*(maze + x) + y) = 0;
    return 0;
}
```

它的作用是将死路中走过的点全部赋值回 0，否则输出的时候轨迹将会是所有走过的点而不是正确的走向终点的路线。

这样子的话，这个通过递归实现的回溯算法就算是告一段落啦。哎，你发现没啊，其实回溯算法的效率并不高的。因为它属于一种穷举和试探，所以一般使用回溯算法的地方都是问题计算量比较小的地方。如果在这里搞个 maze[999999][999999]再使用这样的回溯算法的话，估计后果可能会很严重…… 😊

再接着把栈的第三个应用也讲了吧，第三个是最简单的哦，别担心啦。 😊

5.6 栈的应用之三：简易文字处理器

嘿嘿，其实这个应用原来是没打算讲的，觉得有点太简单了。不过觉得还算蛮有代表性的，加上咱们前面讲的两个应用其实都是递归范畴的，不需要咱们自己构建栈结构，所以这回咱就来个需要自己构建栈结构的应用例子吧。

嗯，简易文字处理器，有多简陋咧？嘿嘿，就有点类似于最早时候的打字机，没有退格删除键的，所以错了就是错了。而咱们的这个文字处理器比那个稍微先进一点点。先进在哪里咧？咱们的文字处理器允许输入要删除的错误内容，然后这些内容在输出的时候不会被输出，更正方法是：如果是要删除最后输入的几个字符则只需输入相应个数的"#"号即可，就像这样：

　　whli##ilr#e

这样子的话输出会是 while，其中错误输入的"li"和"r"被#号标记所以被删除啦。

而如果犯下了更严重的问题，想全部删除重写的话，就输入@号。这样子在@号之前输入的所有数据都会被清空，就像这样：

　　what the fuck!@hello world~

输出将只会是 hello world~　前面那段不和谐的内容将被删除。

用户输入标志为用户输入换行符，即输入了回车键。

整体思路貌似就是这样啦，用栈实现的话不难哦，先自己想想改怎么做吧。

例如：

```
#include<stdio.h>
int main(void)
{
    char c[100];
    void sword(char *c);
    sword(c);
    return 0;
}
void sword(char *c)
{
    char ic;
    int i = 0;
    //当用户输入不为回车时进行循环操作
    while( (ic = getchar()) != '\n')
    {
        *(c + i) = ic;          //将用户输入字符赋值给字符串数组
        i++;
        if(ic == '#')           //如果输入的是#进行退格
        {
            i -= 3;
        }
        else if(ic == '@')      //如果输入是@清空前面输入内容
        {
            i = 0;
        }
    }
    *(c + i) = '\0';            //在字符串末尾加上结束标志
```

```
        puts(c);//输出字符串
    }
```

程序运行效果如图 5-27 和图 5-28 所示。

```
数据结构很难##哪有那么难
数据结构哪有那么难
Press any key to continue...
```

```
fuck the world~@hello world~
hello world~
Press any key to continue...
```

图 5-27 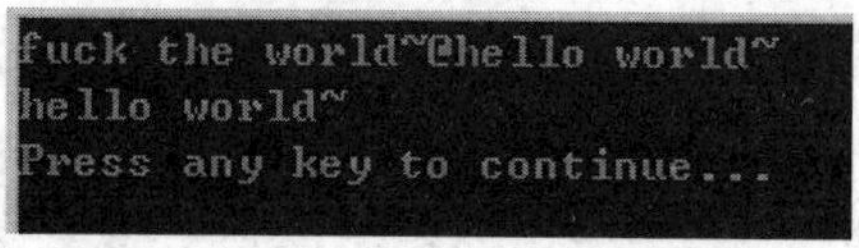   图 5-28

这段代码只有 29 行哦，可以说是短小精悍了呢。(为啥一听着短小精悍这个词就怪怪的……😊) 咱来看看具体实现吧。

main()函数还是一如既往地精简，只有 4 行代码。嘿嘿，其实这也算是使用语言的一种境界吧。正常编程中 main()函数就不应该有过多的计算量，它应该只是一个目录和索引，告诉程序每一步该调用谁然后做什么以及返回什么。全能计算型的 main()函数只会出现在入门教程上，要是在项目中那么写会被喷死的……😊哦，再扯回来。咱来看看这个 sword()函数干了啥吧。为了看着方便，先把它的代码再切过来一次吧，反正也不长。😁

```c
void sword(char *c)
{
    char ic;
    int i = 0;
    //当用户输入不为回车时进行循环操作
    while( (ic = getchar()) != '\n')
    {
        *(c + i) = ic;              //将用户输入字符赋值给字符串数组
        i++;
        if(ic == '#')              //如果输入的是#进行退格
        {
            i -= 3;
        }
        else if(ic == '@')         //如果输入是@清空前面输入内容
        {
            i = 0;
        }
    }
    *(c + i) = '\0';               //在字符串末尾加上结束标志
    puts(c);                       //输出字符串
}
```

166

其实如果把字符串那节学好了理解这段代码完全没有压力。这个函数从主函数那获得了字符串数组 c 的首地址；定义了 ic 这个字符型变量，用来获得用户输入的字符；定义一个名为 i 的整型变量，用来移动数组下角标以完成字符赋值。然后先将 ic 获得的字符赋值给数组相应元素，之后判断 ic 的字符内容，如果是#的话就将 i 减 3 相当于删除了#号和要被删除的那个字符的内容；如果是@号的话就将 i 重新赋值为 0，相当于整个栈内元素的值全部被清空。

在这个应用中栈其实就是起了个中间量的作用，判断是不是要删除最近刚入栈的内容，如果是的话就从栈顶位置向下删除相应内容，最后输出栈中内容(其实最后的输出是栈的反向内容哦)。

这样子的话，栈的应用就算是告一段落喽，三个例子感觉差不多喽，剩下的就要靠你自己去思考是实现喽。😊

5.7　队列应用：好长的代码

讲完了栈的几个应用，这回咱来讲讲队列的应用吧。😁😏

哎，可能你已经发现喽，这节的题目好像有奇怪的东西跑进去了……😊

嘿嘿，嗯啊，你没看错。因为这次作为队列应用的代码其实是我在数据结构课程设计里栈和队列那节的作业题实现代码，题目是航班订票系统，最后不仅实现了它要求的所有内容和创新内容，还新添了很多特色和结构优化，验收的时候是秒杀老师哦。😁😎

不过，真心是没办法把程序贴上来……😊因为它实在太长了：921 行代码(这个数字倒是很不错哦。😆😵)

我尝试着贴了一次，结果代码贴了差不多 20 多页😊，也就是说要是真贴出来地话这本书将会从此页起有好长一段页数是在显示代码……可读性实在太差了(我才不会说是印刷时太费纸了呢……/😵)😊所以咧，出于各方面考虑，还是就讲讲思路，然后代码等你自己去扫二维码查看吧，这样子更易懂哦。😊

例如：

这段代码没记错是有 11 个函数模块和一个 main()函数，主要实现的内容是先由用户输入几条航线的起点终点票数和飞行日期，以输入票数为 0 为输入结束标志。然后程序会按

链表方式存储各航班信息，各结点内包含如下内容：

```
struct Fight                        //声明作为航班的结点
{
    int total;                      //总票数
    int left;                       //余票数
    char start[20];                 //起点名
    char end[20];                   //终点名
    char fight_num[20];             //航班号
    char ftime[20];                 //飞行时间
    struct Passenger *head;         //订票成功的队列
    struct Wait_queue *head1;       //等待订票的队列
    struct Fight *next;             //指向下一个航班结点的 next 指针
};
```

其中表示订票成功的队列结点包含这些内容：

```
struct Passenger                    //声明已预订队列的结点
{
    char name[20];                  //订票人名字
    int ticnum;                     //机票号码
    int level;                      //舱位等级
    struct Passenger *next;
};
```

表示等待订票的队列的结点包含以下内容：

```
struct Wait_queue       //声明退票预订队列的结点
{
    char name[20];      //等待订票的人的姓名
    int neednum;        //所需票数
    int waitnum;        //在等待队列中的序号
    struct Wait_queue *next;
};
```

之后用户可以通过终点信息查询，然后通过航班号或起点终点进行订票。如果用户订票数小于该航班余票数，则正常预订并将相关信息存入该航班的订票成功队列；如果剩余票不足或没有余票，可以让用户选择等待预订；如果用户选择等待退票预订，系统将会将其信息存入该航班的等待预订队列中；如果用户不想等待，系统将会智能提示所有其他有余票并且终点和用户要求一致的航班询问是否预订，预订的话就跳转到推荐航班进行预订，流程和正常预订一样；退票功能是提供给已经成功订票的用户使用的，在退票时将多次确认各种信息，然后在用户确认退票并退票成功后，如果该航班存在用户等待订票，系统将按其在等待队列中的序号依次向后询问其是否订票，直到没有人再等待订票或退票已经被再次预订完为止。同时，在管理员登录选项中管理员可以进入后查看各航班的订票信息和等待队列信息。嗯，感觉大体就这些功能吧。

嘿嘿，是不是看得有点晕啊。😀很正常啦，这个程序我写得很辛苦，不过学到很多哦，把它放在这里不是为了炫耀自己有多厉害 (相反这段代码写的并不是十分规范😊)，而是想让你了解队列的应用方法以及练习一下指针的使用(这段代码里基本上全是靠各种指针实现的，有点错综复杂的感觉哦😖)。可以以这个例子为样本，实现自己的队列小应用哦，所以接下来，就靠你喽。

这样子栈和队列这章就差不多啦，下一章开始咱们就要讲树和二叉树啦。嗯，好吧，我承认树和二叉树以及之后的图结构都会比较复杂一些，不过不要害怕哦，只要多多练习，一定没问题哦。😀😏

第6章　画棵树吧

嘿嘿，嗯啊，来画棵树吧。😊

没记错的话，这是心理课上老师最爱干的事情之一，他们就喜欢根据你画出来的树有没有树根、树纹、果实啥的来判断你的性格经历甚至特殊性取向……😊

不过这里咱们要画的树和那种树可是完全不一样哦，咱们要画的树是一种数据结构。不过它跟咱们现实中的树很相像哦，也有树根树叶什么的呢。😁

一想到终于讲到树了，还有点小激动呢。

好吧，那咱现在就开始吧。😊

6.1　什么是树

嘿嘿，按惯例，每章的第1节都会是十万个为什么语文课，树这章也不例外喽。😁🤭

那，什么是树咧？先来想象一下现实中的树吧。现实中的树有树根、树干和树叶。而咱们的树结构就是一种模仿现实中树的一种数据结构，它也有着"树根"、"树干"和"树叶"不过名字有些改变。接下来咱就先看看树结构中的几个基本概念吧。😊

额，总觉得光用文字说实在太无力了……先贴张图吧，树结构示意图如图 6-1 所示。

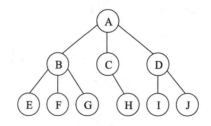

图 6-1

图 6-1 所示这棵树上有三种结点：根结点、内部结点和叶结点。

嘿嘿，我先不跟你说谁是什么结点，只先跟你讲讲三种结点的概念，然后你来猜谁是什么结点吧。

　　根结点就类似于现实中树的树根，是整棵树结构的开端结点，它的典型标志就是对于根结点而言它没有前驱结点。中间结点就类似于树干，是用来连接根结点与叶结点的桥梁，典型标志是既有前驱结点又有后继结点。叶结点嘛，嘿嘿，顾名思义啦，就类似于树叶喽，典型标志是只有前驱结点没有后继结点。

　　这么说完之后，能分辨出在这棵树结构中谁分别是什么结点了吗？

　　答案如图 6-2 所示。

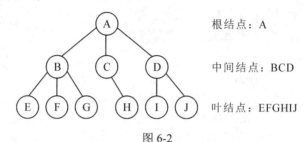

　　　　　　　　　　　　　　　　　　根结点：A

　　　　　　　　　　　　　　　　　　中间结点：BCD

　　　　　　　　　　　　　　　　　　叶结点：EFGHIJ

图 6-2

　　嘿嘿，这么一来是不是感觉对树这种结构已经有一点点理解了呢？

　　上面三种概念是针对结点自身的，而接下来要讲的概念则是针对结点间关系的。

　　这回咱以图 6-1 中结点 B 为例吧。

　　对于结点 B 而言，A 结点是它的前驱结点，所以 A 结点被称作是 B 结点的双亲结点，代表着 B 结点是由 A 结点延伸出来的，也可以说成 B 结点是 A 结点的孩子结点。哎，也难为人家 A 结点了，自己一个又当爹又当妈，成了双亲结点。而 C、D 两个结点与 B 结点没有相连关系，但是彼此平级同辈，而且都是 A 结点的孩子结点，因此 C、D 结点被称作是 B 结点的兄弟结点(必须是属于同一双亲结点的孩子结点间才能互称为是彼此的兄弟结点哦)。

　　而对于 E、F、G 结点，它们是 B 结点的后继结点，你猜它们应该管 B 结点叫什么呢？嗯啊，叫爸妈呗。所以咧，B 结点是 E、F、G 结点的双亲结点，即 E、F、G 结点是 B 结点的孩子结点。

　　哎，这样子的话，突然想到个问题啊。既然 E、F、G 结点是 B 结点的孩子结点，而 B 结点又是 A 结点的孩子结点，那 E、F、G 结点应该管 A 结点叫什么呢？

　　嗯，如果是人类世界的话，用咱们的话讲应该是叫爷爷奶奶或者外公外婆，但是在数据结构的世界里，一个词就够了：祖先结点。也就是说 A 结点是 E、F、G 结点的祖先结点，如果假设 A 结点之上还有结点的话，那么对于 E、F、G 结点而言也是叫祖先结点，即无论相差多少辈，这个称呼是不会再升级的了。以 B 结点为例的话，各结点的关系如图 6-3 所示。

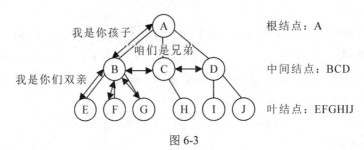

图 6-3

其他结点也是依次类推的哦，你自己去尝试推导一下喽。

对于每个结点而言，它们都还有一个自身属性，就是度的概念。所谓的度，指的是该结点所对应孩子结点的个数。

还是以图 6-1 中 B 结点为例吧。

因为 B 结点有三个孩子结点，所以 B 结点的度为 3。同理，C 结点的度为 1，D 结点的度为 2，而所有叶结点的度均为 0，因为它们都没有后继结点即孩子结点嘛，嘿嘿，所以度为 0，也算是叶结点的特点哦。😊

除了度的概念，估计各结点还拥有的自身属性估计就是深度的概念了吧。

其实深度这个概念是分为两种的，一种是树的深度，一种是结点的深度。想要获得结点的深度就必须先知道树的深度，所以咱就先从树的深度说起吧。

树的深度也成树的高度，而且其实树的深度一句话就能说清楚：树中结点的最大层次数。

那什么叫层次呢？这个就有点像咱们现实生活中的楼层啦。在树中每一行结点就是一层，层数从根结点向下延伸，依次递增，如图 6-4 所示。

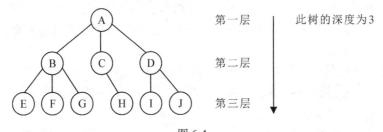

图 6-4

这样讲清楚树的深度之后，结点的深度也变成一句话就可以讲明白的东东啦。结点的深度即此结点在树中所在的层次数。

依然以图 6-1 中 B 结点为例，因为它在树中的层次数为 2，所以它的深度就是 2。

哎，说到这忽然想问你个问题啊，一棵树叫做树的话，那么一堆树在一起应该叫什么呢？嗯，在现实中咱们管它叫森林，那么在数据结构中咱们管它叫什么咧？

嘿嘿，也叫森林呗，而且这种森林采用的逻辑结构是咱们第一次遇到的结构哦，它的逻辑结构是集合。因为在这个森林中的所有树之间彼此相互是独立的，所以使用的是集合这种相对松散的结构来表示。哦，如果忘了什么是集合结构的话，可以回头去看看 1.4 节哦。

嘿嘿，这样的话，这节就讲得差不多喽。因为概念挺多的，所以咱再回顾一遍吧。

树结构中的三种结点分别是根结点、中间结点和叶结点，分别类比的是现实树中的树根、树干和树叶。它们各自的特点是根结点没有前驱结点；中间结点既有前驱结点又有后继结点；而叶结点只有前驱结点没有后继结点，因此叶结点的度永远为 0。

度指的是该结点的后继结点的个数。

对于一个结点而言，它的前驱结点是它的双亲结点，后继结点是它的孩子结点，由一个双亲结点引出的孩子结点之间互称为兄弟结点。

结点的深度指的是该结点在这棵树中所在的层次数，而树的深度则是指该树的最大层次数，也可称为树的高度。

森林是一种集合结构，指的是多棵不相交的树的集合。

嗯，感觉貌似就这些东西喽，记住它们还是有点用的哦。🙂

还有一个点就是，树结构一定存在且只存在一个根结点。换句话说，作为树，最小的组成就是只有一个结点，即根结点。不能出现一个结点都没有的空树。

那接下来就来讲一讲树的存储结构吧。

6.2　树的存储结构

嘿嘿，说到存储结构的话，咱们讲过的有两种。一个是以数组为代表的顺序存储结构，另一个是以链表为代表的链式存储结构。虽然说这两种结构都可以用来表示树结构，但是，很明显有一种结构并不是非常适合，你猜哪种不是非常适合咧？

嗯啊，就是顺序存储结构啦。你看啊，如果用顺序存储结构……算，就说是用数组吧。如果用数组来构建一棵树，它很明显没有树的层次感啊，就像图 6-5 这样。

明明是棵树，像这样被"平拍"进数组以后简直看不出它是棵树了……根本看不出来谁是谁双亲谁是谁孩子，毫无归属感。

哎等会，你这存在数组里的时候不是顺序存储的吗？只要将数组做个设定，标明从哪到哪是第一层树，从哪到哪是第二层不就行了嘛？

哎呀，说得简单，没发现上面这棵树的每个中间结点的孩子结点个数都不一样嘛？这样子怎么能看出谁是谁孩子咧？只能分辨出树的层数而已。而且前面有个猛料还一直没说：这些结点的数据在数组中极有可能不是连续存储的！

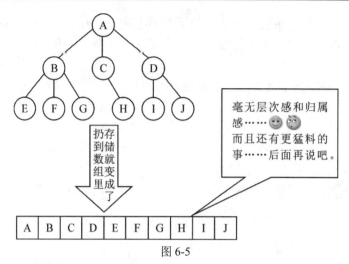

图 6-5

因为每个中间结点都可能有结点嘛，所以要给每个中间结点都预留好足够的孩子结点的存储空间。但是问题来了，学挖掘机……呸😊问题是不一定每个中间结点都会再有孩子结点或者孩子结点数较少，这就造成了原本留给它孩子结点的空间是空着的。比方说图 6-1 所示这棵树吧，假设数组中给每个中间结点预留的孩子结点数是 3，那么这棵树"平拍"进数组的时候其实是像图 6-6 这样被存储的，即留给结点 C 和结点 D 的孩子结点空间并没有用完，而且这只是预留 3 个空间时的样子哦，如果碰到了因为个别结点的孩子结点特别多所以预留空间很大的话……😊那么除了那几个个别结点以外的其他中间结点的剩余空间会很吓人……😊😊

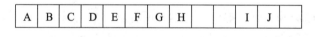

图 6-6

综上咧，这里是不推荐使用数组来构建树结构的。而且这个数组不局限于普通基本类型的数组，也包含结构体数组，它俩在存储和表示归属的时候问题是一样的，所以都不是很提倡。

啊，当然，如果真的要用的话，也是完全没问题的，只要考虑周密些别造成数组溢出或伪溢出就行。毕竟，数据结构中，真相，不只有一个嘛。😁😊😎

话都说到这啦，在构建树结构时应该使用啥存储结构来构建已经很明显啦，以链表为代表的链式存储结构喽。😊

怎么用链式存储结构来表示树中结点之间的归属关系咧？这里一共有三种比较常用的方法，分别是双亲表示法、孩子表示法和孩子兄弟表示法。

咱接下来一个个说吧。😊

1. 双亲表示法

就像刚才讲顺序存储的弊端时讲到的那样，因为对于树的结点而言 每个结点都可以有任意个孩子结点，需要有一种方法可以辨识出这种归属关系。所以，双亲表示法就应运而生啦。

双亲表示法，顾名思义，就是一种拥有指向双亲指针的结点，这种结点如图 6-7 所示。

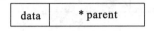

图 6-7

结点中数值域的内容不限，但是指针域中只有一个指针，名为 parent，即双亲，意为指向双亲结点的指针。

使用双亲表示法的树结构关系如图 6-8 所示。

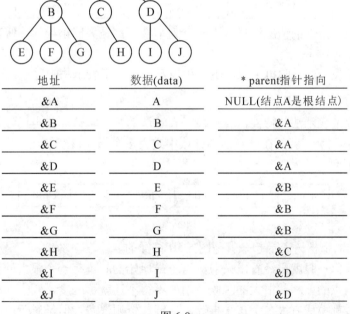

地址	数据(data)	* parent指针指向
&A	A	NULL(结点A是根结点)
&B	B	&A
&C	C	&A
&D	D	&A
&E	E	&B
&F	F	&B
&G	G	&B
&H	H	&C
&I	I	&D
&J	J	&D

图 6-8

这种表示法有一种非常明显的特点，就是可以十分快速地找到某个结点的双亲结点甚至祖先结点。但是要想知道谁是它的孩子结点或者兄弟结点的话……啊哦……貌似只能每次都先把它遍历一遍喽。所以双亲表示法很多时候为了满足实际需求，会再加入类似*firstchild(指向该结点第一个孩子结点的指针)、*rightsib(指向该结点右侧相邻兄弟结点的指针)等特殊指向的指针。

这里就先拿这两种特殊指针为例看看结构关系如何表示吧,如表 6-1 所示。

表 6-1

地址	数据(data)	* parent	* firstchild	* rightsib
&A	A	NULL	&B	NULL
&B	B	&A	&E	&C
&C	C	&A	&H	&D
&D	D	&A	&I	NULL
&E	E	&B	NULL	&F
&F	F	&B	NULL	&G
&G	G	&B	NULL	NULL
&H	H	&C	NULL	NULL
&I	I	&D	NULL	&J
&J	J	&D	NULL	NULL

加入其他特殊指针的情况这里就不一一列举喽,都是大同小异的,等碰到了可以自己研究研究哦。😊

说完了双亲表示法,咱再来看看下一种表示法,孩子表示法吧。😁

2. 孩子表示法

根据前面双亲表示法的特性,看到孩子表示法的名字时估计你也已经猜到它的具体表示方法了吧,😁 嗯啊,就是在结点的指针域中定义多个指向孩子结点的指针,它的最原始版本如图 6-9 所示。

data	* child 1	* child 2	* child 3	...	* child n

图 6-9

图 6-1 所示的那棵树表示起来就是图 6-10 这样的。

嘿嘿,估计你一眼就已经看出来啦,这个最原始的版本有一个很大的资源浪费问题,就是在树中各结点的度相差很大的时候,咱就不得不迁就那些度比较大的结点,然后将所有结点的指针域都搞成有很多个孩子指针,这纯属资源浪费。但是对于所有结点的度都差不多的时候,这个缺点反而成了优点,因为几乎所有空间都能够物尽其用了。😁

但是人总是要往完美方向走的嘛,所以后来人们发明了一种改进的方法,就是在数值域里加了一个 num 变量专门用来记录该结点的度,并且根据它的度来判断应该给它几个指向孩子结点的指针,如图 6-11 所示。嘿嘿,动态分配的优点很明显地显现了呢。😁

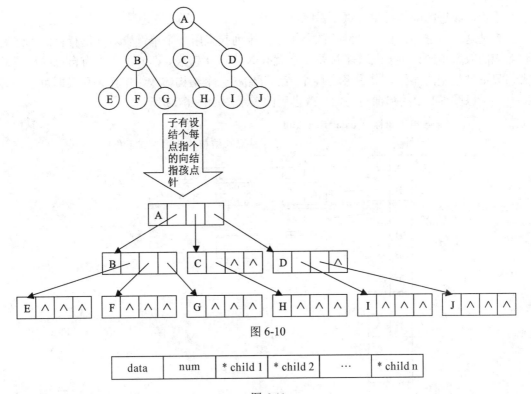

图 6-10

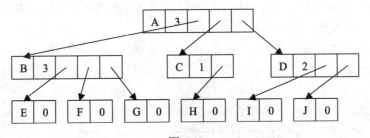

图 6-11

这样经过改进之后的表示图如图 6-12 所示。

图 6-12

嘿嘿，看起来是不是瞬间就节能环保了很多咧？😀😁

哎，但是还有一个小缺陷没有解决哦，就是和双亲表示法一样，孩子表示法在这时也遇到了一个类似的尴尬：这样的结构设计可以很容易的知道某个结点的孩子结点都有谁，但是想通过某个孩子结点去寻找双亲结点的难度却很大。因为它没有指向双亲的指针，所以想要知道的话也是需要对树进行完全遍历。哎呀，这个要怎么优化呢？😌

嘿嘿，改进的版本我觉得很不错哦。

它是这样改进的：把每个结点的孩子结点排列起来用一个单链表对其进行存储，然后将对应的双亲指向该链表。这样 N 个结点就有 N 个孩子链表，即叶结点也有自己的孩子链表，只不过是空的而已。最后将这 N 个结点存储在一个结构体数组中作为总表即可。

还是以图 6-1 中的那棵树为例，改进后的表示图如图 6-13 所示。

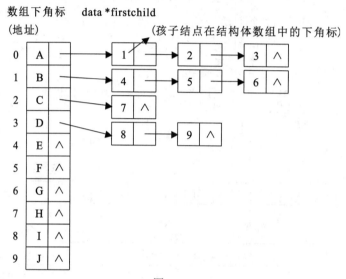

图 6-13

嘿嘿，这其实还不是最完美的版本哦，最完美的版本就是先给结构体指针里定义一个 num 变量，再根据每个结点的度让程序知道每个结点后面的孩子链表中有几个结点数据。这个版本可以自己实现一下哦，不难的。

讲完双亲表示法和孩子表示法，接着咱们来看看第三种表示法：孩子兄弟表示法吧。

根据前两个表示法名字和结构的联系，你能猜出来这第三种表示法的结构会是什么样子吗？

嗯……它的每个结点差不多都如图 6-14 所示。

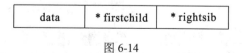

data	* firstchild	* rightsib

图 6-14

嘿嘿，也就是说咧，在孩子兄弟表示法中，树中的每个结点的指针域中一般都有两个指针变量。一个是指向该结点的第一个孩子结点的指针，另一个是指向该结点的右侧兄弟的指针。

哎？为啥说是"一般都有"咧？

嘿嘿，因为很多时候孩子兄弟表示法也是要经过改进使用的。比方说如果想知道某个结点的双亲结点和祖先结点分别是谁，那么现在这种只有这两个指针变量的结点显然不好用啊，所以这个时候可以考虑再给每个结点加一个指向该结点的双亲结点的指针变量，这样子就会方便很多啦，这里就不多说啦，就只拿最基础的这种孩子兄弟式结点作为例子喽，其他的可以自己试验下哦。😄

按照孩子兄弟表示法来表示图 6-1 的那棵树的话，就会把它变成图 6-15 这个样子。

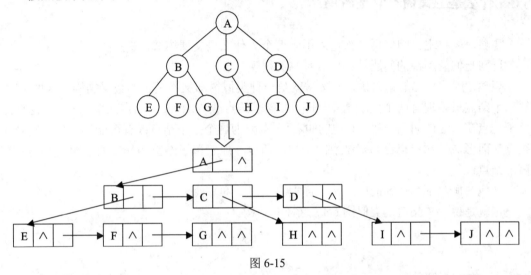

图 6-15

孩子兄弟表示法的一个好处就是可以轻松地把一棵树转换成二叉树，然后使用二叉树的算法来解决计算问题。比方说图 6-1 的那棵树其实就已经被转换为二叉树啦，只是画的不像而已😊

加工各结点所画的位置，孩子兄弟表示法的表示图如图 6-16 所示。

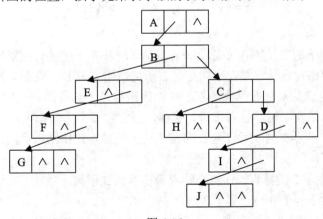

图 6-16

看，是不是一棵二叉树咧。😁

哎，等会，你说过啥是二叉树吗？

嗯，那么问题来了……

6.3 什么是二叉树？它是树吗？

嘿嘿，颤抖吧。咱们再一次进入了十万个为什么语文课模式。😁😁

这回咱们要解决的问题是：什么是二叉树咧？

嘿嘿，用我自己的话来说，二叉树就是一种类似树却又不是树的数据结构。这种"树"的每个结点最多拥有两个孩子结点，即 0≤孩子结点数≤2 (0≤各结点的度 N≤2)，这两个孩子结点在左边的叫左子树，右边的叫右子树(因为这个孩子结点很有可能还有自己的孩子结点从而形成一颗以自己为根结点的子树，所以一般管孩子结点叫作左右子树而不是左右孩子结点)。

其他的概念都和普通的树结构一样哦。

也就是说，二叉树是类似图 6-17 这样的结构。

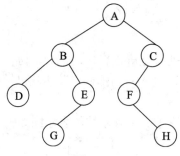

图 6-17

以这棵作为例子的二叉树就可以看出来，左子树和右子树是有区别的，即使某个结点只有一棵子树也要绝对区分它是左子树还是右子树。比方说 E 结点和 F 结点都是只有一颗子树的结点，但是 G 结点是 E 结点的左子树，H 结点是 F 结点的右子树。

嗯？怎么看它是左子树还是右子树？嘿嘿，看它往哪个方向偏呗。

G 结点偏于 E 结点左侧，所以是 E 的左子树上的结点，H 结点也同理喽。😁

嗯，总结一下，二叉树主要有以下三个特点：

1) 不存在度大于 2 的结点，即每个结点最多有两棵子树。哦，千万别理解成一定有两棵子树哦，它是大于等于 0 小于等于 2 的。😁

2) 左子树和右子树是有顺序的，即在画子树时左子树必须画到左面，右子树必须画到右面。

3) 即使某结点只有一棵子树，也一定要区分它是左子树还是右子树，然后将它画在正确位置，另一个没有子树的位置留空。

因为有了左右子树的区分，所以二叉树的基本形态一共有五种。

1. 空二叉树

顾名思义，就是压根没有实体的二叉树，连根结点也没有。

2. 只有根结点的二叉树

顾名思义，只有一个根结点，没有任何子树。嗯，可以想象成被砍伐之后只剩下根的树。

3. 只有左子树

整棵树的所有结点都是只有左子树而没有右子树，换句话说就是整棵树里没有一个在画图中是向右偏的结点，如图 6-18 所示。

4. 只有右子树

嗯啊，就是和只有左子树的树刚好反过来、整棵树只有右子树的二叉树，如图 6-19 所示。

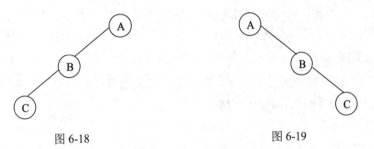

图 6-18　　　　　　　　　　　　　图 6-19

5. 既有左子树又有右子树

嘿嘿，这个就是最好理解的二叉树啦，整棵树中左右子树都存在，如图 6-20 所示。

说完了二叉树的五种基本形态，几种特殊的二叉树就呼之欲出喽。

1. 斜树

嗯，斜树，顾名思义，就是一棵斜着的二叉树。😁

嘿嘿，根据前面说过的二叉树基本形态，能不能猜到斜树的种类喽。

嘿嘿，嗯啊，二叉树的斜树有两种，分别是左斜树和右斜树。它们分别指的是整棵树只有左子树或只有右子树的情况，如图 6-21 所示。

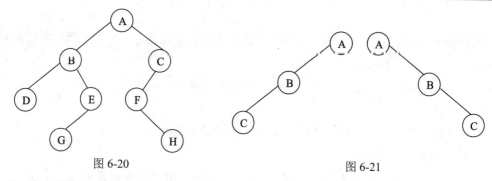

图 6-20 图 6-21

2. 满二叉树

这个就比较有意思啦，什么样的二叉树能称作"满"呢？

嗯，满，圆满的满，丰满如我的满。😁 嗯，貌似是个很有喜庆和完美意思的字啊，那满二叉树是不是就是传说中"完美"的二叉树呢？

嘿嘿，差不多啦。所谓的满二叉树指的是所有的分支结点都有自己的左子树和右子树，并且所有的叶子结点都在二叉树的同一层上。说得通俗一点就是整棵树所有的中间结点的度都是 2，而且所有的叶子结点都在这棵二叉树的最后一层上。

满二叉树长得样子嘛，差不多就是类似图 6-22 这样的。

喏，你看吧，是不是所有中间结点的度都为 2，而且所有叶子结点都在同一层咧。😁😎为什么我在满二叉树这说这么多咧？嘿嘿，因为它经常被和完全二叉树搞混……

3. 完全二叉树

你看看，完全二叉树……这小名字，乍一看简直就跟满二叉树是一个东西啊。但是……但是……它们真心不是一个东西……🙂

其实到现在我对完全二叉树的形态都很模糊……因为它实在是太容易和满二叉树搞混了。😵

其实严格地说，满二叉树算得上是完全二叉树中的一个特例，也就是说完全二叉树包含满二叉树。这样一说谁的覆盖范围更大就很明显啦，也就是说"完全"并不是代表着一定要"满"，这就有点像数码宝贝里的完全体和究极体之间的关系：究极体一定是由完全体进一步进化得来，而完全体却不一定是究极体。

哎，说了这么多，那到底什么是完全二叉树啊？

嘿嘿，就拿满二叉树和它做个比较吧。所谓的"满"指的是叶子结点那一层是满的，即所有中间结点都有两个孩子结点，此称为"满"。

而"完全"则指的是最后一层叶子结点并没有满，如图 6-23 所示。

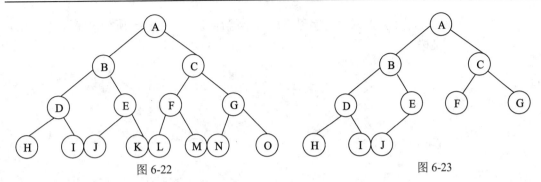

图 6-22　　　　　　　　　　　　　　　　图 6-23

所以说，其实满二叉树是完全二叉树的特例。

最好理解完全二叉树的方法就是把它理解成为叶子结点那层没"满"的满二叉树，即倒数第二层的中间结点中有度小于 2 的结点存在。

贴个图，看图 6-24，这样应该比较好理解的哈。😁😎

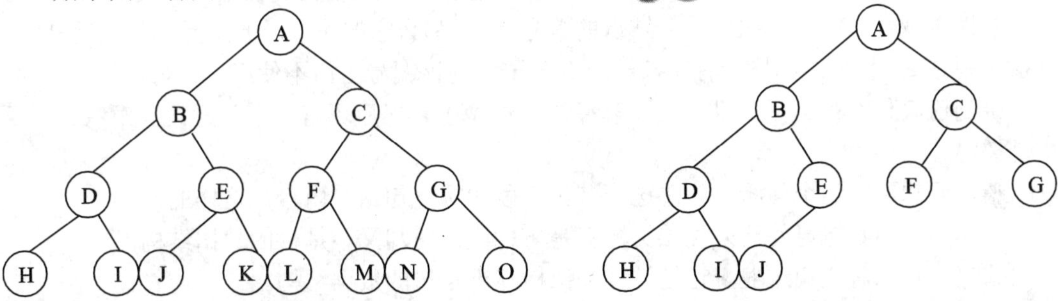

(a) 一棵满二叉树　　　　　　　　　　　　(b) 一颗完全二叉树

图 6-24

你看它俩之间的区别是不是就是叶子结点那一层有没有"满"啊？满二叉树的所有中间结点的度都是 2，而完全二叉树有的中间结点度不是 2 (比方说完全二叉树图中的 E、F、G 三个结点)，从而导致了完全二叉树的叶子结点没有在同一层，结果使得最后一层不"满"。

这样总结起来的话，完全二叉树有这么几个特点喽。

(1) 叶子结点只出现在最下面两层；

(2) 最下层的叶子结点一定集中在左边且位置连续；

(3) 倒数第二层若有叶子结点，一定都在右部且位置连续；

(4) 如果结点度为 1，则该结点只有左孩子，即不存在只有右子树的情况；

(5) 同样结点数的二叉树，完全二叉树的深度最小。

上面这几条可以用来判定一棵树是不是完全二叉树。但我个人更喜欢另外一种简单的方法哦，就是自己默默给每个结点按满二叉树的结构逐层顺序编号，如果中间出现断档，就肯定不是完全二叉树，反之就一定是喽。😁

嗯？怎么编号？嘿嘿，把图中的字母换成数字就行喽，如图 6-25 所示，编号没有出现断档，是完全二叉树。

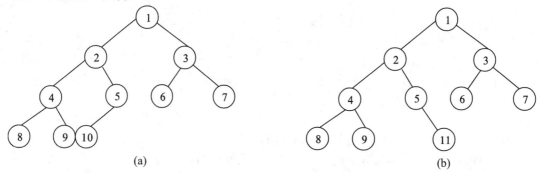

图 6-25

哎，写到这就出现问题啦，你怎么知道编号是按这种顺序呢？嘿嘿，二叉树的结点编号是有性质规定好的哦。如果一个结点的编号是 i，那么它的左孩子的结点编号则是 $2 \times i$；右孩子则是 $2 \times i + 1$；如果没有左孩子或右孩子，则该编号留白不使用。

讲到这，什么是二叉树目测已经解释的蛮清楚了。然后还有一个问题没有解决：二叉树是树吗？

嗯，要想回答这个问题，请看这一节第 3 段的第一句话，内容是这样的：

"嘿嘿，用我自己的话来说二叉树就是一种类似树却又不是树的数据结构。"

嗯哼，我当时就说过啦，它是一种类似树却不是树的数据结构。

那它和树差在哪呢？最明显的差别是，首先二叉树允许存在空树，即没有任何结点的树。而树必须有根结点，换句话说，最小的树就是只有一个结点，作为根结点的树，不存在空树。

其次，树没有严格的左右子树区别，而二叉树则必须区别。

最后，树中结点的度没有严格限定，可以为任意非负整数，即可以有任意个孩子结点；而二叉树中任何结点的度最多只能为 2，即有两个孩子结点。

所以，从性质上来看，二者是完全不同的哦。😁

哎，说到这，那二叉树是如何存储的咧？嘿嘿，咱来看看吧。

6.4 二叉树的存储结构

哎，终于结束了噩梦一样的十万个为什么语文课，🙂这节来看看二叉树的存储结构吧。咱在前面章节讲过树的存储结构，当时说过树可以分别使用顺序存储结构和链式存储结构这两种存储结构来构建。而且当时讲过对于树结构而言，构建时更适合使用链式存储结构来实现。那二叉树是不是也和树一样是更适合使用链式结构呢？嘿嘿，咱来看看吧。😊

在前面咱们已经讲过啦，二叉树是严格的有向树，即孩子结点是严格区分左右的，并且每个结点都有各自的编号。如此这般，如果使用顺序结构的数组来构建树，会是什么样子咧？

嗯，就会是图 6-26 这样的。

哎，发现没？结点在数组中存储位置的下角标就是这个结点在二叉树中的结点编号啊。也就是说无论这棵二叉树长什么样，这个数组下角标为 0 的元素空间都是不会存储任何内容的。

嗯，如果光是这么看的话，貌似用数组存储好像很"省料"啊。你看，除了数组第一个元素空间没使用，其他空间的利用率都很高啊。如果想利用 0 下角标的位置也是可以的，直接默认所以树结点编号在存储时减 1 就好，这就更"省料"了，而且如果想找出层次关系的话就直接根据数组下角标去对应该结点的结点编号，再根据结点的编号方法就可以找到它的双亲、兄弟、孩子都是谁。这么说来使用数组构建二叉树好像不像构建普通树那样效果糟糕。

嗯，猛地一看貌似真的很和谐。但是，注意"但是"，这是因为咱们选择的这棵例子二叉树是一棵完全二叉树，它的结点编号是连续不间断的，所以在数组中的存储顺序也是连续的。那么，咱们换成另外一种极端的情况：如果这棵二叉树是左斜树或右斜树的话它在数组中的存储会是怎么样的呢？

咱就来画个左子树试试吧，如图 6-27 所示。

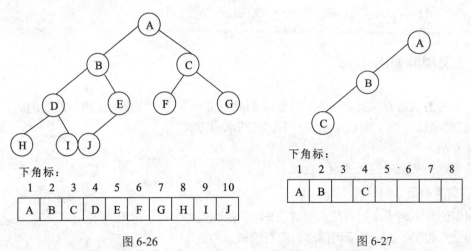

图 6-26　　　　　　　　　　　　图 6-27

嗯，就会是这个样子的。

哎，不对啊。你可能会问，明明只有三个结点，干嘛要构建这么大的数组啊？

嘿嘿，还记得吗？二叉树是一棵有向树，所以即使是不存在的结点的位置，也要给它留空出来。所以在构建数组时，一般把数组长度定义为可以满足这棵二叉树是满二叉树时的结点个数，即 2^k 个结点(k 为该二叉树的深度)。由于数组的首空间默认不会被使用，并且树的结点在数组中的存储位置是按照其结点编号入位的，所以数组被定义的长度其实是 $2^k + 1$ (k 为该二叉树深度)。

所以不管二叉树真正使用了多少个空间，这个数组的长度都是根据二叉树深度被硬性定义好的。结果就是出现了和用数组构建普通树时的尴尬问题：很多留空的数组空间最后并没有被使用。以数组被定义的长度是 $2^k + 1$ (k 为该二叉树深度)来算的话，如果你想构建一棵深度为 100 的树，那么数组的长度就会不由分说地被定义为 $2^{100} + 1$。但是猜都能猜到这棵二叉树是满二叉树的概率相当非常低，所以无疑会有很多空间最后根本没被用上，构成的浪费很难估量……

所以说咧，构建二叉树时推荐使用的结构依然是链式存储结构啦。这里还有个很好玩的概念，就是用链表构建的二叉树叫做二叉链表。

哎，那这个二叉链表和二叉树是啥关系咧？

嘿嘿，二叉树说到底只是一个逻辑结构，是抽象的。而二叉链表是二叉树的物理实现，是一种存储结构。它俩之间的关系是属于概念和实现、抽象和具体的关系哦，这就有些类似面向对象中的类与由该类实现的对象之间的关系。

哎，你说了这么多，那到底该怎么用链表来构建二叉树啊？

嘿嘿，别急，咱这就要讲这部分内容喽。😊

不过在讲构建之前，要先插入另一个知识点，它就是……

6.5 二叉树的遍历

二叉树的遍历方法有很多种，这里咱们就只讲一下比较常用的三种：前序遍历、中序遍历和后序遍历。这节咱们主要讲一下它仨的遍历方式和具体算法。

那咱就先从前序遍历开始讲起吧。

1. 前序遍历

所谓的前序遍历，指的是从根结点开始依次先前序遍历根结点的左子树，然后再前序遍历右子树。当然，如果二叉树为空树，那函数就直接返回了，遍历顺序效果图如图 6-28 所示。

根据前序遍历方式，可以看出来每个结点都要有指

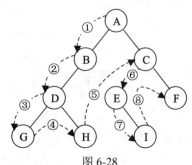

图 6-28

向左右孩子的指针。嘿嘿,那么你能猜到应该如何进行算法设计吗?提示:使用递归的时候到啦。

例如:

```
#include<stdio.h>
struct tree //声明作为结点的结构体 tree
{
    char data;
    tree *rchild,lchild;
};


typedef struct tree T;//声明结构体别名

void tree_pre_order_travel(T *t1)//前序遍历算法函数
{
    if(t1 == NULL)//如果该结点为空则返回
    {
        return;
    }

    //否则输出该结点数值域中的内容,也可是其他操作
    printf("%c",t1->data);

    tree_pre_order_travel(t1->lchild);//并依次遍历其左子树和右子树
    tree_pre_order_travel(t1->rchild);
}
```

这段代码没有 main()函数,所以是不能运行的哦。这么写只是想让你看一下遍历函数的写法而已。

咱来看看这段代码吧,主要内容就是一个用来进行前序遍历的 tree_pre_order_travel()函数,这个函数明显使用了递归算法。为什么这么说呢?咱们接着往下看。

它先对传入的结点 t1 进行了一次判断,判断它是否为空,如果为空则直接返回,否则输出该结点数值域中的内容并调用 tree_pre_order_travel()函数自身去判断 t1 的左孩子所在的左子树。然后这个函数会一直递归调用自身,直到 t1 的左子树被遍历完即在左子树中碰到 NULL 时,再逐层返回到第一次调用 tree_pre_order_travel()函数的位置,即 tree_pre_order_travel(t1)这个函数的位置,并开始执行下一句代码。

```
    tree_pre_order_travel(t1->rchild);
```

即以同样的方式再次遍历了 t1 的右子树,直到在其右子树中碰到 NULL 时再逐层返回。

此时 tree_pre_order_travel(t1)函数执行完毕,而该二叉树也已被以前序遍历方式成功完成遍历,所有结点的数值域内容均已被输出。

假设前面代码中的 t1 结点就是结点 A 的话,它的遍历顺序如图 6-28 所示。

这里比较难理解的可能就是递归啦,但是相信我,使用递归函数来遍历二叉树绝对是写法最简单的方法,不信等着讲后两种遍历时就知道啦,遍历函数的改动非常小。

这里需要你好好思考一下这个递归遍历的过程,只要这个遍历的递归算法搞懂了,其他两种遍历的算法就已经出来啦。

所以我在前面章节说过递归一定要学好一点点,因为在树的遍历这里很重要。

如果搞懂了,剩下的两种遍历算法就已经是信手拈来了哦。哦,当然,如果还没搞懂的话,说不定在这两种算法中会让你有更多理解的灵感哦。☺

2. 中序遍历

什么是中序遍历咧?先回想一下前序遍历吧。前序遍历是不是从根结点为起始,先前序遍历根结点的左子树,后前序遍历根结点的右子树咧?嘿嘿,中序遍历和前序遍历顺序是差不多的,也是先遍历根结点的左子树,后遍历右子树。但是,它不是从根结点开始遍历的,即不是以根结点为起始的,而是以左子树的最左侧叶子结点向上层中序遍历直到遍历到根结点,再中序遍历根结点的右子树。同样,如果该二叉树是空树,函数直接返回。中序遍历效果图如图 6-29 所示。

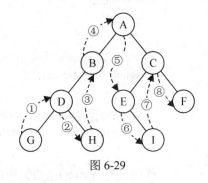

图 6-29

哎,你发现没啊,这两种遍历,虽然都是先遍历左子树后遍历右子树,但是遍历子树中结点的顺序是不一样的。嘿嘿,这就是为什么我在这两种遍历的概念里加上了"前序"和"中序"的原因。前序遍历的遍历顺序类似"从上到下",中序遍历的遍历顺序类似"从下到上"。等下的后序遍历和它们俩还不一样哦。😁不过别担心,不难的。

为什么说不难呢?这遍历顺序看起来十分复杂啊!嘿嘿,其实中序遍历的遍历算法如果也用递归来完成的话,那么它的代码和前序、后序的代码是完全一样的,只是代码的执行顺序不一样而已。

例如:

```
#include<stdio.h>
struct tree //声明作为结点的结构体 tree
{
    char data;
```

```
        tree *rchild,lchild;
    };

    typedef struct tree T;//声明结构体别名

    void tree_mid_order_travel(T *t1)//中序遍历算法函数
    {
        if(t1 == NULL)//如果该结点为空则返回
        {
            return;
        }
        tree_mid_order_travel(t1->lchild);//先中序遍历左子树哦
        //输出各结点数值域中的内容，也可以是其他的操作
        printf("%c",t1->data);
        tree_mid_order_travel(t1->rchild); //再中序遍历右子树
    }
```

你看喽，其实这段代码只是改变了一下前序遍历的代码的执行顺序而已，改变了哪些代码的执行顺序咧？嘿嘿，其实就只把其中两句话互换了一下位置。在前序遍历中咱们是先输出了结点数值域的内容，再依次前序遍历左子树和右子树。而这回，咱们是先从根结点开始中序遍历左子树，再依次输出结点数值域内容，最后再从根结点开始中序遍历右子树。即这个遍历虽然是从根结点开始的，但是输出不是从根结点开始的，而是从左子树的最左端叶子结点开始的，这样就满足了中序遍历概念中的要求。

中序遍历的结果顺序和图 6-29 的示例图是一样的，如果觉得哪里没递归明白可以看着图中的遍历顺序慢慢捋一捋哦。☺

3. 后序遍历

说到后序遍历，根据前两种遍历的特性，你能猜到这回的遍历顺序吗？

嘿嘿，后序遍历的顺序如图 6-30 所示。

能看懂吗？嘿嘿，它是从左子树开始从左到右以先叶子结点后中间结点的顺序遍历二叉树的哦，也就是说，这回根结点是最后一个被遍历的结点哦。

算法的话前面已经提示过啦，也是根据前序遍历的算法改变一下执行顺序就 OK 啦。你能想到这回的执行顺序吗？

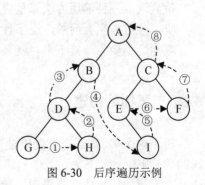

图 6-30　后序遍历示例

例如：

```
#include<stdio.h>

struct tree //声明作为结点的结构体 tree
{
    char data;
    tree *rchild,lchild;
};

typedef struct tree T;//声明结构体别名

void tree_last_order_travel(T *t1)//后序遍历算法函数
{
    if(t1 == NULL)//如果该结点为空则返回
    {
        return;
    }
    tree_last_order_travel(t1->lchild);//先后序遍历左子树哦
    tree_last_order_travel(t1->rchild); //再后序遍历右子树
    //输出各结点数值域中的内容，也可以是其他的操作
    printf("%c",t1->data);
}
```

你看喽，这回是先从根结点执行了对左子树的后序递归遍历，再执行了对根结点的右子树的后序递归遍历，最后输出根结点的值，满足了根结点是最后被遍历的结点的要求。

这个遍历算法的执行顺序如图 6-30 所示，第一次从根结点开始后序遍历左子树，遍历到 G 结点后，因为碰到了 NULL，开始输出结点内容。其他的也是以此类推哦。

说到这，三种遍历方法算是讲完了。

哎，你可能又会问啦，说了什么多，这二叉树起初是怎么构建出来的呢？

嘿嘿，不要急，接下来，就要讲了。😊

6.6 二叉树的构建

说了这么多，都还一直没讲过二叉树是怎么构建的呢……😊所以这节咱就来讲讲二叉树的构建吧。😊

二叉树的构建依然是采用了递归的方法，但既然要建二叉树，那就有一个问题啦，怎

么能让程序知道这棵子树已经构建完了呢？总不能让它一直递归下去吧……😊所以咧, 咱们可以定义一个标识来代表 NULL, 一旦程序得到的是这个标识, 就意味着这棵树的这个结点已经是叶子结点没有孩子了。比方说咱们拿'#'作为 NULL 标识, 那么程序在获得'#'符号输入的时候就会自动停止递归。

　　也就是说, 如果咱们想通过前序遍历构建图 6-31 所示的一棵二叉树, 那么咱们在输入的时候其实输入的内容如图 6-32 所示。

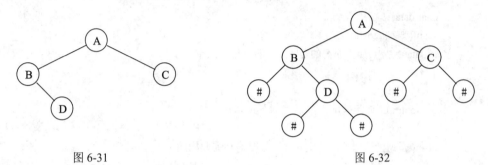

图 6-31　　　　　　　　　　　　　　　　　　　图 6-32

那应该如何构建算法咧？嘿嘿, 就是这样喽。

例如:

```c
#include<stdio.h>
#include<stdlib.h>
struct tree        //声明作为树结点的结构体
{
    char data;
    struct tree *lchild;
    struct tree *rchild;
};

typedef struct tree T; //声明别名
typedef T* Tptr;

int main(void)
{
    Tptr head;
    Tptr pre_order_tree(Tptr t);    //二叉树前序构建函数声明
    void pre_order_tree_travel(Tptr t);//二叉树前序遍历函数声明

    head = pre_order_tree(head);
```

```
        pre_order_tree_travel(head);

        return 0;
    }


Tptr pre_order_tree(Tptr t)//二叉树前序构建函数具体实现
{
    char data;
    scanf("%c",&data);//从屏幕获取字符
    if(data == '#')//如果获得的是'#'，证明该结点为空
    {
        t = NULL;
        return t;//返回地址
    }
    else //否则为该结点申请空间并进行赋值和递归构建
    {
        t = (Tptr)malloc(sizeof(T));
        if(t == NULL)
        {
            printf("error!");
            return;
        }
        t->data = data; //赋值
        //对其左右子树继续进行递归构建
        t->lchild = pre_order_tree(t->lchild);
        t->rchild = pre_order_tree(t->rchild);
        return t; //返回结点地址
    }
}


void pre_order_tree_travel(Tptr t)//二叉树前序遍历函数实现
{
    if(t == NULL)//如果该结点为空则直接返回
    {
        return;
    }
    printf("%c",t->data); //若该结点不空则输出结点内容
```

```
        pre_order_tree_travel(t->lchild);//前序遍历该结点的左右子树
        pre_order_tree_travel(t->rchild);
    }
```

运行结果如图 6-33 所示。

图 6-33

这回这棵二叉树比较简单，在书上这样画图讲应该也能讲的清楚，所以说这回咱来好好的分步画图吧。

首先，咱得先知道前序构建二叉树的构建顺序。嘿嘿，还记得前序遍历的顺序嘛？嗯啊，它是从根结点开始依次遍历左子树和右子树，即"根—左—右"的顺序，如图 6-34 所示。

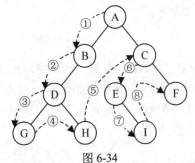

图 6-34

那么前序构建的顺序呢？嘿嘿，既然要构建的二叉树是能够被前序遍历正确遍历的，那么它的构建顺序也一定是完全符合前序遍历的遍历顺序啦，即前序构建算法也是从根结点开始构建并使用"根—左—右"的顺序。

那么，咱们输入的这段"AB#D##C##"是如何被构建的呢？咱先从代码开始讲起然后一步一步画图解释。

(1) 先从构建函数的代码开始说吧。

```
    Tptr pre_order_tree(Tptr t)//二叉树前序构建函数具体实现
    {
        char data;
        scanf("%c",&data);//从屏幕获取字符
        if(data == '#')//如果获得的是'#'，证明该结点为空
        {
            t = NULL;
            return t;//返回地址
```

```
        }
        else //否则为该结点申请空间并进行赋值和递归构建
        {
            t = (Tptr)malloc(sizeof(T));
            if(t == NULL)
            {
                printf("error!");
                return;
            }
            t->data = data; //赋值
            //对其左右子树继续进行递归构建
            t->lchild = pre_order_tree(t->lchild);
            t->rchild = pre_order_tree(t->rchild);
            return t; //返回结点地址
        }
    }
```

首先，它定义了一个 char 类型的 data 变量，然后使用这个变量每次从屏幕获取一个字符，函数会判断这个字符，如果是'#'号，就判定当前这个结点是空结点，所以直接给 t 指针赋值 NULL 并返回；反之如果获取到的不是'#'号，就判定该结点存在，所以就为其申请空间并对其内的 data 变量进行赋值，即

```
        t->data = data; //赋值
```

最后呢，便是递归调用函数自身去构建当前结点的左右子树啦。

哎，你可能会说：感觉你说起来很容易，你知道递归过程嘛！

嘿嘿，当然喽，不然怎么能来教你咧。

现在咱就来一步一步画图讲这个递归创建过程吧。

首先，咱们输入的第一个字符是'A'即非空且 data 的值是 A 所以函数会申请一块新空间并对其进行赋值之后就有了第一个结点也是根结点的结点 A，如图 6-35 所示。

Ⓐ

图 6-35

注意，这时候函数只是执行到了

```
        t->data = data; //赋值
```

还没执行递归呢，接下来就是好戏时间喽，函数执行了这条语句：

```
        t->lchild = pre_order_tree(t->lchild);
```

即开始递归创建结点 A 的左子树，并且将地址返回给 t->lchild 指针变量。既然执行了函

数自身，就意味着这个函数又从屏幕获取了一个字符并判断是不是'#'号，这回它获取到的是'B'，所以和创建结点 A 一样再一次申请空间并赋值。注意了这个时候函数还是只执行到

　　　　t->data = data; //赋值

这条语句，此时的状态如图 6-36 所示。

图 6-36

哎，B 结点不是 A 结点的孩子结点吗？为什么没有连起来咧？嘿嘿，仔细看看构建函数的代码，它是在函数执行结束时才会 return t;即返回 t 的地址，现在两个函数执行到如图 6-37 所示的这一步，即都还没有执行完毕，所以函数并未有返回值，因而各指针还没有连到一块。简单说就是两个结点都已经构建了，但是它俩彼此不"认识"。😀

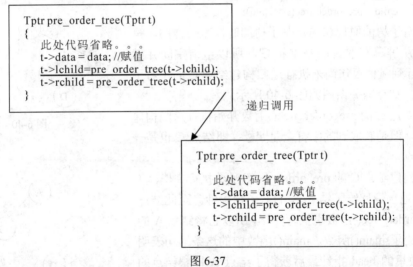

图 6-37

接下来 B 结点开始构建自己的左右子树，函数第三次从屏幕获得的字符是'#'号，所以B 的左子树是空的即没有左子树。函数再次获取屏幕输入，获得右子树是 D，即再次调用自身开始执行第三层 pre_order_tree()函数去构建 D 结点。此时 B 结点的 pre_order_tree()函数执行到了

　　　　t->rchild = pre_order_tree(t->rchild);

即递归构建右子树但是还没执行完，所以不会给结点 A 返回地址。

当第三层 pre_order_tree()函数即构建结点 D 的函数执行到赋值语句时，当前结点状态如图 6-38 所示。

还是因为函数都没执行完，所以彼此间不清楚谁是谁的孩子以及彼此之间的关系。之后第三层 pre_order_tree()函数开始构建结点 D 的左右子树，但是两个都是'#'号，即结点 D 没有孩子结点，所以结点 D 是叶子结点。至此第三层 pre_order_tree()函数执行完毕，函数逐层返回地址。此时结点终于知道彼此之间的关系啦，效果如图 6-39 所示。

图 6-38   图 6-39

此时左子树的递归函数全部返回，所以结点 A 的 pre_order_tree()函数开始执行下一条语句，即开始递归构建结点 A 的右子树。

      t->rchild = pre_order_tree(t->rchild);

构建右子树的原理和构建左子树的时候是一样的，第一次函数从屏幕获取到的是字符'C'，所以申请空间并赋值。在执行到赋值语句尚未执行递归构建结点 C 的左右子树的时候，结点间关系图如图 6-40 所示。

之后结点 C 的 pre_order_tree()函数开始执行递归构建左右子树，但是获取到的字符全是'#'号，即结点 C 也是一个叶子结点。

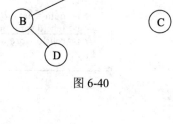

图 6-40

此时构建结点 C 的 pre_order_tree()函数执行完毕，将结点 C 的地址返回给了结点 A 的右子树指针。至此结点 A 的 pre_order_tree()函数也执行完毕，所以它将结点 A 的地址返回给了 main()函数。main()函数中的这条语句表明 main()函数里的 head 指针最后获得了结点 A 即根结点的地址。

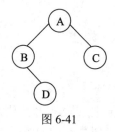

图 6-41

      head = pre_order_tree(head);

至此，整棵二叉树构建完成，如图 6-41 所示。

(2) 然后咧，咱再来讲讲前序遍历函数吧，先把代码切过来吧。

```
        void pre_order_tree_travel(Tptr t)//二叉树前序遍历函数实现
        {
            if(t == NULL)//如果该结点为空则直接返回
            {
                return;
```

```
        }
        printf("%c",t->data); //若该结点不空则输出结点内容
        pre_order_tree_travel(t->lchild);//前序遍历该结点的左右子树
        pre_order_tree_travel(t->rchild);
    }
```

这段代码前面已经解释过了，这里咱就来讲讲它是怎么递归的吧。

从 main()函数里这条语句

```
    pre_order_tree_travel(head);
```

可以知道传入到 pre_order_tree_travel()函数里的是结点 A 的地址，即整棵树是从根结点开始前序遍历的。

首先函数判断该结点是不是 NULL，嘿嘿，肯定不是啦。😁所以它输出了该结点的内容'A'并开始执行了这条语句

```
    pre_order_tree_travel(t->lchild);
```

哎呀，很明显喽，递归开始啦，pre_order_tree_travel()调用自身去遍历结点 A 的左子树，当然又要判断是不是 NULL 啦。因为结点 B 不是 NULL，所以输出了结点 B 的内容'B'并递归遍历结点 B 的左子树，但是发现左子树是 NULL，所以返回到了结点 B 的 pre_order_tree_travel()递归遍历函数中。之后结点 B 的 pre_order_tree_travel()函数开始执行下条语句，即

```
    pre_order_tree_travel(t->rchild);
```

递归遍历结点 B 的右子树，这回不是 NULL 啦，而是结点 D，所以输出了结点 D 的内容'D'并递归遍历结点 D 的左右子树，结果发现都是 NULL，所以再次返回到结点 B 的 pre_order_tree_travel()函数中。不过咧这回呢，结点 B 的 pre_order_tree_travel()函数也执行完了，所以返回到了结点 B 的双亲结点即结点 A 的 pre_order_tree_travel()函数中。所以结点 A 的递归遍历函数开始递归遍历结点 A 的右子树。当然啦，和遍历左子树是差不多的，首先找到了结点 C，因为不是 NULL 所以输出了结点 C 的内容'C'然后递归遍历结点 C 的左右子树，但是发现结点 C 的左右子树都是 NULL😊所以结点 C 的 pre_order_tree_travel()函数返回到了它的双亲结点即结点 A 的 pre_order_tree_travel()函数中。此时，结点 A 的 pre_order_tree_travel()函数也正式结束啦。所以程序结束，屏幕输出的内容依次是："ABDC"

我第一次写代码时给二叉树前序构建函数 pre_order_tree() 定义为了 void 型，如下述代码：

```
    int main(void)
    {
        Tptr head;
```

```
void pre_order_tree(Tptr t);    //二叉树前序构建函数声明
void pre_order_tree_travel(Tptr t);//二叉树前序遍历函数声明

pre_order_tree(head);
pre_order_tree_travel(head);

return 0;
}
```

结果遍历输出的时候总是崩溃或者啥也输出不，嘿嘿，原因是没有获取结点 A 的地址，head 指针是个没被赋值的"野指针"。

知道为什么 head 指针会成为野指针吗？你可能会说：哎，不对啊，你看你不是把 head 指针传给 pre_order_tree(head)函数了嘛，既然是传值调用，head 指针的内容就应该已经是根结点的地址了啊……嘿嘿，错啦。

```
pre_order_tree(head);
```

这条语句里的 head 只是个形参指针，说白了它不是 main()函数里的那个 head 指针，而是属于 pre_order_tree()函数的局部指针变量。它内容的修改和 mian()函数里的 head 指针完全没有关系，这里如果有点乱的话可以去翻翻《脑洞大开：C 语言另类攻略》书中指针内容哦。

讲完了前序构建和遍历，再来看看中序以及后序构建吧。不过这回就不一步一步画图了哦，需要你自己动脑跟上我的节奏喽。

在讲中序构建之前先回顾一下中序遍历的顺序吧。嘿嘿，没记错的话中序遍历是从左子树的叶子结点依次向上遍历直至遍历到根结点，再从根结点遍历到右子树的叶子结点，即"左—根—右"的遍历顺序。根据前序构建的特性，你应该猜出来中序构建的顺序了吧。嘿嘿，嗯啊，也是"左—根—右"了呗，如图 6-42 所示。

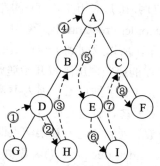

图 6-42　中序遍历图解

嘿嘿，这里可以先告诉你个惊天的秘密：其实无论是前序、中序还是后序构建，只要输入的内容一样，构建出来的二叉树其实是一模一样的。不信？嘿嘿可以尝试一下用前序构建然后中序输出，看看是不是字母的输出顺序和这个一样。

那为什么用不同种构建顺序构建的二叉树会是一样的呢？嘿嘿，其实构建出来的二叉树和构建顺序无关，所谓的构建顺序其实只是规定是构建在前还是赋值在前，说白了就是这三条语句顺序的排序问题。

```
t->lchild = mid_order_tree(t->lchild);

t->data = data;

t->rchild = mid_order_tree(t->rchild);
```

如果赋值语句在最前就是前序构建，在中间就是中序构建，在末尾就是后序构建。其实变化赋值语句位置改变的只是被赋值时间的先后而已，并没有实质地改变被赋值的内容的顺序。也就是说前序构建就是先给当前结点赋值之后再去判断下一个结点是否存在，存在就构建并赋值；中序构建是先判断下一个结点是否存在，存在的话先构建下一个结点，直到这一棵子树的所有结点都构建完了再回过头赋值，但赋值的内容和前序一样；后序构建是把整棵二叉树(中序是构建好半棵树全体赋值一次，后序是全构建好再全体赋值)都构建好了再全体赋值，赋值内容和前序还是一样，所以构建出来的树其实都是一样的。😁

不信？可以自己画画图，根据代码的执行顺序就能把整棵树画出来。你可以分别用前序、中序、后序构建"AB#D##C##"这棵二叉树然后比对一下看看是不是都是一样的。😁😁

例如：

```
#include<stdio.h>
#include<stdlib.h>
struct tree//声明作为树结点的结构体
{
    char data;
    struct tree *lchild;
    struct tree *rchild;
};

typedef struct tree T;//声明别名
typedef T* Tptr;

int main(void)
{
    Tptr head;
    Tptr mid_order_tree(Tptr t); //中序构建函数声明
    void mid_order_tree_travel(Tptr t); //中序遍历函数声明

    head = mid_order_tree(head);
    mid_order_tree_travel(head);
```

```
        return 0;
    }
    Tptr mid_order_tree(Tptr t)
    {
        char data;
        scanf("%c",&data);
        if(data == '#') //如果内容是'#'就返回
        {
            t = NULL;
            return t;
        }
        else    //否则申请新空间
        {
            t = (Tptr)malloc(sizeof(T));
            if(t == NULL)
            {
                printf("error!");
                return NULL;
            }
            //先中序构建完左子树再全体赋值
            t->lchild = mid_order_tree(t->lchild);
            t->data = data;
            t->rchild = mid_order_tree(t->rchild);//最后中序构建右子树
            return t;
        }
    }

    void mid_order_tree_travel(Tptr t) //中序遍历
    {
        if(t == NULL)
        {
            return;
        }
        mid_order_tree_travel(t->lchild);
        printf("%c",t->data);
        mid_order_tree_travel(t->rchild);
    }
```

程序运行结果如图 6-43 所示。

因为输入的内容和前序构建的时候输入的内容一样，所以构建的二叉树还是图 6-44 这棵树。

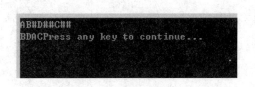

图 6-43   图 6-44

但是遍历顺序变成中序了，所以输出内容的顺序变了。因为中序遍历是从左子树的左边叶子结点开始的嘛，这棵树的左子树没有左边的叶子结点，所以第一个被输出的是 B 结点，之后是 B 结点的右子树 D 结点，然后是根结点 A 结点，最后是根结点的右子树，因为右子树只有一个结点即 C 结点，所以只输出了 C 结点。

感觉有点乱的话可以参考一下中序遍历的图再好好考虑一下哦。😊

后序构建和遍历也是大同小异的，因为前面说过无论是什么顺序构建的二叉树，只要输入的内容一样，构建的树是一样的。不过既然已经写到这啦，就一起写出来吧😁

后序遍历的顺序是先左子树后右子树最后是根结点 即"左—右—根"。

例如：

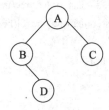

```
#include<stdio.h>
#include<stdlib.h>

struct tree//声明作为树结点的结构体
{
    char data;
    struct tree *lchild;
    struct tree *rchild;
};

typedef struct tree T;//声明别名
typedef T* Tptr;

int main(void)
{
    Tptr head;
```

```
        Tptr last_order_tree(Tptr t); //后序构建函数声明
        void last_order_tree_travel(Tptr t); //后序遍历函数声明

        head = last_order_tree(head);
        last_order_tree_travel(head);

        return 0;
    }

Tptr last_order_tree(Tptr t)
{
    char data;
    scanf("%c",&data);
    if(data == '#') //如果内容是'#'就返回
    {
        t = NULL;
        return t;
    }
    else    //否则申请新空间
    {
        t = (Tptr)malloc(sizeof(T));
        if(t == NULL)
        {
            printf("error!");
            return NULL;
        }
        //先后序构建完左右子树再全体赋值
        t->lchild = last_order_tree(t->lchild);
        t->rchild = last_order_tree(t->rchild);
        t->data = data;
        return t;

    }
}

void last_order_tree_travel(Tptr t) //后序遍历
{
```

```
        if(t == NULL)
        {
            return;
        }
        last_order_tree_travel(t->lchild);
        last_order_tree_travel(t->rchild);
        printf("%c",t->data);
    }
```

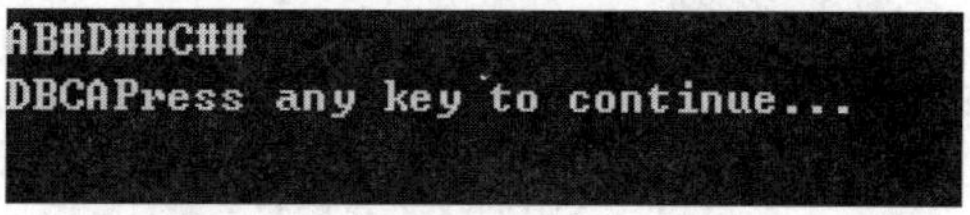

图 6-45

程序运行结果如图 6-45 所示。

输入的内依然一样，输出因为是后序遍历嘛，所以和前两个又不一样喽。😁有意思喽，同一棵二叉树，前序遍历输出的是 ABDC，中序遍历输出的是 BDAC，而后序遍历输出的是 DBCA。嘿嘿，因为前序遍历顺序是"根—左—右"，中序遍历顺序是"左—根—右"，而后序遍历顺序是"左—右—根"，所以输出不同啦。

如果还是有点乱的话可以自己画画图感受一下哦。😎🙊✊

至此，二叉树的构建就算是讲完啦，因为三种顺序构建出来的二叉树是一样的，所以如果不想记这么多的话只记住最常用的前序构建就 OK 喽。

不过三种遍历顺序一定要搞懂哦，无论是为了编程还是考试哦。🙂

6.7　二叉树的查找

既然学了这么多树的内容，就应该学以致用嘛。😀

所以咧，这一节咱们来介绍一种普遍用于搜索功能的二叉树：二叉查找树(又名：二叉排序树)。

那什么是二叉查找树咧？嗯，图形化的话，它就是如图 6-46 所示的二叉树。

有没有看出来它和普通二叉树在内容上有什么区别啊？嗯啊，它每个结点的值都不一样，这个是肯定的。😀其他的咧？嘿嘿，你可能已经发现啦，每个结点里的数据都大于它的左孩子结点的数据而小于右孩子结点的数据。

所以咧，二叉查找树有三个特性，分别是

(1) 每一个结点的值都不同，这个咱们已经看出来啦。

(2) 每个结点的数据大于左子树结点(如果有左子树的话)的数据并小于右子树结点(如果有右子树的话)的数据，这个咱们也已经看出来啦。

(3) 左右子树本身也是二叉查找树，这个也能看出来的。

那么为什么说这种二叉树便于查找呢？嘿嘿，举个例子你瞬间就能发现啦。

随机从 1～100 里选一个数字，然后我来猜你选的数字，你只能告诉我猜的数字是"大了"还是"小了"，这样的情况下，我一定能在 7 次之内猜出你选的是什么数字？

真的这么神奇？嗯啊，就是这么神奇，因为我构建了如图 6-47 所示的一棵二叉查找树。

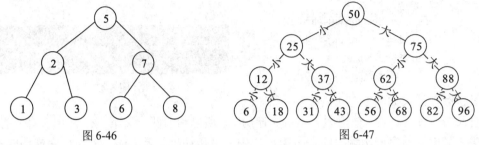

图 6-46   图 6-47

因为画 7 层的话太长啦，所以就只搞了 4 层意思一下哈。😎

只要这样折半猜测的话猜出 100 以内的任何一个数最多只需要 7 次机会哦。但是如果使用递归遍历的话，😵要 1～100 次机会哦(运气好的话第一个就猜对了，运气不好的话遍历到最后一个结点才猜对😊)

嘿嘿，由此可见喽，二叉查找树在进行搜索的时候效率相对于遍历算法可是很高的哦😁

不信？咱来做个实验吧。写棵二叉查找树然后分别使用二叉查找树查找和遍历查找来查找同一个数据，看看它俩在找到该数据时遍历过的结点个数谁多谁少就知道喽。

例如：

```
#include<stdio.h>
#include<stdlib.h>
struct tree        //声明作为树结点的结构体
{
    char data;
    struct tree *lchild;
    struct tree *rchild;
};

typedef struct tree T; //声明别名
typedef T* Tptr;

int main(void)
{
    Tptr head;
```

```
    char find;
    int num,num1;
    Tptr pre_order_tree(Tptr t);     //二叉树前序构建函数声明
    int pre_order_tree_travel_find(Tptr t,int num,char find);        //二叉树前序遍历搜索函数声明
    void btreefind(Tptr t,int num1,char find);                       //二叉查找法搜索函数声明

    num = 0;
    num1 = 0;//用于记录遍历过的结点的个数
    find = '7'; //假设要查找的数据为'7'
    head = pre_order_tree(head);//前序构建二叉树

    pre_order_tree_travel_find(head,num,find);//前序遍历法查找
    btreefind(head,num1,find); //二叉查找树法查找

    return 0;
}

Tptr pre_order_tree(Tptr t)//二叉树前序构建函数具体实现
{
    char data;
    scanf("%c",&data);//从屏幕获取字符
    if(data == '#')//如果获得的是'#' 证明该结点为空
    {
        t = NULL;
        return t;//返回地址
    }
    else //否则为该结点申请空间并进行赋值和递归构建
    {
        t = (Tptr)malloc(sizeof(T));
        if(t == NULL)
        {
            printf("error!");
            return;
        }
        t->data = data; //赋值
        t->lchild = pre_order_tree(t->lchild);        //对其左右子树继续进行递归构建
        t->rchild = pre_order_tree(t->rchild);
```

```
        return t; //返回结点地址
    }
}

//二叉树前序遍历查找函数实现
int pre_order_tree_travel_find(Tptr t,int num,char find)
{
    if(t == NULL)//如果该结点为空则直接返回
    {
        return num;
    }
    if(t->data == find)//如果内容相符，则输出
    {
        printf("找到该结点  总共遍历了%d 个结点\n",num);
        return 0;
    }
    else
    {
        num++;//如果当前结点内容不对，则加一次
        //前序遍历该结点的左右子树
        num = pre_order_tree_travel_find(t->lchild,num,find);
        num = pre_order_tree_travel_find(t->rchild,num,find);
        return num;
    }
}

void btreefind(Tptr t,int num1,char find)//二叉查找树查找函数
{
    while(t != NULL)
    {
        if(t->data == find)//如果找到，则输出
        {
            printf("找到该结点  总共遍历了%d 个结点\n",num1);
            break;
        }
        else //否则判断当前结点数据与要找的数据谁大谁小
        {
```

```
            num1++;
            //如果要找的数据大，则接下来找当前结点的右子树
            if(find > t->data)
            {
                t = t->rchild;
            }
            else //否则接下来找当前结点的左子树
            {
                t = t->lchild;
            }
        }
    }
}
```

程序运行结果如图 6-48 所示。

根据输入的内容可以看出，咱们构建的二叉查找树如图 6-49 所示。

图 6-48

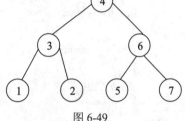

图 6-49

　　咱们要找的数据是'7'，在代码中定义了两种查找函数，分别是使用前序遍历查找算法的 pre_order_tree_travel_find()函数和利用二叉查找树的特点而使用构建折半查找算法的 btreefind()函数。在讲这段代码如何执行之前，先来看看这两个函数的具体实现吧。

　　首先先从 pre_order_tree_travel_find()函数开始吧，这个函数总共传入了三个参数，分别是指向当前被遍历结点的 t 指针、存储着要查找的数据内容的 data 变量以及记录遍历过的结点个数的 num 变量。在函数每次执行时，首先会判断当前结点是否存在数据，如果不存在数据即 t 指针内容为 NULL 的话就直接返回上层递归函数，并返回 num 变量的值；反之如果有数据，就判断该数据是不是要查找的数据。如果是就输出遍历过的结点个数并结束函数；如果不是就将 num 变量自增 1 表示又遍历了一个结点，并前序递归遍历该结点的左右子树。这个过程每次都是完全重来一遍上面说的这个过程，直到找到要找的数据才会输出。

　　而利用二叉查找树特点使用构建折半查找算法的 btreefind()函数也是传入了三个参数，

分别是指向当前被遍历结点的 t 指针、存储着要查找的数据内容的 data 变量以及记录遍历过的结点个数的 num1 变量。而且它代码使用的不是递归，而是普通的迭代，这样子使得它的效率在一定程度上高了一些。为了讲起来方便，先把 btreefind()函数的代码贴过来吧。😊

```
void btreefind(Tptr t,int num1,char find)//二叉查找树查找函数
{
    while(t != NULL)
    {
        if(t->data == find)//如果找到，则输出
        {
            printf("找到该结点  总共遍历了%d 个结点\n",num1);
            break;
        }
        else //否则判断当前结点数据与要找的数据谁大谁小
        {
            num1++;
            //如果要找的数据大，接下来找当前结点的右子树
            if(find > t->data)
            {
                t = t->rchild;
            }
            else //否则接下来找当前结点的左子树
            {
                t = t->lchild;
            }
        }
    }
}
```

btreefind()函数的算法是把整个代码放在了一个 while 循环里，首先判断当前结点的数据是不是要找的数据，是的话就输出遍历过的结点个数；反之如果不是就将 num1 变量自增 1 表示又多遍历过了一个结点，并判断要查找的数据与当前结点内的数据的大小。如果是要查找的数据更大就将 t 指针指向当前结点的右子树(因为二叉搜索树的特点就是右子树每个结点的数据大于左子树结点(如果有左子树的话)的数据嘛，所以如果要找的数据比当前结点数据大的话就去找它的右子树喽)，反之就将 t 指针指向当前结点的左子树 (原因同上喽)，并继续循环判断，直到找到要找的数据为止。

说完了两种查找函数的具体内容，咱再来看看它俩分别是如何找到咱们要找的数据'7'

的吧。

　　首先从前序遍历查找函数 pre_order_tree_travel_find()说起吧。面对这棵二叉查找树，它的遍历查找过程如图 6-50 所示。

　　从这张粗劣的不能再粗劣(囧，我尽力了……😵)的图中可以看出咱们这个 pre_order_tree_travel_find()函数前序遍历查找的每一步顺序，并且可以知道它是在遍历了 6 个数据内容不符的结点之后才找到要找的结点的，所以它输出的是"遍历了 6 个结点"。

　　然后咱们再来看看 btreefind()函数的查找过程吧，如图 6-51 所示。

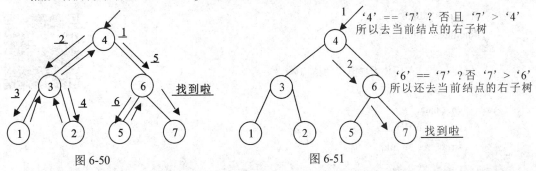

图 6-50　　　　　　　　　　　　　图 6-51

　　从图 6-30 和图 6-51 图可以看，btreefind()函数在找到咱们要找的结点之前只遍历过两个内容不符的结点，效率上明显比遍历查找快哦。嘿嘿，证明了二叉查找树适合做查找功能。

　　嘿嘿，在这顺便插个小插曲吧，其实在 Linux 操作系统下的文件目录结构的存储就是以二叉查找树为蓝本的哦。😁而且二叉查找树使用非常广泛，而且确实很方便查找哦。😊

　　嘿嘿，再悄悄告诉你个小秘密吧，用中序遍历二叉查找树会有惊喜哦。😊自己试试吧。

　　这样子，二叉查找树就算是讲完喽，接下来该讲啥了咧。😁

6.9　二叉树的复制

　　嘿嘿，表示这节很重要和实用但是很多教材压根没讲。😁

　　为什么说它重要咧？你看啊，在你对二叉树进行操作的时候，是不是有一定概率会出现误操作咧？要知道，如果一棵二叉树的深度极深的话，任何一个微小的错误都可能是致命且不可挽回的哦。😠😁

　　所以咧，在操作二叉树之前比较明智的做法就是先复制一棵一样的二叉树作为备用，如果操作失误可以拿备用品挽回损失。

　　这就有点像咱们电脑上的操作系统备份，在电脑正常运行的时候备份下来当前的状态，然后在出问题没法解决的时候直接还原到那个正常的状态，这样就可以解决问题啦。😁

那说了这么多应该怎么备份二叉树呢？嘿嘿，因为咱们在二叉树构建那一节已经发现了用不同的构建顺序构建同一棵二叉树不会改变二叉树的形状，即构建出来的都是一模一样的树，所以在这里也适用哦。即对同一棵二叉树，使用三种顺序复制，复制出来的二叉树都是一样的，这里就只拿前序复制为例喽。

既然是要复制二叉树，那就一定要先有棵二叉树喽。所以接下来的例子文件里咱们会先构造一棵二叉树，再调用复制函数去复制它。你可以先自己想象一下这个过程哦。☺

例如：

```c
#include<stdio.h>
#include<stdlib.h>

struct tree    //声明作为树结点的结构体
{
    char data;
    struct tree *lchild;
    struct tree *rchild;
};

typedef struct tree T; //声明别名
typedef T* Tptr;

int main(void)
{
    Tptr head1,head2;
    Tptr pre_order_tree(Tptr t); //声明前序构建二叉树函数
    Tptr btree_copy(Tptr t);        //声明二叉树复制函数
    void pre_order_tree_travel(Tptr t); //声明前序遍历二叉树函数

    head1 = pre_order_tree(head1);
    printf("原二叉树内容:\n");
    pre_order_tree_travel(head1);
    printf("\n");
    head2 = btree_copy(head1);
    printf("复制的二叉树内容:\n");
    pre_order_tree_travel(head2);
    printf("\n");
    return 0;
```

```
}

Tptr pre_order_tree(Tptr t)//二叉树前序构建函数具体实现
{
    char data;
    scanf("%c",&data);//从屏幕获取字符
if(data == '#')//如果获得的是'#'证明该结点为空
    {
        t = NULL;
        return t;//返回地址
    }
    else //否则为该结点申请空间并进行赋值和递归构建
    {
        t = (Tptr)malloc(sizeof(T));
        if(t == NULL)
        {
            printf("error!");
            return NULL;
        }
        t->data = data; //赋值
        //对其左右子树继续进行递归构建
        t->lchild = pre_order_tree(t->lchild);
        t->rchild = pre_order_tree(t->rchild);
        return t; //返回结点地址
    }
}


Tptr btree_copy(Tptr t) //二叉树复制函数
{
    Tptr t1;
    if(t == NULL) //如果该结点为空，返回 NULL
    {
        return NULL;
    }
    else//否则申请新空间进行内容复制
    {
        t1 = (Tptr)malloc(sizeof(T));
```

```
            if(t1 == NULL)
            {
                printf("error!");
                return NULL;
            }
            t1->data = t->data;
            //前序赋值当前结点左右子树
            t1->lchild = btree_copy(t->lchild);
            t1->rchild = btree_copy(t->rchild);
            return t1;
        }
    }


    void pre_order_tree_travel(Tptr t)//二叉树前序遍历函数
    {
        if(t == NULL)
        {
            return;
        }
        printf("%c",t->data);
        pre_order_tree_travel(t->lchild);
        pre_order_tree_travel(t->rchild);
    }
```

程序运行结果如图 6-52 所示。

从输入的内容可以看出来，这次咱们构建的还是那棵已经用过很久了的二叉树😁😊，如图 6-53 所示。

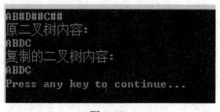

图 6-52　　　　　　　　　　　　　　　图 6-53

这棵二叉树用前序遍历输出的话应该是"ABDC"，和程序输出结果一致，而且复制的二叉树结果也一致，证明复制是成功的哦。😊

来讲讲这段代码吧。

整个代码里只有一个内容是新的哦，就是 btree_copy()函数，即二叉树构建函数。咱就来看看它是怎么执行的吧。

首先有一个参数传入到了 btree_copy()函数，它是一个指针变量，内容是要复制的二叉树的根结点地址。btree_copy()函数获得该地址后，先判断其是否为空，不是空的话就申请新空间进行结点复制，并递归调用自身去复制该结点的左右子树。每次复制函数结束时都会有返回值，如果被复制的结点不是 NULL 则返回复制完的结点的地址，如果被复制的结点是 NULL 则返回 NULL。这样便完整地复制了整棵二叉树。

因为前面类似的内容已经讲过很多啦，所以这里就不打算再展开讲了，自己也要多多思考哦。😊

接下来这个东西讲起来要花点力气了，不过也是很有用的内容哦。

放心，也不是非常难哦。只要理解了，一切都很简单，所以，不要害怕它哦。

6.10 线索二叉树

嗯哼，线索二叉树，貌似又是一个听起来很高大上的东东，是不是很难啊？

哈哈，当然不会啦，别被它的表面骗了。虽然很多书都把它搞得很难的样子，还是那句话喽。数据结构哪有那么难。😆

其实从普通二叉树变成线索二叉树很简单，只需要在每个结点中多加两个整型变量，然后在遍历函数里多加一个结点指针就能实现，这个等下咱们慢慢讲。咱先来说说什么是线索二叉树吧。😊

嗯，这是个好问题，😆什么是线索二叉树咧？嘿嘿，先回想一下吧，在前面章节咱们构建二叉树的时候，有没有一种东西非常常见但是完全没有用啊？提示：基本所有函数都会判断当前结点是不是这种东西，如果是的话就直接返回，不做任何操作。😆

嘿嘿，猜到这种东东是什么了吧？嗯啊，就是 NULL 啦。😆

比起结点的个数，貌似 NULL 的个数很多时候比结点数还多，但是它们除了告诉遍历到这的函数"此路不通"以外似乎没派上什么其他的用处。哎，这可也算是资源浪费啊，😆所以咧，就有人搞出了"空指针线索化"这么个东西，意思是把没用上的空指针指向对遍历有帮助的位置，或者可以帮助构建在不需要遍历全树的情况下知道某个结点的双亲和孩子是谁的一种联系关系。而结点拥有这种线索化关系的二叉树就叫做线索二叉树啦，其中每条联系关系叫做一条线索。

也就是说，线索二叉树是把指向 NULL 的空指针重新利用啦。既然要重新利用，那就应该标清楚哪些原本是 NULL 的空指针被重新利用了啊。

嘿嘿，所以在线索二叉树的结点中多了两个整型变量，分别是 ltag 和 rtag，即用来表示 rchild 和 lchild 指针是否是线索的判断标签。如果是判断标签，对应的变量值就为 1，反之就为 0(所以如果是在 C++中实现这个代码的话，把 ltag 和 rtag 定义为布尔型变量似乎会更好一些)。

举个例子，比方说某个结点的 rchild 指针是一个线索指针，lchild 是普通指针，那么这个结点的 rtag 就应该等于 1，ltag 就应该等于 0 哦。线索二叉树的结点示例如图 6-54 所示。

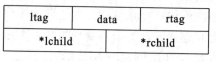

ltag	data	rtag
*lchild		*rchild

图 6-54

那么制作线索的规则是什么咧？

嘿嘿，规则就是当右子树为空时，把 rchild 指针指向当前遍历顺序下在当前结点前一个被遍历的结点，简称当前结点的前一个结点。而当左子树为空时，把 lchild 指针指向当前遍历顺序下在当前结点被遍历完之后被遍历的那个结点，简称当前结点的后一个结点。

嘿嘿，那如果这个结点是叶子结点即左右子树都空呢？😈

那还不简单，把它的 rchild 指针指向前一个结点，lchild 指针指向后一个结点呗，😁而且别忘了把 ltag 和 rtag 变量赋值为 1 哦。

说了这么多，还是来个例子代码神马的最简单粗暴啦😁

这里就只以前序遍历的线索化为例了哦，只要把前序的线索化搞懂了，其他两种顺序也是一脉相承的呢。😐

例如：

```
#include<stdio.h>
#include<stdlib.h>

struct ltree   //声明作为线索二叉树的结点的结构体
{
    char data;
    int ltag;
    int rtag;
    struct ltree *lchild;
    struct ltree *rchild;
};

typedef struct ltree T; //声明别名
typedef T* Tptr;

//定义全局变量，该指针用于记录当前被遍历的结点的上一个结点的地址
```

```
    Tptr previous;

    int main(void)
    {
        Tptr head;
        Tptr pre_order_ltree(Tptr t);//线索二叉树构建函数
        //前序遍历线索化函数声明
        void pre_order_ltree_travel_link(Tptr t);
        void pre_order_ltree_travel(Tptr t);//前序遍历函数

        previous = NULL;
        head = pre_order_ltree(head);
        pre_order_ltree_travel_link(head);
        printf("二叉树线索化完毕!该线索二叉树内容为:\n");
        pre_order_ltree_travel(head);
        return 0;
    }

    Tptr pre_order_ltree(Tptr t)
    {
        char data;
        scanf("%c",&data);
if(data == '#')//如果获取到的字符是'#'表示该结点为空，返回 NULL
        {
            t = NULL;
            return t;
        }
        else//若当前结点非空，申请新空间并进行赋值
        {
            t = (Tptr)malloc(sizeof(T));
            if(t == NULL)
            {
                printf("error!");
                return NULL;
            }
            t->data = data;
            //当前左右子树指针均不是线索，所以均赋值 0
```

```
        t->ltag = t->rtag = 0;
        //前序构建当前结点左右子树
        t->lchild = pre_order_ltree(t->lchild);
        t->rchild = pre_order_ltree(t->rchild);
        return t;
    }
}


void pre_order_ltree_travel_link(Tptr t)//二叉树前序遍历线索化函数
{

    if(t == NULL)//如果该指针为空，返回
    {
        return;
    }
    if(t->lchild == NULL)//否则判断该结点的 lchild 指针是否为空
    {
        //为空则将上一个被遍历的结点地址复制给 lchild 指针
        t->lchild = previous;
        //并将该结点的 ltag 标签赋值 1，表示该左子树指针是一条线索
        t->ltag = 1;
    }
    if(previous != NULL)//判断是否有上一个被遍历的结点
    {
        //存在的话就判断该结点的右子树指针是否为空
        if(previous->rchild == NULL)
        {
            //为空则将该结点 rtag 赋值 1，表示是线索
            previous->rtag = 1;
            //将当前被遍历的结点的地址复制给这个右子树指针
            previous->rchild = t;
        }
    }
    previous = t; /*将当前结点地址赋值给 previous 指针，作为遍历下一个结点时的前一个结点地址*/
    if(t->ltag == 0) //如果该结点左子树指针不是线索，前序递归遍历
    {
        pre_order_ltree_travel_link(t->lchild);
```

```
        }
        if(t->rtag == 0)//如果该结点右子树指针不是线索，前序递归遍历
        {
            pre_order_ltree_travel_link(t->rchild);
        }

}

void pre_order_ltree_travel(Tptr t)//前序线索二叉树遍历函数
{
    if(t == NULL)
    {
        return;
    }
    printf("当前结点内容为:%c\n",t->data);
    //如果当前结点的左子树指针是线索，输出上一个结点的信息
    if(t->ltag == 1)
    {
        printf("它的上一个结点内容是:");
        if(t->lchild == NULL)
        {
            printf("该结点已是根结点\n");
        }
        else
        {
            printf("%c\n",t->lchild->data);
        }
    }
    //如果当前结点的右子树指针是线索，输出上一个结点的信息
    if(t->rtag == 1)
    {
        printf("它的下一个结点内容是:");
        if(t->rchild == NULL)
        {
            printf("该结点已经是最后的叶子结点\n");
        }
        else
```

```
        {
            printf("%c\n",t->rchild->data);
        }
    }
    if(t->ltag == 0)//如果当前结点的左子树指针不是线索，递归遍历
    {
        pre_order_ltree_travel(t->lchild);
    }
    if(t->rtag == 0)//如果当前结点的右子树指针不是线索，递归遍历
    {
        pre_order_ltree_travel(t->rchild);
    }
}
```

程序运行结果如图 6-55 所示。

这段代码貌似有一点点长啊，😐 不过其实就是在正常的前序构建和遍历二叉树的例子稍微改动一下得到的哦。

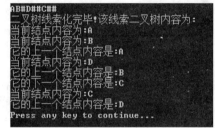

图 6-55

先从线索二叉树构建函数 pre_order_ltree()函数讲起吧。

嘿嘿，其实咧，这个函数只需要讲一条语句就讲完啦，😁因为它和正常的二叉树构建函数相比其实就多了一条语句：

　　　　t->ltag = t->rtag = 0;

这条语句是把两个线索标签赋值为 0。为啥是 0 呢？因为啊，在构建线索二叉树的时候各结点之间都还没有建立联系，线索二叉树真正实现线索化是在遍历的时候，这个功能是由另一个 pre_order_ltree_travel_link()函数实现的。

pre_order_ltree_travel_link()函数在这里就干了一件事，就是前序遍历整棵二叉树并将其线索化，那它是怎么实现线索化的呢？

当然这个函数不是孤军奋战的，它需要一个全局指针的辅助，这个指针就是代码中定义的那个 previous 结点型指针，它在整个线索化函数中功不可没，因为在遍历时很难记录上一个被遍历的结点是谁，所以这个全局指针可以用来记录被遍历的结点的前一个结点是谁。这样子在实现线索化时直接从这个 previous 指针那获取地址并且赋值给要被前驱线索化的指针就 OK 啦。这样就实现了前驱的线索化，除此之外这个 previous 指针还用来帮助完成了后继的线索化。你看啊，遍历时想知道下一个被遍历的结点是谁是不是也是非常麻烦的事呢？嘿嘿，所以咱们干脆就不去找后继是谁啦，而是直接去遍历后继结点，在遍历

后继结点的时候刚才的结点就成为了这个后继结点的前驱结点，即地址被存储在了 previous 指针里，所以只要这个时候再去判断这个 previous->rchild 是不是可以线索化就行啦。如果可以线索化就直接把当前被遍历的这个结点的地址复制给它就 OK 啦。😁 你看，这个 previous 指针是不是真的非常有用咧。😳

　　总结一下，前驱的线索化是靠当前结点的 lchild 指针能否被线索化确定的。如果能被线索化就把前一个结点的地址赋值给它(通过 previous 指针获得前一个结点的地址)，而后继的线索化是在遍历后继的时候才实现的。在遍历后继的时候判断前一个结点(就是咱们想后继线索化的结点)能不能被线索化(即 rchild 指针是不是 NULL)，如果能，就把当前遍历的这个结点(当前的结点就是咱们想线索化的后继结点)地址赋值给前一个结点(通过 previous 指针)的 rchild 指针，注意每次线索化之后都要将线索化标签 ltag 或 rtag 赋值为 1 哦。

　　说了这么多之后就可以来看这个函数的代码喽。

```
void pre_order_ltree_travel_link(Tptr t)//二叉树前序遍历线索化函数
{
    if(t == NULL)//如果该指针为空，则返回
    {
        return;
    }
    if(t->lchild == NULL)//否则判断该结点的 lchild 指针是否为空
    {
        //为空则将上一个被遍历的结点地址复制给 lchild 指针
        t->lchild = previous;
        //并将该结点的 ltag 标签赋值 1，表示该左子树指针是一条线索
        t->ltag = 1;
    }
    if(previous != NULL)//判断是否有上一个被遍历的结点
    {
        //存在的话就判断该结点的右子树指针是否为空
        if(previous->rchild == NULL)
        {
            //为空则将该结点 rtag 赋值 1，表示是线索
            previous->rtag = 1;
            //将当前被遍历的结点的地址复制给这个右子树指针
            previous->rchild = t;
        }
    }
```

```
previous = t; /*将当前结点地址赋值给 previous 指针，作为遍历下一个结点时的前一个结点地址*/

    if(t->ltag == 0) //如果该结点左子树指针不是线索，前序递归遍历
    {
        pre_order_ltree_travel_link(t->lchild);
    }
    if(t->rtag == 0)//如果该结点右子树指针不是线索，前序递归遍历
    {
        pre_order_ltree_travel_link(t->rchild);
    }
}
```

根据咱刚才讲的那一大堆内容，现在能看懂这段代码了吗？哦，最后这两个判断 ltag、rtag 是否为 0 的判断语句是为了判断 lchild、rchild 指针是不是线索指针，是的话就不对其进行线索化遍历，否则会进入死循环的。😳

第三个要讲的函数，是线索二叉树前序遍历函数 pre_order_ltree_travel()，其实这个函数也是根据普通二叉树的前序遍历函数多加几个判断得来的，总共多加了四个判断语句，咱来两两一组的讲吧。

首先是这两个判断

```
if(t->ltag == 1)
//如果当前结点的左子树指针是线索，输出上一个结点的信息
{
    printf("它的上一个结点内容是:");
    if(t->lchild == NULL)
    {
        printf("该结点已是根结点\n");
    }
    else
    {
    printf("%c\n",t->lchild->data);
    }
}
//如果当前结点的右子树指针是线索，输出上一个结点的信息
if(t->rtag == 1)
{
    printf("它的下一个结点内容是:");
    if(t->rchild == NULL)
```

```
    {    printf("该结点已经是最后的叶子结点\n");
    }
    else
    {    printf("%c\n",t->rchild->data);
    }
}
```

这两个判断的意思很明显喽，就是判断当前结点的左右子树指针是不是线索指针，是的话输出线索指向的内容，即当前结点的前驱或后继结点的内容。

另外两个判断更好理解。😁

```
if(t->ltag == 0)//如果当前结点的左子树指针不是线索，递归遍历
{
    pre_order_ltree_travel(t->lchild);
}
if(t->rtag == 0)//如果当前结点的右子树指针不是线索，递归遍历
{
    pre_order_ltree_travel(t->rchild);
}
```

这两个判断的意思就是如果左右子树指针不是线索指针，就正常继续遍历下去，因为如果不判断的话遍历到了线索指针，会进入遍历的死循环。

说到这你会不会有一个疑问啊，在图 6-56 的输出结果里为什么有些结点既输出了前驱又输出了后继的线索化信息而有些结点只能输出二者之一，而剩下的结点完全没有线索化信息咧？

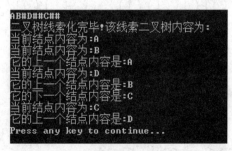

图 6-56

嘿嘿，原因很简单啊，因为不是所有结点都有空的左右子树指针，只有值为 NULL 的子树指针的结点才可能有线索化哦。

这里用到的那棵二叉树还是那棵很简单的树，所以如果感觉有些点乱的话可以自己把那棵二叉树画出来一下然后自己按图走一边流程哦。

6.11 树、森林和二叉树的转换

学了那么久的二叉树，这一节咱就先换个思维，暂时从二叉树的圈圈中跳出来一点点吧。
把树转换成森林？哎，这不是传说中的"草地变森林嘛" 😁 这可能吗？

嘿嘿，如果听信了那个光头广告那肯定是不可能啦。😁 如果撇开广告，在现实中可以出现树变森林的奇迹吗？额，好像很难⋯⋯😶

BUT，在数据结构的树中，这些树可以轻松地变来变去，咱就一个个地来说吧。😊

1. 树转换成二叉树

"要把大象放冰箱 总共需要几步？"嗯啊，三步。😁 所以啦，把树转换为二叉树也是三步哦。

(1) 加线：在所有兄弟结点间加一条连线。

(2) 去线：对树中的每个结点都只保留它和自己第一个孩子结点的连线，去掉与其他孩子结点之间的连线。

(3) 调整层次：以根结点为轴心把整棵树调整一点点角度，使它层次分明并按层次连线。(注意第一个孩子是二叉树的左孩子，而被旋转过来的兄弟结点的孩子是右孩子)

嫌画图太繁琐，就直接贴了张图过来，😊 如图 6-57 所示。

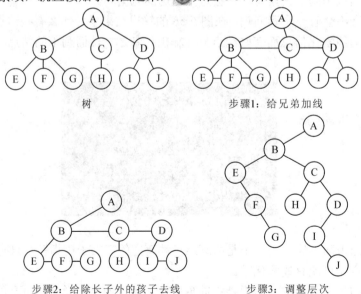

树

步骤1：给兄弟加线

步骤2：给除长子外的孩子去线

步骤3：调整层次

图 6-57

2. 森林转换为二叉树

把森林转换成二叉树貌似比树转换成二叉树更简单了一步，只需两步：

(1) 把每棵树都转换成二叉树。

(2) 第一棵二叉树不变，从第二棵二叉树开始依次把后一棵二叉树的根结点作为前一棵二叉树的根结点的右孩子，用线连接起来，当都连完时，森林就被转换成了一棵完整的二叉树喽，如图 6-58 所示。

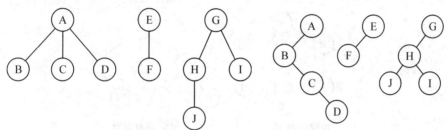

拥有三棵树的森林　　　　　　步骤1：将森林中每棵树转换为二叉树

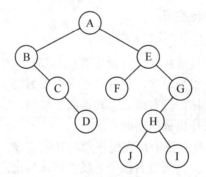

步骤2：将所有二叉树转换为一棵二叉树

图 6-58

好吧，我承认，这图还是贴过来的。

3. 二叉树转换为树

嘿嘿，把二叉树转换为树又需要三步了， 😁 来吧，大象。

(1) 加线：若某结点有左孩子，整个左孩子子树的所有右孩子结点都和该结点连起来。

(2) 去线：删除原二叉树中所有结点与其右孩子结点的连线。

(3) 调整层次：旋转来调整层次以便分清深度。

示意图如图 6-59 所示。

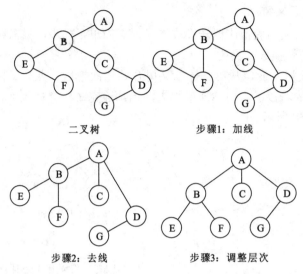

二叉树　　　　　　　　步骤1：加线

步骤2：去线　　　　　　　步骤3：调整层次

图 6-59

接下来咱来看最后一种转换吧。

4. 二叉树转换为森林

哎，既然二叉树既能转换成树又能转换成森林，那它到底啥时候会转换成树、啥时候会转换成森林啊……嘿嘿，很简单喽，记住一个概念就好喽。看这棵二叉树的根结点有木有右孩子，有就会转换成森林，没有就只会转换成一棵树。

话说从二叉树转换为森林也只需要两步的说。

(1) 从根结点开始，若有右孩子存在则删除与其的连线，再查看分离后的二叉树是否有右孩子，有就再删连线，直到所以右孩子连线都删除为止，得到分离的二叉树。

(2) 把每棵分离的二叉树转换为树，就实现二叉树到森林的转换喽。

示意图如图 6-60 所示。

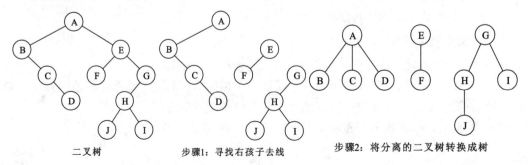

二叉树　　　　步骤1：寻找右孩子去线　　　　步骤2：将分离的二叉树转换成树

图 6-60

OK，进入最后一节喽。

6.12　哈夫曼树和哈夫曼编码

哈夫曼树又称最优二叉树，说白了它就是把数据按照其使用频率来判断它在二叉树中的位置，存储使用频率越高的数据结点被安排地离根结点越近，这样方便在遍历时能快速找到这个数据。所以咧，为了区分不同数据的使用频率，在构建哈夫曼树的时候会被要求在输入数据的同时也要输入这个数据的使用频繁度，这个频繁度就叫做权数。也就是说，哈夫曼树的本质是一种加权的二叉树。

那怎么判断一棵二叉树是不是哈夫曼树呢？

前面说过了，哈夫曼树是一种根据数据权数构成的最优二叉树，因为二叉树变成了带权的，所以每条路径上的权数都会因为该路径指向结点的使用频度的不同而不同，所以咱们只要计算出哪棵树的带权路径长度最小，就证明它是最优二叉树即哈夫曼树啦。

那么问题又来了，怎么来计算带权路径长度咧？

带权路径长度的算法是树中所有的叶结点的权值乘上其到根结点的路径长度，说直白点就是树中所有叶子结点的权数与该结点在树中的层数，然后把所有得数相加。

哎，感觉用概念说怎么说都怪怪的，直接上图上例子什么的才最有爱啦，如图 6-61 所示。

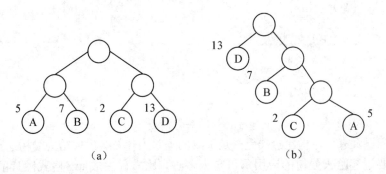

图 6-61

比方说这两棵二叉树都是带权数的二叉树，那么怎么判断谁是哈夫曼树咧？

嘿嘿，当然是分别算它俩的带权路径长度啦。

它们的带权路径长度分别为：

图(a)：　WPL = 5 * 2 + 7 * 2 + 2 * 2 + 13 * 2 = 54

图(b)：　WPL = 5 * 3 + 2 * 3 + 7 * 2 + 13 * 1 = 48

由此可见，图(b)的带权路径长度较小，所以咱们就可以说图(b)就是哈夫曼树(最优二叉树)喽。

说完了哈夫曼树的性质和判断，来说说怎么构建一棵哈夫曼树喽。

嗯，怎么构建一棵哈夫曼树咧？

一般都是遵从以下步骤的。

(1) 将所有左右子树都为空的作为根节点。

(2) 在森林中选出两棵根节点的权值最小的树作为一棵新树的左右子树并置新树的权值为其左右子树上根节点的权值之和，别忘了左子树的权值应小于右子树的权值哦，即应该把权值较小的放在左侧。

(3) 从森林中删除这两棵被用过的树，同时把新生成的树加入到森林中。

(4) 重复(2)、(3)步骤，直到森林中只有一棵树为止，这棵树就是哈夫曼树，如图 6-62 所示。

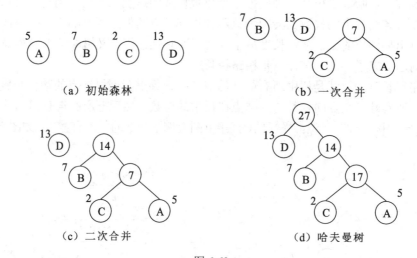

（a）初始森林 （b）一次合并

（c）二次合并 （d）哈夫曼树

图 6-62

那现在问题又来了，构建哈夫曼树是干嘛的呢？为什么会出现哈夫曼树这种东西？

嘿嘿，要说起哈夫曼树的应用那可是太多啦，比方说生成 jpg 格式图片的压缩过程就是用哈夫曼编码。哎，等会，你可能会问喽，不是哈夫曼树吗？怎么跑出来个哈夫曼编码咧？

哈哈，因为咱们前面构建的哈夫曼树还不是完全体哦，真正的完全体就是哈夫曼树的应用：哈夫曼编码喽。

那什么是哈夫曼编码咧？

利用哈夫曼树求得的二进制编码称为哈夫曼编码。

因为树中从根到每个叶子节点都有一条路径嘛，所以将哈夫曼树编码化的过程是对路径上的各分支约定指向左子树的分支表示"0"码，指向右子树的分支表示"1"码，取每条路径上的"0"或"1"的序列作为各个叶子节点对应的字符编码，即是哈夫曼编码。

哎，感觉每次这么说概念的时候我自己都总想打瞌睡……😴😴所以估计你也差不多喽。因此咧，咱们继续画图。😁

就还拿图 6-61(b)中的那棵哈夫曼树为例吧。

哦，好像距离有点远了，那就再把图截过来吧，😁如图 6-63 所示。

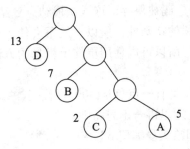

图 6-63

喏，就是这棵哈夫曼树喽，咱们把它按编码化概念修改一下吧。

刚才那个编码化概念的意思是把左子树路径设为"0"码，右子树路径设为"1"码。所以咧，咱就把每个结点的左孩子路径加上"0"码，右孩子路径加上"1"码呗。哎，你可能会问啦，那要不要看每个路径上的权值咧？嘿嘿，不用啦，那个权值是为了构建最优二叉树而生的，现在左右二叉树已经根据权值构建出来啦，所以它的使命已经完成啦，可以无视它喽。

修改好之后的哈夫曼树如图 6-64 所示。

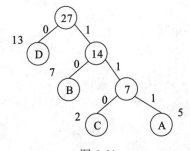

图 6-64

然后根据从根结点到不同叶子结点的路径不同就会得出不同的编码值。比方说图中 A，B，C，D 对应的哈夫曼编码分别为：111，10，110，0。

嗯？这个编码值怎么来的？嘿嘿，就是我说的那样啊。从根结点出发去找你想找的结点，并且记住这中间走过的路径上的编码就行啦。

比方说咱们要找记录数据为 C 的结点，假设咱们使用前序遍历，那么从根结点开始会先去查找结点 D 结果发现不是，所以这个 "0" 码不会被记录，然后找权数为 14 的结点，因为它还有孩子结点，所以还不能判断这个 "1" 码要不要先暂存，之后去了结点 B 发现不是，这个 "0" 码不会被记录，到目前为止被记录的只有一个暂存的 "1" 码，之后访问权数为 14 的这个结点的右孩子结点，即权数为 7 的这个结点，因为这个结点也有孩子结点，所以这个 "1" 码也暂存，然后访问左孩子，结果，哎，找到啦。所以最后一个 "0" 码被保存并且前面暂存的两个 "1" 码被保存，这样从根结点到结点 C 的路径的编码就是 110。

但是事实上因为哈夫曼树的特殊性，所以一般不会使用链表来构建哈夫曼树，而是使用数组。因为使用的是数组，所以可以使用更简单粗暴的方法找到对应结点，然后输出对应结点的编码值就行喽。

因为具体的实现文件实在是有一点点长(300 行代码)，所以就直接把例子文件给你(扫描二维码即可见)，然后在这里讲一下思路吧。

例子："6.12 哈夫曼树和哈夫曼编码.c"

主要思路就是通过构建一个结构体数组来构建哈夫曼树。首先从屏幕获取叶子结点个数以及每个结点的数据和权数，以此构建一棵哈夫曼树，再定义另一种结构体数组来存放每个叶子结点对应的编码(这个编码是通过函数计算出来的)；然后从文件获取要被编码的内容，并将内容根据用户输入的数据和权数构建的哈夫曼树进行编码，把编码后的内容输出到文件；之后再用解码文件进行解码。解码过程是根据编码内容找原内容的一个和编码刚好相反的原过程，所以也需要生成编码时的那棵哈夫曼树(否则是不能解码的哦)。

最后将解码内容输出到文件，看看和原内容是不是一样，一样就证明编码解码成功了哦。

这样一来，树这一章也结束喽。

第 7 章 无图 无真相

咱们终于讲到图啦。先鼓励一下已经看到这里的你吧，因为这将是在这本书里你要学习的最后一种数据结构喽。😊嗯？难度吗？额，不太好说，可能会比树稍微难一点点……😵不过别怕，我一定会让你看得懂的。😊本章将会更偏重于理论，代码将会少很多，所以不要担心哦。

有图，有真相，开始喽。

7.1 什么是图

好吧，什么是图咧？

图是一种比树又复杂了一层的非线性结构，为什么这么说咧？你看啊，在线性结构中，数据元素之间满足唯一的线性关系，每个数据元素(除第一个和最后一个外)只有一个直接前趋和一个直接后继，彼此之间关系非常明确。

而在树形结构中呢，数据元素之间也有着明显的层次关系，并且每个数据元素只与上一层中的一个元素(双亲节点)及下一层的多个元素(孩子节点)相关，看起来虽然比上面的线性结构复杂些，但层次和线索还是非常清晰的。

但是在图形结构中咧……结点之间的关系是任意的，图中任意两个数据元素之间都有可能相关，所以对于图而言任意两个结点之间都可能存在关系，可能是一对一、一对多甚至是多对多……所以表示起来比较复杂。😀

一个图 G 由两个集合 V(顶点，Vertex)和 E(边，Edge)组成，定义为 G = (V，E)。顶点有些类似于树中的结点，而边有些类似于连接树中各结点的路径，可以拿来类比的。😀

喏，图 7-1 就是一张图，图中所有的圈圈就是顶点，中间的线就叫作边。

像这样全部由没有方向的边组成的图叫作无向图，因此(Vi，Vj)和(Vj，Vi)表示的是同一条边，而且要用小括号哦。这个要记住，因为下面介绍的有向图是用尖括号的。

图 7-1 所示的无向图的顶点集和边集分别表示为

V(G) = {V1，V2，V3，V4，V5}

E(G)={(V1，V2)，(V1，V4)，(V2，V3)，(V2，V5)，(V3，V4)，(V3，V5)，(V4，V5)}

嘿嘿，既然有无向图，就一定会有有向图啦，即全部用有方向的边构成的图，如图7-2所示。

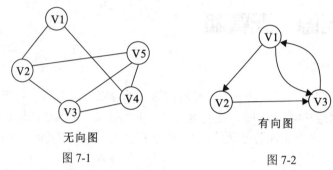

无向图

图7-1

有向图

图7-2

有向图中<Vi，Vj>和<Vj，Vi>就是两条不同的有向边了，要看箭头指向来判断是二者中的哪一种。哦当然，也有两个方向同时存在的情况，就像图中的<V1,V3>，<V3,V1>。注意，即使两个方向的有向边都存在也不要把它变成一条无向边！为什么？嘿嘿，看看有向图的概念喽。😀

图7-2所示的有向图的顶点集和边集分别表示为：

V(G)={V1，V2，V3}

E(G)={<V1，V2>，<V2，V3>，<V3，V1>，<V1，V3>}

哦，还要补充一句，有向图的边在一些书上被叫作弧，二者是同一种东西。

说到有向图和无向图，有个概念就必须得说下，就是无向完全图和有向完全图的概念。

一般地，咱们将具有 n(n-1)/2 条边的无向图称为无向完全图，同理将具有 n(n-1) 条边的有向图称为有向完全图。这里的 n 是图中结点的个数(在结点数，即 n 相同时，无向完全图的边数刚好是有向完全图的 2 倍哦，原因你懂的喽。😊

除此之外，关于图还有几个基础概念。

1. 顶点的度

对于无向图，顶点的度表示以该顶点作为一个端点的边的数目。比如，图 7-1 所示的无向图中顶点 V3 的度 D(V3)=3。

对于有向图，顶点的度分为入度和出度。入度表示以该顶点为终点的入边数目，出度是以该顶点为起点的出边数目，顶点的度等于其入度和出度之和。比如顶点 V1 的入度 ID(V1)=1，出度 OD(V1)=2，所以

D(V1)=ID(V1)+OD(V1)=1+2=3

不管是无向图还是有向图，顶点数 n、边数 e 和顶点的度数有如下关系：

$$e = \frac{1}{2}\sum_{i=1}^{n} d(vi) \tag{7-1}$$

因此，就拿图 7-2 所示的有向图来举例，由公式(7-1)可以得到图 G 的边数：e =（D(V1) + D(V2) + D(V3)）/ 2 =（3+2+3）/2 = 4

2. 子图

顾名思义，子图跟树的子树一样，是一张图中的一部分，这个就不解释了哈。

3. 路径、路径长度和回路

路径，额，怎么说咧。比如在无向图 G 中，存在一个顶点序列 Vp,Vi1,Vi2,Vi3,…, Vim, Vq 使得(Vp,Vi1)，(Vi1,Vi2)，…,(Vim,Vq)均属于边集 E(G)，则称顶点 Vp 到 Vq 存在一条路径。也就是说，如果两个顶点之间可以通过途经其他顶点访问到，就称这两个顶点之间存在一条路径。

而路径长度就是指一条路径上经过的边的数量。

回路嘛，嘿嘿，顾名思义，指一条路径的起点和终点为同一个顶点。

4. 连通图(针对无向图)

连通图是指图 G 中任意两个顶点 Vi 和 Vj 都连通。

比方说，图 7-2 所示的无向图就是典型的连通图，而图 7-3 所示的无向图不是任意两点都连通的图，其中 V5 和 V6 是单独的，所以它就不是连通图，为非连通图。

5. 强连通图(针对有向图)

强连通图是相对于有向图而言的，与无向图的连通图类似，只不过指向是单向的。

6. 网

带"权值"的连通图称为网，如图 7-4 所示。

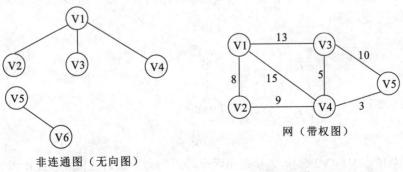

非连通图（无向图）

图 7-3

网 （带权图）

图 7-4

权值在构建哈夫曼树的时候已经接触过啦，相信你一定已经不陌生啦。

7. 邻接

邻接的概念很重要，后面在讲图的表示法的时候会经常提到邻接这个词。所谓邻接，指的就是两个顶点相邻并且连通，比方说图7-3所示的无向图中，V1与V2、V3、V4就是邻接的关系。

虽然还有很多关于图的术语，但我觉得这些就差不多了，就不再讲那些用处不是很大的术语喽。嘿嘿，当作减轻负担喽。

嘿嘿，对图有没有一点点感觉了捏。😁😎

接下来咱就要来看图的表示法喽。

7.2 图的表示法

前面说过，因为图的顶点之间的关系比较复杂，所以表示起来也有一些难度。所以大家也都是绞尽脑汁地想办法来表示这种已经乱到快不是关系的关系……结果就出来了N种图的表示法，这里咱们就讲两种表示法，分别是邻接矩阵表示法和邻接表表示法。

1. 邻接矩阵表示法

嗯，什么叫邻接矩阵表示法呢？先想想看喽，在编程语言里拿来构建矩阵的一般是哪种数据结构咧？嘿嘿，嗯啊，就是数组喽，在这里也不例外，也是用数组构建矩阵来表示各顶点之间的关系，再详细一点说的话应该是用一维数组存储图中顶点的信息，用矩阵表示图中各顶点之间的邻接关系。其实是用两个数组，第一个存储顶点个数，第二个存储顶点间的连线关系，即边之间的关系。

例如，图7-5所示的图中有5个顶点，所以一维数组里记录了5个顶点信息，矩阵的大小是5×5。重点来了，怎么用这个矩阵(实现时用的是二维数组)来表示这些顶点的边的关系呢？规则是这样的：

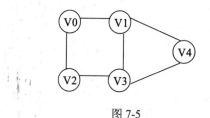

图 7-5

如果两个顶点V1、V2邻接(邻接是指两个顶点间有一条边连接着彼此)，就将矩阵中小角标为(V1,V2)和(V2,V1)的值赋值为1，表示在这张图里有从V1到V2和从V2到V1的连接(如果是有向图，就根据箭头方向将<V1,V2>或<V2,V1>其中一个赋值为 1)。然后以此类推将整张图的顶点连接关系写入该矩阵，形成的就叫作这张图的邻接矩阵。

既然在邻接矩阵里表示的是顶点的连接关系，所以也可以称邻接矩阵为边的关系图，即邻接矩阵表示法是由一个顶点关系表(一维数组)和一个边关系表(二维数组，即邻接矩阵)组成的。

比方说，图 7-5 所示的图的邻接矩阵画出来就是图 7-6 这样的。

	0	1	2	3	4
0	0	1	1	0	0
1	1	0	0	1	1
2	1	0	0	1	0
3	0	1	1	0	1
4	0	1	0	1	0

图 7-6

从图 7-6 中可以看出，无向图的邻接矩阵一定是一个对称矩阵，因此，在具体存放邻接矩阵时只需存放上(或下)三角矩阵的元素即可。

哎，还是感觉这么空讲太无力啦，继续写例子吧。

例如：

```
#include<stdio.h>
#define MAX 100

struct graph
{
    int point[MAX]; //顶点表
    int line[MAX][MAX];//邻接矩阵，也称边表
    int point_num;//用于记录用户输入的顶点数
    int line_num; //用于记录用户输入的边数
};

typedef struct graph G;//声明别名
typedef G* Gptr;

int main(void)
{
```

233

```
    G g1;
    void creat_graph(Gptr g);
    creat_graph(&g1);
    return 0;
}


void creat_graph(Gptr g)
{
    int i,j,h,l;

    printf("请输入顶点数:");
    scanf("%d",&g->point_num);
    printf("请输入边数:");
    scanf("%d",&g->line_num);

    for(i = 0;i < g->point_num;i++)
    {
        printf("请输入第%d 个顶点的值:",i + 1);
        scanf("%d",&g->point[i]);
    }

    //将要用到的邻接矩阵进行初始化赋值
    for(i = 0;i < g->point_num;i++)
    {
        for(j = 0;j < g->point_num;j++)
        {
            g->line[i][j] = 0;
        }
    }

    for(i = 0;i < g->line_num; i++)
    {
        printf("请输入第%d 条边连接的两个顶点(Vi,Vj):",i + 1) ;
        scanf("%d%d",&h,&l);
        g->line[h][l] = g->line[l][h] = 1;
        //将邻接矩阵中对应位置的值从 0 改为 1
    }
```

```
printf("图构建完成！图中顶点为:\n");

for(i = 0;i < g->point_num;i++)
{
    printf("%d ",g->point[i]);
}

printf("\n");
printf("它们在图中的连通关系为:\n");

for(i = 0;i < g->point_num;i++)
{
    for(j = 0;j < g->point_num;j++)
    {
        printf("%d ",g->line[i][j]);
    }
    printf("\n");
}
}
```

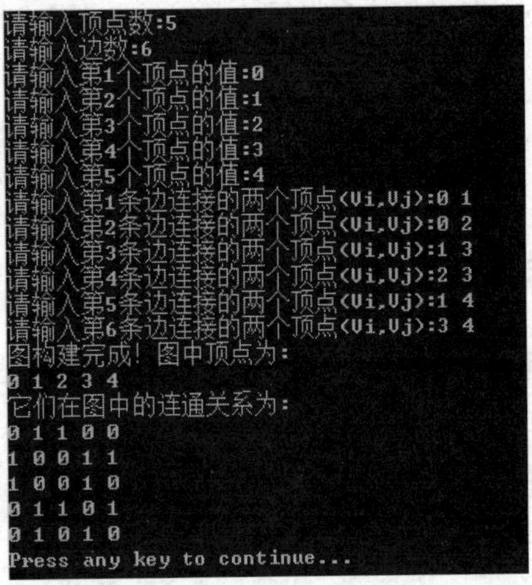

图 7-7

程序运行结果如图 7-7 所示。

嘿嘿，你看，输出的连通关系是不是和图 7-6 手工画的一样咧？

因为数组的下角标是从 0 开始的嘛，如果图中顶点的数字是从 1 开始而不像这个例子中是从 0 开始的话，可以选择按图中顶点数字定义数组大小，然后舍弃下角标为 0 的一行和一列就好啦。有兴趣可以自己修改一下试试哦，非常简单的，只要改一下某些循环的取值范围就行啦。😬

用邻接矩阵方法存储图，其优点是很容易确定图中任意两个顶点之间是否有边相连。但是，缺点也很明显的，就是如果要确定图中有多少条边，就必须按行、按列对每个元素进行检测，花费的时间代价很大。这个图上只有寥寥几个顶点的话其实是一件蛮浪费的事情……所以就有了第二种方法——邻接表表示法。

2. 邻接表表示法

什么是邻接表呢？

邻接表嘛，既然叫作表，就肯定会有跟"表"有关的数据结构啦。嘿嘿，嗯啊，咱们学过的数据结构中第一个能想到的跟"表"有关的就是线性表中的链表啦。没错，这里的的确确用到了链表。

嘿嘿，不卖关子啦。

所谓的邻接表，就是给每个顶点用一条链表来表示它的连通关系，在这条链表中每个结点的值都是图中与这个顶点相邻接的顶点的值，以这种方式表示图的方法叫作邻接表表示法。

还拿图 7-5 所示的图为例，如图 7-8 所示。

它用邻接表表示的话就是如图 7-9 这样子的。

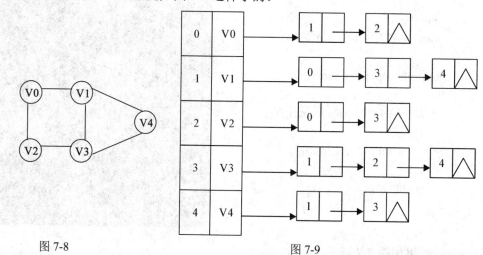

图 7-8   图 7-9

发现没啊，其实邻接表表示法就是把邻接矩阵中的顶点集数组加了一个指针域，然后将边集的邻接矩阵换成了多个链表。每条链表表示与顶点邻接的所有顶点，也就是说是通过边集获得顶点间关系，再把这种关系通过与该顶点对应的链表表示出来，这就是邻接表，如图 7-10 所示。

下角标	顶点内的值	next指针

顶点集的结点内容

邻接顶点下角标	next指针

作为邻接表中链表的结点的内容

图 7-10

无图无真相，所以咱们接着上代码和图。

例如：

```
#include<stdio.h>
#include<stdlib.h>
#define MAX 100

struct graph_point//声明作为顶点集元素的结构体
{
    int point_num; //顶点值
    struct graph_line *next;//指向连通关系集的 next 指针
};

struct graph_line//声明作为连通关系集结点的结构体
{
    int line_point; //与该顶点邻接的顶点的值
    struct graph_line *next; //next 指针
};

typedef struct graph_point Gpoint;//声明别名
typedef struct graph_line Gline;

int main(void)
{
    Gpoint g1[MAX];
    void creat_graph(Gpoint *g);
    creat_graph(g1);
    return 0;
}

void creat_graph(Gpoint *g)
{
    int p_num,l_num,i,h,l;
    Gline *p;
    printf("请输入顶点数:");
    scanf("%d",&p_num);
    for(i = 0;i < p_num;i++)
    {
        printf("请输入第%d 个顶点的值:",i + 1);
        scanf("%d",&(g + i)->point_num);
```

```
            (g + i)->next = NULL;
    }
    printf("请输入边数:");
    scanf("%d",&l_num);
    for(i = 0;i < l_num;i++)
    {
        printf("请输入第%d 条边连接的两个顶点(Vi,Vj):",i + 1);
        scanf("%d%d",&h,&l);
        p = (Gline*)malloc(sizeof(Gline));//申请结点空间，若失败则退出
        if(p == NULL)
        {
            printf("error!");
            return;
        }
        //将该结点的 next 指针赋值为对应顶点集元素的 next 指针地址
        p->next = g[h].next;
        p->line_point = l;//将该邻接顶点值赋值给该结点
//将对应顶点集的 next 指针指向该结点，即该结点成功插入(头插法)
        (g + h)->next = p;

        //重复上面步骤将另一结点插入到另一对应顶点集元素
        p = (Gline*)malloc(sizeof(Gline));
        if(p == NULL)
        {
            printf("error!");
            return;
        }
        p->next = (g + l)->next;
        p->line_point = h;
        (g + l)->next = p;
    }

    printf("图构建完成！图中顶点为:\n");
    for(i = 0;i < p_num;i++)
    {
        printf("%d ",(g + i)->point_num);
    }
```

```
printf("\n");
printf("图中的连通关系为:\n");


for(i = 0;i < p_num;i++)
{
    printf("第%d 个顶点的值为%d",i + 1,(g + i)->point_num);
    if((g + i)->next != NULL) //如果存在邻接的顶点，则输出
    {
        printf("\n");
        printf("与它邻接的顶点为:");
        p = (g + i)->next;

        while(p != NULL)
        {
            printf("%d ",p->line_point);
            p = p->next;
        }
        printf("\n");
    }
    else
    {
        printf("\n");
    }
}
}
```

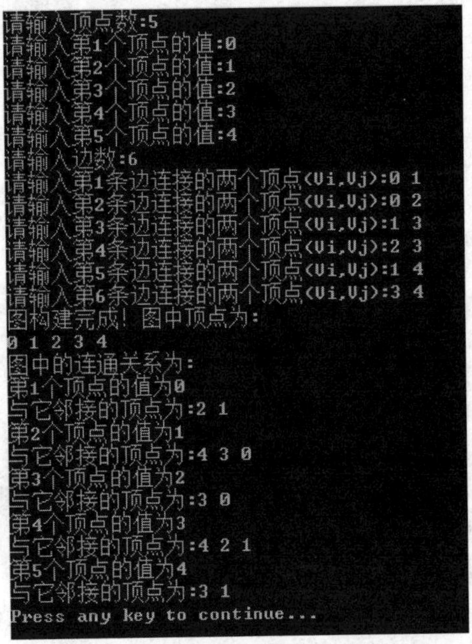

图 7-11

程序运行结果如图 7-11 所示。

嘿嘿，看看输出的邻接表跟我画的邻接表内容是不是完全一样咧。

这段代码倒是有不少要讲的地方呢，咱来一点点慢慢说吧。

一开始的操作和邻接矩阵的一样，都是从屏幕获取用户输入的顶点数和边数，然后将顶点信息赋值给顶点集。之后它将用户输入的每条边连接的两个顶点的信息分解开来，变成两个邻接表的结点，对应的是这段代码：

```
printf("请输入第%d 条边连接的两个顶点(Vi,Vj):",i + 1);
scanf("%d%d",&h,&l);
p = (Gline*)malloc(sizeof(Gline));//申请结点空间，若失败则退出
if(p == NULL)
```

```
    {
        printf("error!");
        return;
    }
    //将该结点的 next 指针赋值为对应顶点集元素的 next 指针地址
    p->next = g[h].next;
    p->line_point = l;//将该邻接顶点值赋值给该结点
//将对应顶点集的 next 指针指向该结点，即该结点成功插入(头插法)
    (g + h)->next = p;


    //重复上面步骤将另一结点插入到另一对应顶点集元素
    p = (Gline*)malloc(sizeof(Gline));
    if(p == NULL)
    {
        printf("error!");
        return;
    }
    p->next = (g + l)->next;
    p->line_point = h;
    (g + l)->next = p;
}
```

这段程序将用户输入的每条边上连接的两个顶点的信息赋值给了 h 和 l 两个整型变量，然后根据顶点信息找到顶点所在的下角标位置，申请结点空间并将该结点插入到对应顶点集的 next 指针位置。

因为对于有向图而言，<V1,V2>和<V2,V1>是两种连通关系，所以这段代码里分别将这两种关系插入到对应的顶点集位置。

程序中使用了一种非常好用的插入方法——头插法。

什么是头插法咧？嘿嘿，顾名思义，就是将新结点插在了原来的第一个结点的位置成为了第一个结点。这种插入方法在不考虑排序的前提下效率比平常的尾插法(即寻找整条链表的结尾然后插入)高得多哦。因为这里的结点插入后是不需要排序的，所以使用头插法是不错的选择。

除了上面讲的两种，图的表示法还有邻接多重表法、十字链表法、逆邻接表法和边集数组法等，它们没有这两种常用，所以这里就不打算精讲啦，感兴趣的读者可以自己去百度查查哦。

接下来，咱来看看图的遍历方法吧。

7.3 图的遍历

嘿嘿，这节咱来讲讲图的遍历吧。

嗯，因为图本身长得这么麻烦且奇形怪状，所以咧，它的遍历方法相对于树也会更麻烦一点点。不过遍历的概念还是不变的哦，从图中某顶点出发访遍图中每个顶点，且每个顶点仅访问一次。这一过程称为图的遍历(Traversing Graph)。

跟前面树的遍历一样，图的遍历也很重要哦。因为它将是求解图的连通性问题、拓扑排序和关键路径等算法的基础。

嘿嘿，那咱就开始讲图的遍历吧。

图的遍历顺序有两种：深度优先搜索遍历(DFS)和广度优先搜索遍历(BFS)。对于每种搜索顺序，访问各顶点的顺序也不是唯一的(也就是说，即使使用同一种遍历顺序，输出的遍历顺序也不一定是一样的哦)。

1. 深度优先搜索遍历

咱先从深度优先搜索遍历说起吧。

深度优先搜索遍历有点类似于树中的前序遍历。它的思路就是先抓住一个顶点，将其标记为已遍历，然后判断这个顶点有没有邻接顶点，有的话就去遍历它将其标记成已遍历，并看那个顶点有木有邻接顶点，有的话重复上述过程，直到没有邻接顶点可以遍历再逐层返回。

嗯啊，看这思路就知道一定又是一个递归过程喽。其实深度优先搜索遍历本身就类似于将图看作树处理的一个过程，所以使用递归看起来也是理所当然喽。

那么它具体是如何实现的咧？嘿嘿，咱一个个讲。

在邻接矩阵里，它的思路是先遍历第一个顶点，然后记录这个顶点在邻接矩阵中的横纵坐标，并且循环判断与它的横坐标相同的顶点里有没有值为 1 的(即与该顶点邻接)，有的话，依次遍历这些顶点，并且按这个方法去判断它们有没有邻接顶点，有的话再依此类推。

例如：

```
#include<stdio.h>
#define MAX 100

struct graph
{
```

```
    int point[MAX]; //顶点表
    int line[MAX][MAX];//邻接矩阵，也称边表
    int point_num;//用于记录用户输入的顶点数
    int line_num; //用于记录用户输入的边数
};

int visited[MAX];//用于记录各顶点是否被遍历过

typedef struct graph G;//声明别名
typedef G* Gptr;

int main(void)
{
    G g1;
    void creat_graph(Gptr g);
    void DFS_travel(Gptr g);
    void DFS(Gptr g,int i);
    creat_graph(&g1);
    printf("深度遍历顺序为:\n");
    DFS_travel(&g1);
    printf("\n");
    return 0;
}

void creat_graph(Gptr g)
{
    int i,j,h,l;
    printf("请输入顶点数:");
    scanf("%d",&g->point_num);
    printf("请输入边数:");
    scanf("%d",&g->line_num);
    for(i = 0;i < g->point_num;i++)
    {
        printf("请输入第%d 个顶点的值:",i + 1);
        scanf("%d",&g->point[i]);
    }
    //将要用到的邻接矩阵进行初始化赋值
```

```
    for(i = 0;i < g->point_num;i++)
    {
        for(j = 0;j < g->point_num;j++)
        {
            g->line[i][j] = 0;
        }
    }
    for(i = 0;i < g->line_num; i++)
    {
        printf("请输入第%d 条边连接的两个顶点(Vi,Vj):",i + 1);
        scanf("%d%d",&h,&l);
        //将邻接矩阵中对应位置的值从 0 改为 1
        g->line[h][l] = g->line[l][h] = 1;
    }
    printf("图构建完成！图中顶点为:\n");
    for(i = 0;i < g->point_num;i++)
    {
        printf("%d ",g->point[i]);
    }
    printf("\n");
    printf("它们在图中的连通关系为:\n");
    for(i = 0;i < g->point_num;i++)
    {
        for(j = 0;j < g->point_num;j++)
        {
            printf("%d ",g->line[i][j]);
        }
        printf("\n");
    }
}

void DFS_travel(Gptr g)
{
    int i;
    void DFS(Gptr g,int i);
    for(i = 0;i < g->point_num;i++)
    {
```

```
        visited[i] = 0;//表示当前所有顶点均未被遍历过
    }
    for(i = 0;i < g->point_num;i++) //开始遍历
    {
        //如果当前顶点没被遍历过，则执行 DFS 函数进行深度优先递归遍历
        if(visited[i] == 0)
        {
            DFS(g,i);
        }
    }
}
```

```
void DFS(Gptr g,int i)
{
    int j;
    visited[i] = 1;//将该顶点标记为已遍历
    printf("%d",g->point[i]);//输出其内容
    for(j=0;j<g->point_num;j++)//寻找与其邻接的顶点
    {
        //若存在邻接顶点且没被遍历过
        if(g->line[i][j] == 1 && visited[j] == 0)
        {
            DFS(g,j);//对其进行递归遍历
        }
    }
}
```

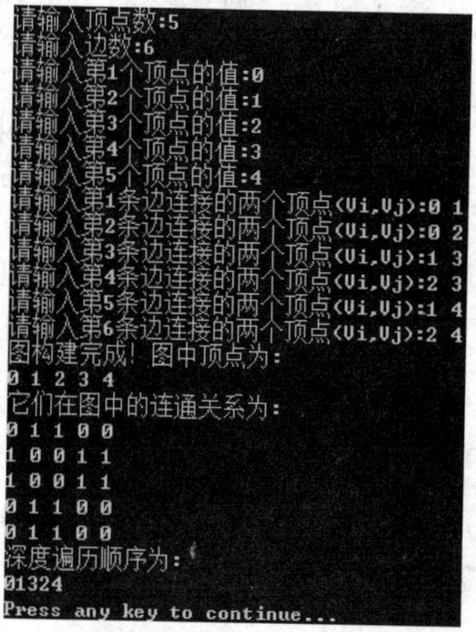

图 7-12

程序运行结果如图 7-12 所示。

这回咱们构建的图还是类似于图 7-13 所示的图。

在深度优先搜索遍历中相当于把图 7-13 转换成了如图 7-14 所示的一棵二叉树进行了前序遍历。

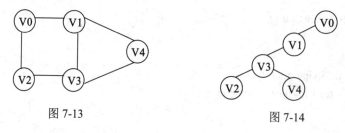

图 7-13

图 7-14

　　虽然深度优先搜索遍历每次输出的遍历顺序会因为第一次选择的顶点不同而不同，但是每次输出的顺序都是把它变成一棵二叉树进行前序遍历时输出的结果。如果不能这么转换的话，那么很有可能这种遍历不是深度优先搜索遍历哦。

　　说完了邻接矩阵版的，再来看看邻接表版的吧。

　　邻接表版的深度优先搜索遍历的思路就是先在顶点集中找一个顶点，将与它链接的边集链表中的所有顶点全部遍历，再去遍历顶点集中的顶点和边集链表中的顶点，依此类推下去即可。

　　例如：

```c
#include<stdio.h>
#include<stdlib.h>
#define MAX 100

struct graph_point//声明作为顶点集元素的结构体
{
    int point_num; //顶点值
    struct graph_line *next;//指向连通关系集的 next 指针
};

struct graph_line//声明作为连通关系集结点的结构体
{
    int line_point;//与该顶点邻接的顶点的值
    struct graph_line *next; //next 指针
};

int visited[MAX];//用于记录顶点是否被遍历过
int p_num;//用于记录顶点数

typedef struct graph_point Gpoint;//声明别名
typedef struct graph_line Gline;

int main(void)
{
    Gpoint g1[MAX];
    int creat_graph(Gpoint *g);
    void DFS_travel(Gpoint *g);
    void DFS(Gpoint *g,int i);
```

```
    p_num = creat_graph(g1);
    printf("深度优先遍历结果为:\n");
    DFS_travel(g1);
    printf("\n");
    return 0;
}

int creat_graph(Gpoint *g)
{
    int p_num,l_num,i,h,l;
    Gline *p;
    printf("请输入顶点数:");
    scanf("%d",&p_num);
    for(i = 0;i < p_num;i++)
    {
        printf("请输入第%d 个顶点的值:",i + 1);
        scanf("%d",&(g + i)->point_num);
        (g + i)->next = NULL;
    }
    printf("请输入边数:");
    scanf("%d",&l_num);
    for(i = 0;i < l_num;i++)
    {
        printf("请输入第%d 条边连接的两个顶点(Vi,Vj):",i + 1);
        scanf("%d%d",&h,&l);
        p = (Gline*)malloc(sizeof(Gline));//申请结点空间，若失败则退出
        if(p == NULL)
        {
            printf("error!");
            return;
        }
        //将该结点的 next 指针赋值为对应顶点集元素的 next 指针地址
        p->next = g[h].next;
        p->line_point = l;//将该邻接顶点值赋值给该结点
        //将对应顶点集的 next 指针指向该结点，即该结点成功插入(头插法)
        (g + h)->next = p;
```

```
    p = (Gline*)malloc(sizeof(Gline));
//重复上面步骤将另一结点插入到另一对应顶点集元素
    if(p == NULL)
    {
        printf("error!");
        return;
    }
    p->next = (g + l)->next;
    p->line_point = h;
    (g + l)->next = p;
}
printf("图构建完成！图中顶点为:\n");
for(i = 0;i < p_num;i++)
{
    printf("%d ",(g + i)->point_num);
}
printf("\n");
printf("图中的连通关系为:\n");
for(i = 0;i < p_num;i++)
{
    printf("第%d 个顶点的值为%d",i + 1,(g + i)->point_num);
    if((g + i)->next != NULL) //如果存在邻接的顶点则输出
    {
        printf("\n");
        printf("与它邻接的顶点为:");
        p = (g + i)->next;
        while(p != NULL)
        {
            printf("%d ",p->line_point);
            p = p->next;
        }
        printf("\n");
    }
    else
    {
        printf("\n");
    }
```

```
    }
    return p_num;
}
void DFS_travel(Gpoint *g)
{
    int i;
    void DFS(Gpoint *g,int i);
    for(i = 0;i < p_num;i++)
    {
        visited[i] = 0;//将所有顶点标记为未被遍历过
    }
    for(i = 0;i < p_num;i++)//开始深度优先搜索遍历
    {
        if(visited[i] == 0)//若找到没被遍历的顶点
        {
            DFS(g,i); //执行遍历
        }
    }
}

void DFS(Gpoint *g,int i)
{   Gline *p;
    visited[i] = 1;//标记为已遍历
    printf("%d",(g + i)->point_num);//输出该顶点内容
    p = (g + i)->next;//开始遍历其边集中的邻接顶点
    while(p != NULL)
    {
        if(visited[p->line_point] == 0)
        {
            //递归遍历边集中邻接顶点的邻接顶点
            DFS(g,p->line_point);
        }
        p = p->next;
    }
}
```

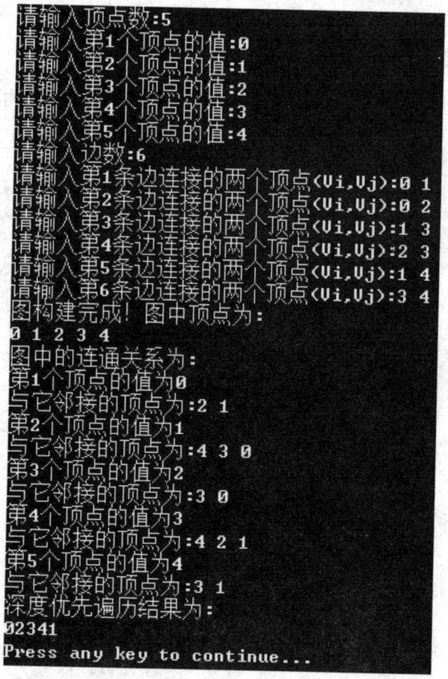

```
请输入顶点数:5
请输入第1个顶点的值:0
请输入第2个顶点的值:1
请输入第3个顶点的值:2
请输入第4个顶点的值:3
请输入第5个顶点的值:4
请输入边数:6
请输入第1条边连接的两个顶点(Vi,Vj):0 1
请输入第2条边连接的两个顶点(Vi,Vj):0 2
请输入第3条边连接的两个顶点(Vi,Vj):1 3
请输入第4条边连接的两个顶点(Vi,Vj):2 3
请输入第5条边连接的两个顶点(Vi,Vj):1 4
请输入第6条边连接的两个顶点(Vi,Vj):3 4
图构建完成! 图中顶点为:
0 1 2 3 4
图中的连通关系为:
第1个顶点的值为0
与它邻接的顶点为:2 1
第2个顶点的值为1
与它邻接的顶点为:4 3 0
第3个顶点的值为2
与它邻接的顶点为:3 0
第4个顶点的值为3
与它邻接的顶点为:4 2 1
第5个顶点的值为4
与它邻接的顶点为:3 1
深度优先遍历结果为:
02341
Press any key to continue...
```

图 7-15

程序运行结果如图 7-15 所示。

哎呦，这回输出的深度优先搜索遍历结果就和邻接矩阵的不一样哦。

嘿嘿，这就是前面说过的，即使使用一样的图，一样的遍历算法，但是使用的图的表示法不同或者第一次选择遍历的顶点不同，遍历顺序就不唯一。但前面也说过，无论它怎么不同，都可以按它的输出顺序画一棵被前序遍历输出的二叉树。

这回咱们构建的还是如图 7-16 所示的一张图。

转换成二叉树前序遍历的话，这回的二叉树如图 7-17 所示。

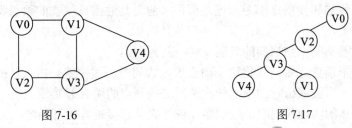

图 7-16　　　　　　　　　　　　　　　图 7-17

深度优先搜索遍历算法不难理解，所以不再详细讲了。😊

2. 广度优先搜索遍历

嗯，广度优先搜索遍历，听起来又是一个高大上的东东。😁

嘿嘿，其实它类似于树中的层序遍历。

嗯？啥是层序遍历？嘿嘿，顾名思义，就是按树的层次从根结点一层一层向下遍历的遍历方法喽。

在图结构中的话，就是先把一个顶点的所有邻接顶点遍历完，再依次去遍历每个邻接顶点的邻接顶点，依次类推，直到所有顶点均被遍历。

额，这么说的话感觉很无力……😵继续上图，看图 7-18。

就拿这张图来说吧，这么看起来好像它跟树中的那种层次感一点关系都没有……，嘿嘿，没关系，把图中的顶点间路径的长度稍微改一下就很容易看出来层次了，而且这种修改是不会影响到图的效果的哦。

修改后的图如图 7-19 所示。

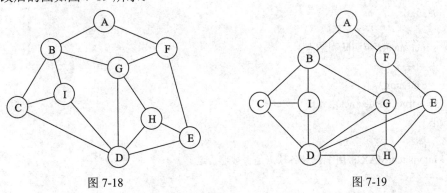

图 7-18　　　　　　　　　　　　　　　图 7-19

嘿嘿，这样树的那种层次感是不是瞬间 get 了咧。

广度优先搜索遍历就是从 A 顶点开始，先遍历 A 的所有邻接顶点，即 B 和 F；之后遍历 B 的所有邻接顶点，即 C、I、G；之后是 F 的(G 重复了，所以不会被二次遍历)所有邻接顶点；再遍历第三层次上各顶点的所有邻接顶点，依次类推。

这里就有问题啦，你怎么能记得住这种层次呢？也就是说，你怎么知道 B 和 F 是同一个层次的要把它俩的邻接顶点都遍历过之后再去遍历其他第三层次的顶点呢？这种顶点层次你怎么记住的呢？

嘿嘿，这里就又要用到咱们的老朋友——队列啦。

每遍历过一个顶点之后，就将这个顶点放入队列尾，这样就会按入队的顺序被再次出列，就可以按第一次被遍历时的层次依次遍历这些顶点的所有邻接顶点啦。

咱来看看具体的实现代码吧，老规矩，依然先从邻接矩阵版开始吧。

在邻接矩阵中进行广度优先搜索遍历，也是先找一个顶点，然后遍历该顶点的所有邻接顶点，每遍历一个就入队列一个，遍历完之后将这些顶点依次出列并遍历该顶点的所有邻接顶点并入队列，如此循环即可。

例如：

```
#include<stdio.h>
#include<stdlib.h>
#define MAX 100

struct graph
{
    int point[MAX]; //顶点表
    int line[MAX][MAX];//邻接矩阵，也称边表
    int point_num;//用于记录用户输入的顶点数
    int line_num; //用于记录用户输入的边数
};

struct queue//声明队列结点
{
    int num;
    struct queue *next;
};

int visited[MAX];//用于记录各顶点是否被遍历过
```

```
typedef struct graph G;//声明别名
typedef G* Gptr;
typedef struct queue Q;

int main(void)
{
    G g1;
    void creat_graph(Gptr g);
    void BFS_travel(Gptr g);
    creat_graph(&g1);
    printf("广度遍历顺序为:\n");
    BFS_travel(&g1);
    printf("\n");
    return 0;
}

void creat_graph(Gptr g)
{
    int i,j,h,l;
    printf("请输入顶点数:");
    scanf("%d",&g->point_num);
    printf("请输入边数:");
    scanf("%d",&g->line_num);
    for(i = 0;i < g->point_num;i++)
    {
        printf("请输入第%d 个顶点的值:",i + 1);
        scanf("%d",&g->point[i]);
    }
    //将要用到的邻接矩阵进行初始化赋值
    for(i = 0;i < g->point_num;i++)
    {
        for(j = 0;j < g->point_num;j++)
        {
            g->line[i][j] = 0;
        }
    }
    for(i = 0;i < g->line_num; i++)
```

```
    {
        printf("请输入第%d 条边连接的两个顶点(Vi,Vj):",i + 1) ;
        scanf("%d%d",&h,&l);


        g->line[h][l] = g->line[l][h] = 1;
        //将邻接矩阵中对应位置的值从 0 改为 1
    }
    printf("图构建完成！图中顶点为:\n");
    for(i = 0;i < g->point_num;i++)
    {
        printf("%d ",g->point[i]);
    }
    printf("\n");
    printf("它们在图中的连通关系为:\n");
    for(i = 0;i < g->point_num;i++)
    {
        for(j = 0;j < g->point_num;j++)
        {
            printf("%d ",g->line[i][j]);
        }
        printf("\n");
    }
}


void BFS_travel(Gptr g)//广度优先搜索遍历函数
{
    int i,j,k;
    Q *queue;
    Q* DeQueue(Q *queue,int *k); //出队列函数
    Q *EnQueue(Q *queue,int n); //入队列函数
    queue = NULL;
    for(i = 0; i < g->point_num;i++)//将所有顶点设为未被遍历过
    {
        visited[i] = 0;
    }
    for(i = 0;i < g->point_num;i++)//开始遍历
    {
```

```
    if(visited[i] == 0)//找到没遍历过的顶点
    {
        visited[i] = 1; //设为已遍历
        printf("%d",g->point[i]);//输出内容
        queue = EnQueue(queue,i);//将其入队列
        while(1) //遍历它的所有邻接顶点
        {
            //从队列取出要遍历其所有邻接顶点的顶点
            queue = DeQueue(queue,&k);
            if(k == -1) //如果队列已空，跳出循环
            {
                break;
            }
            for(j = 0;j < g->point_num;j++)
            {
                if(g->line[k][j] == 1 && visited[j] == 0)
                {
                    visited[j] = 1;
                    printf("%d",g->point[j]);
                    //遍历后将其入队列以便记录遍历层次
                    queue =    EnQueue(queue,j);
                }
            }
        }
    }
}


Q *EnQueue(Q *queue,int n)//入队列函数
{
    Q *previous,*last;
    if(queue == NULL)//如果队列是空的，申请空间并赋值
    {
        queue = (Q*)malloc(sizeof(Q));
        if(queue == NULL)
        {
            printf("errpr!");
```

```
                return NULL;
            }
        queue->num = n;
        queue->next = NULL;
        return queue;//返回队列头地址
    }
    else //如果不是空的，找到队列尾申请空间并赋值
    {
        last = queue;
        while(last != NULL)
        {
            previous = last;
            last = last->next;
        }
        last = (Q*)malloc(sizeof(Q));
        if(last == NULL)
        {
            printf("error!");
            return NULL;
        }
        last->num = n;
        last->next = NULL;
        previous->next = last;
        return queue; //返回队列头地址
    }
}


Q *DeQueue(Q *queue,int *k)//出队列函数
{
    Q *t;
    if(queue == NULL)
    {
        *k = -1;//队列若已空，将*k 赋值-1
        return NULL;
    }
    *k = queue->num; //将顶点下角标值赋值给*k
    t = queue;
```

```
    queue = queue->next;
    free(t);
    return queue; //返回队列的新首地址
}
```

程序运行结果如图 7-20 所示。

因为咱们构建的图是万年不变的这张图，所以这里就没截图构建图的数据，嘿嘿，省点地方。构建的图依然是图 7-21 这张图。

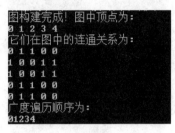

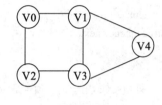

图 7-20　　　　　　　　　　　　　　　　　图 7-21

咱们是从 V0 开始遍历的，所以它先输出了 V0 并将 V0 入队列，在循环语句中遍历输出了 V0 的全部邻接顶点，即在这个过程中 V1 和 V2 被入队列，V0 则出队列；之后 V1 出队列，遍历 V1 的所有邻接顶点，即 V3、V4 这两个顶点入队列；之后 V2 出队列，遍历 V2 的所有邻接顶点，即 V0 和 V3，但是这两个顶点已经被遍历过，所以不会再被遍历，也就不会有新顶点入队列；之后 V3 出队列，和 V2 一样，其所有邻接顶点均已被遍历，所以没有新输出和新顶点入队；V4 同理。

说完了邻接矩阵的版本，咱再来看看邻接表版本的吧。

邻接表版的广度优先搜索遍历，逻辑也和邻接矩阵版的大体相同，也是先找一个顶点，然后遍历该顶点的所有邻接顶点，每遍历一个就入队列一个，遍历完之后将这些顶点依次出列并遍历该顶点的所有邻接顶点并入队列，如此循环即可。

例如：

```
#include<stdio.h>
#include<stdlib.h>
#define MAX 100

struct graph_point//声明作为顶点集元素的结构体
{
    int point_num; //顶点值
    struct graph_line *next;//指向连通关系集的 next 指针
};
```

```c
struct graph_line//声明作为连通关系集结点的结构体
{
    int line_point;//与该顶点邻接的顶点的值
    struct graph_line *next; //next 指针
};

struct queue //声明队列结点
{
    int num;
    struct queue *next;
};

int visited[MAX];//用于记录顶点是否被遍历过
int p_num;//用于记录顶点数

typedef struct graph_point Gpoint;//声明别名
typedef struct graph_line Gline;
typedef struct queue Q;

int main(void)
{
    Gpoint g1[MAX];
    int creat_graph(Gpoint *g);
    void BFS_travel(Gpoint *g);
    p_num = creat_graph(g1);
    printf("广度优先遍历结果为:\n");
    BFS_travel(g1);
    printf("\n");
    return 0;
}

int creat_graph(Gpoint *g)
{
    int p_num,l_num,i,h,l;
    Gline *p;
    printf("请输入顶点数:");
```

```
scanf("%d",&p_num);
for(i = 0;i < p_num;i++)
{
    printf("请输入第%d 个顶点的值:",i + 1);
    scanf("%d",&(g + i)->point_num);
    (g + i)->next = NULL;
}
printf("请输入边数:");
scanf("%d",&l_num);
for(i = 0;i < l_num;i++)
{
    printf("请输入第%d 条边连接的两个顶点(Vi,Vj):",i + 1);
    scanf("%d%d",&h,&l);
    p = (Gline*)malloc(sizeof(Gline));//申请结点空间，若失败则退出
    if(p == NULL)
    {
        printf("error!");
        return;
    }
    //将该结点的 next 指针赋值为对应顶点集元素的 next 指针地址
    p->next = g[h].next;
    p->line_point = l;//将该邻接顶点值赋值给该结点
    //将对应顶点集的 next 指针指向该结点，即该结点成功插入(头插法)
    (g + h)->next = p;
    p = (Gline*)malloc(sizeof(Gline));
    //重复上面步骤将另一结点插入到另一对应顶点集元素
    if(p == NULL)
    {
        printf("error!");
        return;
    }
    p->next = (g + l)->next;
    p->line_point = h;
    (g + l)->next = p;
}
printf("图构建完成！图中顶点为:\n");
for(i = 0;i < p_num;i++)
```

```
    {
        printf("%d ",(g + i)->point_num);
    }
    printf("\n");
    printf("图中的连通关系为:\n");
    for(i = 0;i < p_num;i++)
    {
        printf("第%d 个顶点的值为%d",i + 1,(g + i)->point_num);
        if((g + i)->next != NULL) //如果存在邻接的顶点则输出
        {
            printf("\n");
            printf("与它邻接的顶点为:");
            p = (g + i)->next;
            while(p != NULL)
            {
                printf("%d ",p->line_point);
                p = p->next;
            }
            printf("\n");
        }
        else
        {
            printf("\n");
        }
    }
    return p_num;
}


void BFS_travel(Gpoint *g)
{
    int i,k;
    Gline *p;
    Q *queue;
    Q* DeQueue(Q *queue,int *k); //出队列函数
    Q *EnQueue(Q *queue,int n); //入队列函数
    queue = NULL;
    for(i = 0;i < p_num;i++)
```

```
    {
        visited[i] = 0;//将所有顶点标记为未被遍历过
    }
    for(i = 0;i < p_num;i++)//开始深度优先遍历
    {
        if(visited[i] == 0)//若找到没被遍历的顶点
        {
            visited[i] = 1;
            printf("%d",(g + i)->point_num);//输出该顶点内容
            queue = EnQueue(queue,i);
            while(1)
            {
                //从队列取出要遍历其所有邻接顶点的顶点
                queue = DeQueue(queue,&k);
                if(k == -1)//如果队列已空，跳出循环
                {
                    break;
                }
                p = (g + i)->next;//开始遍历该顶点的所有邻接顶点
                while(p != NULL)
                {
                    if(visited[p->line_point] == 0)
                    {
                        visited[p->line_point] = 1;
                        printf("%d",p->line_point);
                        queue = EnQueue(queue,p->line_point);
                    }
                    p = p->next;
                }
            }
        }
    }
}

Q *EnQueue(Q *queue,int n)//入队列函数
{
    Q *previous,*last;
```

```
        if(queue == NULL)//如果队列是空的，申请空间并赋值
        {
            queue = (Q*)malloc(sizeof(Q));
            if(queue == NULL)
            {
                printf("errpr!");
                return NULL;
            }
            queue->num = n;
            queue->next = NULL;
            return queue;//返回队列头地址
        }
        else //如果不是空的，找到队列尾申请空间并赋值
        {
            last = queue;
            while(last != NULL)
            {
                previous = last;
                last = last->next;
            }
            last = (Q*)malloc(sizeof(Q));
            if(last == NULL)
            {
                printf("error!");
                return NULL;
            }
            last->num = n;
            last->next = NULL;
            previous->next = last;
            return queue; //返回队列头地址
        }
    }
    Q *DeQueue(Q *queue,int *k)//出队列函数
    {
        Q *t;
        if(queue == NULL)
        {
```

```
        *k = -1; //队列若已空，则将*k 赋值-1
        return NULL;
    }
    *k = queue->num; //将顶点下角标值赋值给*k
    t = queue;
    queue = queue->next;
    free(t);
    return queue; //返回队列的新首地址
}
```

在这种没加代码风格的情况下，这段代码长度为 218 行。

先来看下程序运行结果吧，构建的图依然是图 7-22 这张图，运行结果如图 7-23 所示。

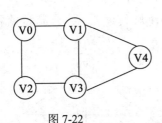

图 7-22

图 7-23

嘿嘿，果然和用邻接矩阵表示法输出的遍历顺序不一样了呢，有了前面的经验，现在应该知道了这个很正常呢。

出现了这种顺序的原因是上回邻接矩阵的广度优先搜索遍历是先将 V1 输出后再将 V2 输出，而这回是先将 V2 输出后再将 V1 输出。也就是说，在入队列时 V2 先于 V1。但是因为 V1、V2 是同一层次结点，所以，这是没错的。😁

这种顺序就是先输出了 V0，将 V0 入队列，再在循环中将 V0 出队列对它所有的邻接顶点进行遍历。先遍历了 V2 并将其入队，后遍历了 V1 并入队(这里的顺序刚好和刚才邻接矩阵的相反，所以输出不一样啦，但是都是对的；)此后将 V2 出队并遍历其所有顶点并入队，结果输出了 V3 并将 V3 入队；之后 V1 出队并遍历了 V1 的所有邻接顶点，即 V0、V3、V4，但只有 V4 没被遍历过，所以 V4 被输出并入队；这回 V3 出队，没有新顶点输出，V4 出队同理。

呼，总算是像绕口令一样的讲完了，囧。不知道你看懂没……😊😁

这样子，图的遍历就算是告一段落喽，接下来该用遍历的思想去解决问题喽。

7.4 最短路径计算

接下来咱们要接触的图都是带权值的啦，嘿嘿，还记得带权值的图叫作什么嘛，嗯啊，叫作网，如图 7-24 所示。

所谓的最短路径，就是指从一个顶点到另一个顶点所经过的路径中权值之和最小的路径。

计算最短路径总共有两种算法：一种叫迪杰斯特拉算法(Dijkstra)，主要用于求一个顶点到其他所有顶点的最小路径，时间复杂度是 O(n^3)；另一种叫作弗洛伊德算法(Floyd)，主要用于求每个顶点到所有顶点的最小路径时间，复杂度也是 O(n^3)。本节主要会讲的是第一种，即迪杰斯特拉算法。

这个迪杰斯特拉算法的主要思路就是先找一个顶点作为起点(也可以叫源点)，然后找与它邻接且权值最小的顶点作为起点到这个顶点的最小路径，之后再看看与这两个顶点邻接的顶点都有谁，并且找从起点到该顶点的最小权值路径作为起点到该顶点的最小路径，之后再看跟这三个顶点邻接的顶点还有谁，重复这个操作过程。

图初始化时，属于最短路径的顶点 U={V0}(源点)，不属于最短路径的顶点是 V={V1,V2,V3,V4,V5}，示意图如图 7-25 所示。

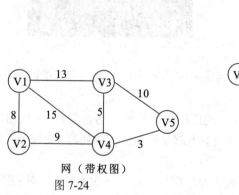

网（带权图）

图 7-24

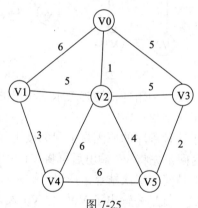

图 7-25

之后开始我们的最短路径算法。在图 7-25 中，与 V0 相邻的顶点有 V1、V2、V3，从 V0 到这些顶点的距离为(V0,V1)=6,(V0,V2)=1,(V0,V3)=5。可见，V0 到 V2 的权值最小，所以将 V2 加入到 U 集合中。

至此，属于最短路径的顶点 U={V0,V2}，不属于最短路径的顶点 V={V1,V3,V4,V5}，最短路径 V0->V2=1，示意图如图 7-26 所示。

接着继续寻找最短路径，与 V0、V2 相邻的顶点有 V1、V3、V4、V5，从 V0 到这些顶点的距离为

(V0,V1)=6,(V0,V2,V1)=6,(V0,V3)=5,(V0,V2,V3)=6,(V0,V2,V4)=7,(V0,V2,V5)=5。其 中 (V0,V3)和(V0,V2,V5)的距离都是 5，随便选择哪个顶点都可以，这里我们将 V3 加入到集 合 U。

此时，属于最短路径的顶点 U={V0,V2,V3}，不属于最短路径的顶点是 V={V1, V4,V5}，最短路径 V0->V2=1,V0->V3=5，示意图如图 7-27 所示。

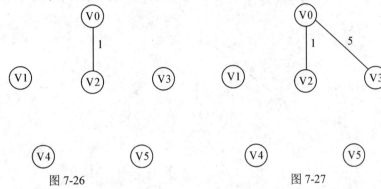

图 7-26   图 7-27

接着，与 V0、V2、V3 相邻的顶点有 V1、V4、V5，从 V0 到这些顶点的距离为 (V0,V1)=6,(V0,V2,V1)=6,(V0,V2,V4)=7,(V0,V2,V5)=5,(V0,V3,V5)=7

由此可见，(V0,V2,V5)间距离最短，因此将 V5 加入到 U 集合。

至此，属于最短路径的顶点 U={V0,V2,V3,V5}，不属于最短路径的顶点是 V={V1, V4}，最短路径 V0->V2=1,V0->V3=5,V0->V2->V5=5，示意图如图 7-28 所示。

接着，与 V0、V2、V3、V5 相邻的顶点有 V1、V4，从 V0 到这些顶点的距离为

(V0,V1)=6,(V0,V2,V1)=6,(V0,V2,V4)=7,(V0,V2,V5,V4)=11

由此可见，(V0,V1)与(V0,V2,V1)间距离一样短，因此将 V1 加入到 U 集合。

至此，属于最短路径的顶点 U={V0,V1,V2,V3,V5}，不属于最短路径的顶点是 V={V4}，最短路径 V0->V2=1,V0->V3=5,V0->V2->V5=5,V0->V1=6，示意图如图 7-29 所示。

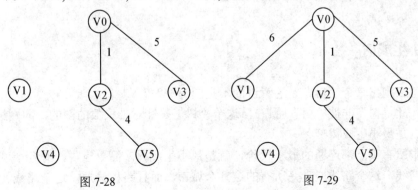

图 7-28   图 7-29

最后，与 V0、V2、V3、V5、V1 相邻的顶点是 V4，从 V0 到 V4 的距离为

$$(V0,V1,V4)=9, (V0,V2,V4)=7, (V0,V2,V5,V4)=11$$

由此可见，(V0,V2,V4)间距离最短，因此将 V4 加入到 U 集合。

至此，属于最短路径的顶点 U={V0,V1,V2,V3,V4,V5}，不属于最短路径的顶点是 V={}，最短路径 V0->V2=1, V0->V3=5, V0->V2->V5=5, V0->V1=6, V0->V2->V4=7，示意图如图 7-30 所示。

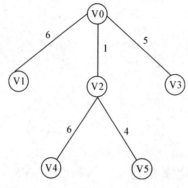

图 7-30

其实知道了迪杰斯特拉算法，求最短路径的问题就已经解决啦。因为迪杰斯特拉算法是针对一个顶点到其他所有顶点的最短路径的算法，除了算一个顶点到其他所有顶点的问题，其他问题无非是一个顶点到特定一个顶点的最短路径(这个只要按上面的算法去算特定的那一个顶点的最小路径就行啦)、多个顶点到所有顶点的最短路径(把每个顶点都用迪杰斯特拉算法这样算一次就行啦)之类的问题，都是可以使用迪杰斯特拉算法搞定的，不需要所谓的弗洛伊德算法，我不想讲它的原因是它不好懂，而且时间复杂度上不比迪杰斯特拉算法高效(这两种算法的时间复杂度一样)。

接下来，咱再来看看最小生成树的问题吧。

7.5 最小生成树

哎，怎么跑出来个"树"？这章讲的不是图吗？？？

嘿嘿，此"树"非彼"树"哦😁，这个"树"是针对带权数的图的，即网结构的哦。

那什么是最小生成树咧？

使图中所有顶点都连通的最小代价，就是最小生成树。简单点说，有几个城市，你要设计一个路线，这个路线能走完所有的这几个城市，而且路程最短，这个路线就是最小生

成树的含义。

哦，你看，是不是跟上一章的树不是一个东西咧。

因为路程最短嘛，所以在最小生成树里永远不会出现回路，而且还会满足能连通所有顶点的条件，即用 n－1 条权数最小的路径连通 n 个顶点。

有两种算法可以构造最小生成树。

1. kruskal 算法

克鲁斯卡尔(kruskal)算法的基本思想是：为使生成树上总的权数和达到最小，就应该让每一条边上的权数都尽可能地小，所以自然应从权值最小的边选起，直到选出 n-1 条互不构成回路的权值最小边为止。

具体做法就是：首先构造一个只含 n 个顶点的森林，然后依权值从小到大从连通网中选择不使森林中产生回路的边加入到森林中，直至该森林变成一棵树为止，这棵树便是连通网的最小生成树。

无图无真相，继续上图。

初始化时，属于最小生成树的顶点U={}。不属于最小生成树的顶点 V = {V0, V1, V2, V3, V4, V5}，如图 7-31 所示。

去掉所有路径，使其变成由 5 棵只有根结点的树组成的森林。

之后选出还没有连接并且权最小的边 V0、V2。此时，属于最小生成树的顶点 U={V0,V2}，不属于最小生成树的顶点 V={ V1, V3,V4,V5}，如图 7-32 所示。

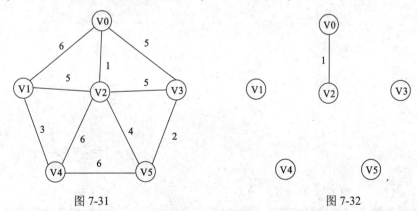

图 7-31　　　　　　　　　　　　　　　　　　图 7-32

同理选出 V3、V5，此时，属于最小生成树的顶点 U={V0,V2,V3,V5}，不属于最小生成树的顶点 V={ V1,V4}，如图 7-33 所示。

之后，又选出了 V1、V4，此时，属于最小生成树的顶点 U={V0,V1,V2,V3,V4,V5}，不属于最小生成树的顶点 V={}，如图 7-34 所示。

此时还不能算是生成了最小生成树，因为所有的顶点还没有都连在一起。

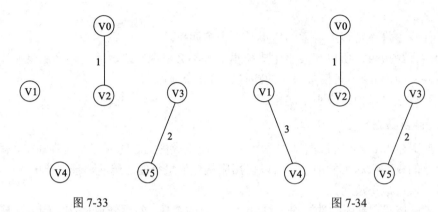

图 7-33   图 7-34

接着，为了使未连接的顶点彼此连接，我们继续选择权值最小的路径，此次选择的是 V2、V5。

此时，属于最小生成树的顶点 U={V0,V2,V3,V5,V1,V4}，不属于最小生成树的顶点 V={}，如图 7-35 所示。

同理，最后我们再选出 V2、V1。此时，属于最小生成树的顶点 U={V0,V2,V3,V5,V1,V4}，不属于最小生成树的顶点 V={}，如图 7-36 所示。

至此，所以顶点连接完成，最小生成树生成成功。此处没有选择 V0、V3 以及 V2、V3，以免产生回路。

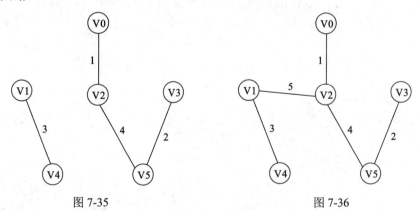

图 7-35   图 7-36

如果说克鲁斯卡尔算法是按整个图中权数从最小的边开始选起直到使用所有尽可能最小的边构成回路的话，那么接下来的算法则跟它完全相反。它是先往树中加结点，再找这两个点之间的权数最小路径。

2. Prim 算法

普里姆(Prim)算法从另一个角度构造连通网的最小生成树。它的基本思想是：首先选取图中任意一个顶点 V 作为生成树的根,之后继续往生成树中添加顶点 W,那么在顶点 W 和顶点 V 之间必须有边,且该边上的权值应在所有和 V 相邻接的边中属最小(即找 W 和 V 之间权数最小的边作为生成树的路径)。也就是说,普里姆算法是先加顶点后找边,而克鲁斯卡尔算法是先找边后找顶点。😁

初始化时,属于最小生成树的顶点 U={},不属于最小生成树的顶点 V = {V0, V1, V2, V3, V4, V5},如图 7-37 所示。

以顶点 V0 为生成树的根结点后,将顶点 V2 放入生成树,选择两顶点之间权数最小的路径作为生成树的路径,所以选择(V0,V2)。

此时,属于最小生成树的顶点 U = {V0, V2},不属于最小生成树的顶点 V = {V1, V3, V4, V5},如图 7-38 所示。

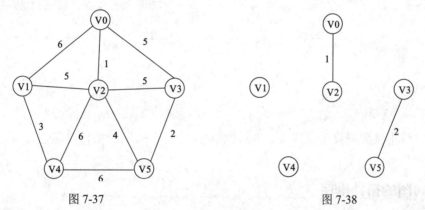

图 7-37　　　　　　　　　　　　　　　　　　　　图 7-38

同理,将 V5 加入生成树时,选择 V2、V5。此时,属于最小生成树的顶点 U = {V0,V2,V5},不属于最小生成树的顶点 V = {V1,V3,V4 },如图 7-39 所示。

同理,将 V3 加入生成树时,选择 V5、V3。此时,属于最小生成树的顶点 U = {V0, V2, V3, V5},不属于最小生成树的顶点 V = {V1,V4},如图 7-40 所示。

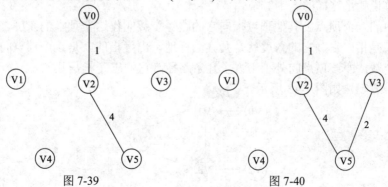

图 7-39　　　　　　　　　　　　　　　　　　　　图 7-40

以此类推，将 V1 加入生成树时，选择 V2、V1。此时，属于最小生成树的顶点 U={V0,V1,V2,V3,V5}，不属于最小牛成树的顶点 V={V4}，如图 7-41 所示。

最后，将 V4 加入生成树时，选择 V1、V4。此时，属于最小生成树的顶点 U={V0,V1,V2,V3,V4,V5}，不属于最小生成树的顶点 V={}，最小生成树生成完毕，如图 7-42 所示。

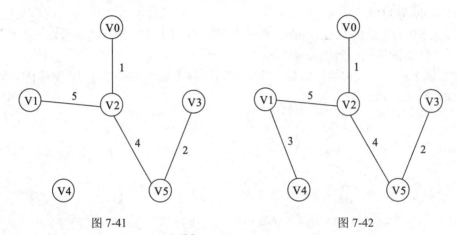

图 7-41   图 7-42

至此，最小生成树算是讲完喽。😁最后再来看看有向图的拓扑排序吧。

7.6 有向图的拓扑排序

在讲拓扑排序之前咧，咱们应该先温习一下有向图的两个概念：入度和出度。这两个概念很重要哦，它俩将会贯穿整节呢。😊

嘿嘿，那你还记得什么是入度、什么是出度吗？

嗯，简单说就是这样的。

有向图中的一个顶点上其他顶点指向它的路径个数叫作这个顶点的入度，就是说有几条路径的箭头是指向它，它的入度就是几。同样地，出度指的就是这个顶点向外指向其他顶点的路径个数，即该顶点向外指出去了几条路径，它的出度就是几。

来张图讲解吧，如图 7-43 所示。😁😜

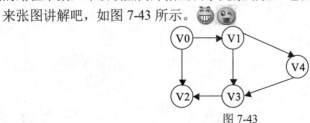

图 7-43

就拿这个有向图来说吧，对于 V0 而言，没有任何顶点有路径指向它，所以它的入度为 0。而它本身有两条向外指向其他顶点的路径，所以其出度为 2。同理，V1 的入度为 1，出度为 2；V2 的入度为 2，出度为 0；V3 的入度为 2，出度为 1；V4 的入度和出度均为 1。

明白了什么是入度、什么是出度，讲拓扑排序就是小菜一碟喽。

那到底什么是拓扑排序咧？书上的概念是这样的：

"对一个有向无环图(Directed Acyclic Graph，DAG)G 进行拓扑排序，是将 G 中所有顶点排成一个线性序列，使得图中任意一对顶点 U 和 V，若<U，V> ∈E(G)，则 U 在线性序列中出现在 V 之前。通常，这样的线性序列称为满足拓扑次序(Topological Order)的序列，简称拓扑序列。"

翻译过来是这样的：拓扑排序就是一种按照一定规则将有向无环图中的所有顶点按顺序输出的一个排序输出算法，这个规则是依次输出当前图中入度为 0 的顶点，直到所有顶点均被输出为止。

再细化一点：😀拓扑排序咧，就是先找到这个有向无环图中一个入度为 0 的顶点，将它输出，并且删掉它向外指向的路径。然后在删除完路径的图中再找入度为 0 的顶点，然后输出并且删除它的所有向外指向的路径，这样一直循环直到所有顶点均被输出为止。

以图 7-44 为例，咱来把整个拓扑排序的流程走一遍。

首先找当前图中入度为 0 的所有顶点。嗯，对于这张图而言，当前入度为 0 的顶点只有一个，就是 V0(如果有多个，先随便选择其中一个输出，剩下的放在第二次、第三次输出时输出)，所以输出 V0；然后删除它以及它向外指向的所有路径，如图 7-45 所示。

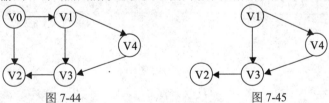

图 7-44　　　　　　　　　　　　　　图 7-45

这回再找在当前图中入度为 0 的顶点，还是只有一个，就是 V1，所以输出 V1，并且删除它向外指向的所有路径，如图 7-46 所示。

嗯，这回图中的关系就很明显是个单向线性结构喽，所以这回入度为 0 的是 V4，输出并删除其向外指向的路径后只剩下 V3、V2，如图 7-47 所示。

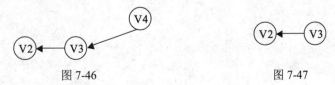

图 7-46　　　　　　　　　　　　　　图 7-47

很明显该输出 V3 喽，最后输出 V2。

所以这个有向无环图在拓扑排序下输出的顶点顺序为 V0-V1-V4-V3-V2。

哎，不知道你有木有注意到概念中的一个地方啊，就是有向图是有向无环图，那如果是有向有环图会怎么样咧？

比方说，把刚才那张有向无环图中的箭头改成图7-48这样，使它变成了有向有环图(V1、V3、V4 构成了一个环)，再把它按拓扑排序输出会怎样咧？

一开始还是一样，第一次入度为 0 的顶点是 V0，输出并删除路径后如图 7-49 所示。

呀，问题来了，没有入度为 0 的点喽……拓扑排序输出未完成，但是输出已经结束了。

所以在代码实现的时候就可以先记录下整张图中的顶点个数，再在输出的时候记录输出的顶点个数，如果输出结束了但是顶点没有被全部输出，那么就可以肯定这个有向图中有环路，就像图 7-49 这样。

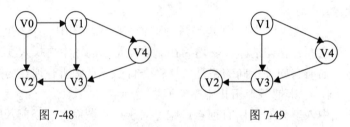

图 7-48   图 7-49

嘿嘿，这样拓扑排序就算是讲完喽，这章也算是结束啦。

第8章　查找的基础：排序

　　排序的用处之一，就是通过对数据定向排序以便于在查找时缩小查找的范围。这就好比你在整个学校范围里找我比知道了我的寝室号直接来寝室找我更容易一样。😆

　　所以咧，为了更好地讲搜索，咱们就先讲排序吧。放心，难度是递增的，即使是最难的内容我也绝对不会让你们云里雾里哦。😆😙

　　排序分成内部排序和外部排序，但这里我不打算讲外部排序，当前用处不太大……所以这本书中所有的排序都指的是内部排序哦。

　　那现在就开始吧。😊

8.1　经典的回顾：冒泡排序法

　　嘿嘿，冒泡排序法是不是觉得十分熟悉咧。😁嗯啊，这是咱们在学 C 语言课上讲的一种十分简单的排序方法。它的基本思路就是每次判断两个相邻元素值的大小，将较小的排到前面较大的排到后面，直到所有元素的值已经完全从小到大排列为止，没记错《脑洞大开：C 语言另类攻略》书里咱也讲过的哦。😁

　　因为比较简单，这里就直接上例子了哦。

　　例如：

```
#include<stdio.h>

int main(void)
{
    int a[6] = {1,3,5,6,4,2};
    void sort(int *a);

    sort(a);
    return 0;
```

```
        }

    void sort(int *a)
    {
        int i,flag,temp;
        flag = 1;//作为判断排序是否完成的标签

        //如果 flag 标签不为 0，证明有数据移动排序尚未完成，所以继续排序
        while(flag != 0)
        {
            flag = 0;//一开始 flag 赋值为 0
            for(i = 0;i < 5;i++)
            {
                //如果有数据移动  就将 flag 自增 1
                if(*(a + i) > *(a + i + 1))
                {
                    temp = *(a + i);
                    *(a + i) = *(a + i + 1);
                    *(a + i + 1) = temp;
                    flag++;
                }
            }
        }

        printf("排序完成～顺序为:\n");
        for(i = 0;i < 6;i++)
        {
            printf("%d ",*(a + i));
        }
    }
```

程序运行结果如图 8-1 所示。

图 8-1

额，感觉没啥想讲的，这个对你而言肯定很 OK 的吧，这里就不啰嗦啦。

接下来就讲第二种排序算法吧，嘿嘿，相信我，说出来吓死你。😁

因为它也是咱的老朋友哦。

8.2 又是老朋友——选择排序法

嘿嘿，没记错的话选择排序法是和冒泡排序法一起讲的，它跟冒泡排序法一样，也是一种非常简单的排序法哦。

选择排序法的算法思路是先从所有元素中选出最小的一个，把它和排在第一个的元素交换位置，然后从剩下的元素中再选出最小的与排在第二个的元素交换位置，一直重复这个方法直到最后一个元素为止，如图 8-2 所示。

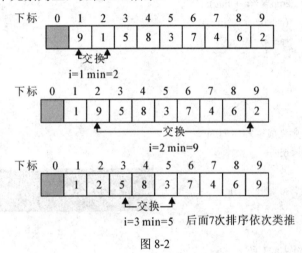

图 8-2

因为这个算法也比较简单，所以也就只放一个例子吧。

例如：

```
#include<stdio.h>

int main(void)
{
    int a[6] = {1,3,5,6,4,2};
    void sort(int *a);
    sort(a);
    return 0;
}

void sort(int *a)
```

```
{
    int flag,i,temp;
    flag = 0;//作为记录当前进行排序的元素下角标的标签
    while(flag < 6)//当尚未排完所有元素，循环排序
    {
        for(i = flag;i < 6;i++)
        {
            //如果当前要排序的元素值比其他元素值大，互换位置
            if(*(a + flag) > *(a + i))
            {
                temp = *(a + flag);
                *(a + flag) = *(a + i);
                *(a + i) = temp;
            }
        }
        flag++;
    }
    printf("排序完成～顺序为:\n");
    for(i = 0;i < 6;i++)
    {
        printf("%d ",*(a + i));
    }
}
```

图 8-3

程序运行结果如图 8-3 所示。

因为比较简单，所以也不打算讲代码了，我猜你也不会有问题。😁

接下来讲讲第三种排序方法吧。

8.3 插入排序法

插入排序法看起来像是新朋友，其实它和前两种排序法差不多的哦。

插入排序法的算法思路是先将要排序的元素中的前两个元素进行排序，然后将第三个元素插入到已经排序好的两个元素中，所以这三个元素仍然是从小到大排序。接着将第四个元素插入，然后一直重复这个操作直到所有元素都排序好。

嘿嘿，其实这个过程可以比喻成打扑克时摸牌之后的理排动作，先把手中的前两张牌大小排好再依次把其他牌插进来并保持大小排列顺序，如图 8-4 所示。

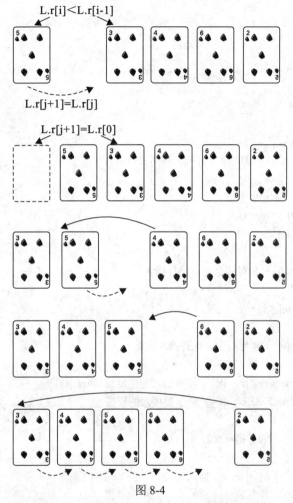

图 8-4

嘿嘿，那么应该如何具体实现算法咧，咱来一起写写看吧。

例如：

```c
#include<stdio.h>

int main(void)
{
    int a[6] = {1,3,5,6,4,2};

    void sort(int *a);
```

275

```
        sort(a);

        return 0;
    }


    void sort(int *a)
    {
    int temp,i,j,k;
    if(*(a + 0) > *(a + 1)) //先将前两个数据元素进行排序
    {
        temp = *(a + 0);
        *(a + 0) = *(a + 1);
        *(a + 1) = temp;
    }
    for(i = 2;i < 6;i++)//对剩余元素进行插入
    {
        for(j = 0;j < i;j++)
        {
            if(*(a + i) < *(a + j))//找到插入位置
            {
                temp = *(a + i);    //将要插入的值赋值给 temp
                for(k = i;k > j;k--)//腾出要插入的位置
                {
                    *(a + k) = *(a + k - 1);
                }
                *(a + j) = temp;//插入
            }
        }
    }

    printf("排序完成～顺序为:\n");
    for(i = 0;i < 6;i++)
    {
        printf("%d ",*(a + i));
    }
    }
```

程序运行结果如图 8-5 所示。

图 8-5

额，好吧……我承认这段代码也找不出神马可以讲的东西……😷主要是该讲的内容在讲数组的时候就已经都讲过啦。😁

所以咧，这里就依然跳过啦，我也相信你绝对不会对这段代码有问题的。😊

下一个算法就要讲一下喽，稍微有点难度，不过别怕哦，很好理解的。

8.4　希尔排序法

希尔是谁？

嘿嘿，当然是这个算法的发明人啦。😁他在 1959 年发明了这个算法，哎呀，掐指一算貌似很久远了呢。😲

其实希尔排序法是插入排序法的一个优化，它的策略是将要排序的元素根据指定的间隔分成数个集合，对每个集合进行一次插入排序，然后每轮排序后缩短间隔为原来的一半，再将分出来的集合分别插入排序，直到元素排序完成。

比方说随便定义个数组，如图 8-6 所示。

0	1	2	3	4	5	6	7
1	4	6	8	5	7	3	2

图 8-6

数组总元素个数是 8，所以第一次分隔的间隔是 8/2 = 4。

所以下角标为 0 和 4 的一组，1 和 5 一组，简写就是(0,4) (1,5) (2,6) (3,7)四个集合，把下角标和对应的值对应起来并进行插入排序。

下角标　　　对应的值

(0,4)　　　(1,5)　　　无需排序

(1,5)　　　(4,7)　　　无需排序

(2,6)　　　(6,3)　　　因为 3 比 6 小　所以二者交换为(3,6)

(3,7)　　　(8,2)　　　因为 2 比 8 小　所以二者交换成(2,8)

第一轮排序后的数组如图 8-7 所示。

0	1	2	3	4	5	6	7
1	4	3	2	5	7	6	8

图 8-7

第二轮排序将间隔再次减半，即 4/2 = 2 产生的下角标集合是(0,2,4,6)和(1,3,5,7)。

下角标　　　对应的值

(0,2,4,6)　　　(1,3,5,6)　　　无需排序

277

(1,3,5,7)　　　(4,2,7,8)　　　4 和 2 需要互换　交换为(2,4,7,8)

第二轮排序后的数组如图 8-8 所示。

0	1	2	3	4	5	6	7
1	2	3	4	5	7	6	8

图 8-8

第三轮排序的间隔再次减半即 2/2 = 1，即整个数组是一个集合。

(0,1,2,3,4,5,6,7)

下角标　　　　　　　　　　　对应的值

(0,1,2,3,4,5,6,7)　　　　　　(1,2,3,4,5,7,6,8)

6 和 7 换位置成(1,2,3,4,5,6,7)

第三轮之后排序就结束啦，而数组也已经排序完成喽，如图 8-9 所示。

0	1	2	3	4	5	6	7
1	2	3	4	5	6	7	8

图 8-9

说完了原理，咱来看看具体实现吧。

例如：

```c
#include<stdio.h>

int main(void)
{
    int a[8] = {1,4,6,8,5,7,3,2};
    void shellsort(int *a);
    shellsort(a);
    return 0;
}

void shellsort(int *a)
{
    int count,temp,i,j,k,t;
    t = count = 8/2; //间隔
    while(count != 1) //在间隔等于 1 之前执行按集合排序的算法
    {
        while(t < 8)//防止下角标越界
        {
            if(*(a + t) > *(a + t * 2))//对于偶数下角标集合的排序
```

```
        {
            temp = *(a + t);
            *(a + t) = *(a + t * 2);
            *(a + t * 2) = temp;
        }
        //对于奇数下角标集合的排序
        if(*(a + 1 + t) > *(a + 1 + t *2))
        {
            temp = *(a + t + 1);
            *(a + t + 1) = *(a + 1 + t * 2);
            *(a + 1 + t * 2) = temp;
        }
        t += t;//辅助下角标移动
    }
    count /= 2;//间隔减半
    t = count;
}


//间隔为1时执行全数组的插入排序
if(*(a + 0) > *(a + 1)) //先将前两个数据元素进行排序
{
    temp = *(a + 0);
    *(a + 0) = *(a + 1);
    *(a + 1) = temp;
}
for(i = 2;i < 8;i++)//对剩余元素进行插入
{
    for(j = 0;j < i;j++)
    {
        if(*(a + i) < *(a + j))//找到插入位置
        {
            temp = *(a + i);    //将要插入的值赋值给 temp

            for(k = i;k > j;k--)//腾出要插入的位置
            {
                *(a + k) = *(a + k - 1);
            }
```

```
                    *(a + j) = temp;//插入
                }
            }
        }
        printf("排序完成～顺序为:\n");
        for(i = 0;i < 8;i++)
        {
            printf("%d ",*(a + i));
        }
    }
```

图 8-10

程序运行结果如图 8-10 所示。

原理和过程就是我一开始讲的那样哦，所以这里就不再重复啦。

话说回来，你有没有觉得其实这个希尔算法很啰嗦多余啊……感觉还是不够高效，依然做了很多次无用的对比……

嘿嘿，所以，接下来，就应该请出重量级人物啦，它就是……

8.5 快速排序法

要说起快速排序法，它可厉害啦，因为它是目前公认的最佳的排序法哦。

快速排序法和冒泡排序法一样是通过交换的方式进行排序，但是快速排序法有它自己的分隔技巧哦。它的分割方法是选择一个元素作为分隔标准将数据分成两半，一半是比标准值大的元素，另一半是比标准值小或等于标准值的元素，接着对每一半元素再次执行这个过程，直到分割的部分不能再分割为止。

哎呀，听起来貌似很复杂诶……

嘿嘿，那咱就来画画图慢慢讲吧。

既然它要求咱先选个标准值，那咱就随便选一个吧。嗯，咱就选数组里的第一个元素吧。

以图 8-11 这个数组为例

0	1	2	3	4	5	6	7
4	1	6	8	5	7	3	2

图 8-11

那咱选择的标准值就是 4 喽，然后咱来分割这个数组，方法是由左至右和由右至左遍历数组元素，首先从左至右遍历，如图 8-12 所示。

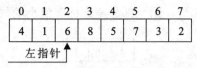

图 8-12

哎呀，找到了一个值为 6 的元素，比标准值 4 大，咱该咋办咧？嘿嘿，当然是开始从右往左找一个比标准值小的元素然后把这两个元素位置互换啦，如图 8-13 所示。

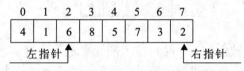

图 8-13

嗯，找到了值为 2 的元素，比标准值 4 小，所以咱就把值为 6 和 2 的元素位置互换，如图 8-14 所示。

图 8-14

继续把左指针向右移直到找到一个比标准值大的数，将右指针向左移直到找到一个比标准值小的数，然后二者位置互换。持续这个过程直到左指针指向位置的下角标大于右指针指向位置的下角标，即遍历结束了，如图 8-15 所示。

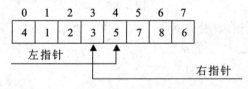

图 8-15

此时因为 3 比 5 小，所以把值为 3 和 5 的元素互换位置，如图 8-16 所示，这样第一轮分割结束。

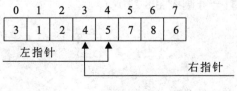

图 8-16

当前数组被分割成了两部分，第一部分是比标准值小的数的集合，如图 8-17 所示。

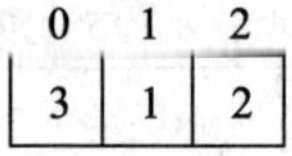

0 1 2
3 1 2

图 8-17

另一部分是比标准值大的数的集合，如图 8-18 所示。

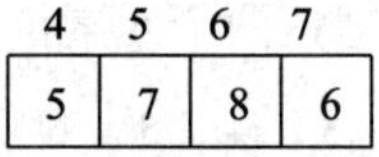

4 5 6 7
5 7 8 6

图 8-18

嗯啊，你没有看错，被作为上一轮标准值的元素是不会参加下一轮分割的。

接下来再分别对这两个集合进行分割，先从第一个开始吧，如图 8-19 所示。

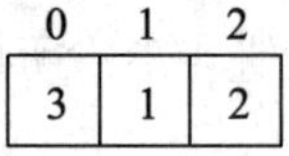

0 1 2
3 1 2

图 8-19

老规矩还是拿第一个元素的值作为标准值，然后很开心地发现标准值就是最大值…… ，所以直接就会遍历成图 8-20 这样。

0 1 2
3 1 2
左指针
右指针

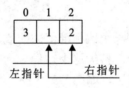

图 8-20

因为只找到了比 3 小的数没找到比 3 大的数，所以最后以 3 为交换对象将左指针最后指向的元素和 3 互换，这样子的话将 2 和 3 互换的话就将它分割成了两部分，如图 8-21 所示。

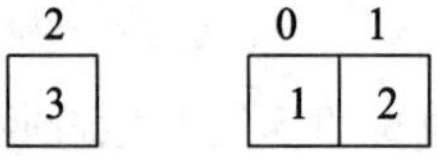

2
3
0 1
1 2

图 8-21

显然还能再分割，而且会分割成图 8-22 这样。

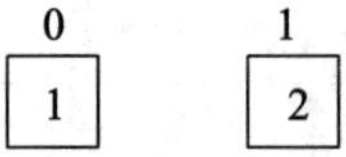

0
1
1
2

图 8-22

这样子比 4 小的这一半算是分割完啦。

再来回头看看比 4 大的这段数据集合，如图 8-23 所示。

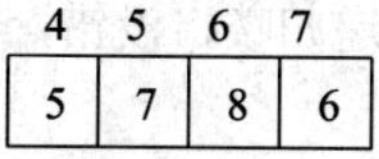

```
  4   5   6   7
┌───┬───┬───┬───┐
│ 5 │ 7 │ 8 │ 6 │
└───┴───┴───┴───┘
```

图 8-23

依然老规矩以 5 为标准值吧，之后也是发现没有比 5 小的数了，所以一切很顺利的变成了图 8-24 这样。

```
  4   5   6   7
┌───┬───┬───┬───┐
│ 5 │ 7 │ 8 │ 6 │
└───┴───┴───┴───┘
              ↑   ↑
          左指针   右指针
```

图 8-24

因为没找到比 5 更小的数，所以将 5 和左指针最后指向的元素互换，即把 5 和 6 互换，如图 8-25 所示。

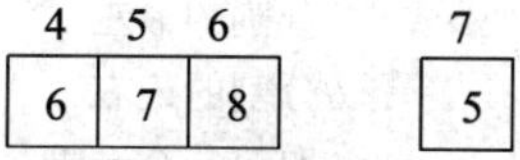

```
  4   5   6          7
┌───┬───┬───┐     ┌───┐
│ 6 │ 7 │ 8 │     │ 5 │
└───┴───┴───┘     └───┘
```

图 8-25

很明显的发现还可以继续分割，这回是以 6 为标准值。跟上次一样，没找到比 6 小的数字，所以 6 和 8 互换位置(哎，因为算法会默认对可以继续分割的地方继续分割，所以这里即使已经能看出来是有序的也会被分割开……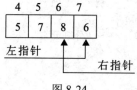)，如图 8-26 所示。

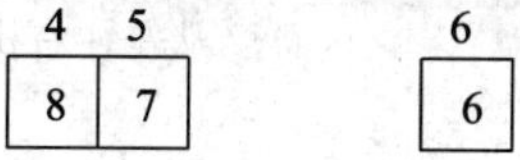

```
  4   5          6
┌───┬───┐     ┌───┐
│ 8 │ 7 │     │ 6 │
└───┴───┘     └───┘
```

图 8-26

之后以 8 为标准继续分割，因为只找到比 8 小的数，所以以 8 替代比 8 大的数与 7 进行互换，如图 8-27 所示。

```
  4          5
┌───┐     ┌───┐
│ 7 │     │ 8 │
└───┘     └───┘
```

图 8-27

最后把所有被分割的内容按下角标排列起来，就会发现，已经被排列整齐啦，如图 8-28 所示。

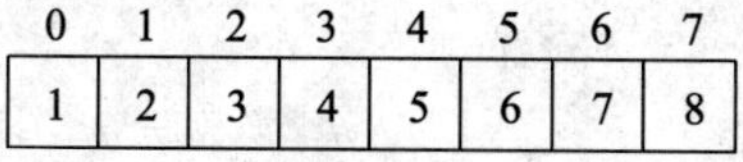

```
  0   1   2   3   4   5   6   7
┌───┬───┬───┬───┬───┬───┬───┬───┐
│ 1 │ 2 │ 3 │ 4 │ 5 │ 6 │ 7 │ 8 │
└───┴───┴───┴───┴───┴───┴───┴───┘
```

图 8-28

嘿嘿，有没有发现它其实是一直在重复着做同一个流程咧？就是分割-交换的过程，嗯，重复……有没有想到什么咧？嗯啊，递归喽，没错，快速排序法使用递归算法很方便哦。接下来咱就来看看代码吧。

例如：

```
#include <stdio.h>

void q_sort(int *a,int left,int right)        //分割函数
{
    int partition;                            //分割元素
    int temp;
    int i,j,k;

    if ( left < right )                       //是否继续分割
    {
        i = left;                             //分割的最左
        j = right + 1;                        //分割的最右
        partition = a[left];                  //取第一个元素

        do
        {
          do
          {                                   //从左往右找
              i++;
          }
          while( a[i] < partition );

          do
          {                                   //找到比标准值大的后开始从右往左找
              j--;
          }
          while( a[j] > partition );

          if( i < j )
          {
              temp = a[i];                    //交换数据
              a[i] = a[j];
```

```
                a[j] = temp;
            }
        }
        while( i < j );

        temp= a[left];                      //交换数据

        a[left] = a[j];

        a[j] = temp;

        printf("输出结果: ");

        for ( k = left; k <= right; k++)    //输出处理后的数组
        {
            printf("%d",a[k]);
        }
        printf("\n");                       //换行

        q_sort(a,left,j-1);                 //快速排序递归调用
        q_sort(a,j+1,right);                //快速排序递归调用
    }
}

void quick(int *a,int n) //快速排序法
{
    q_sort(a,0,n-1);
}

int main(void)
{
    int a[8] = {4,1,6,8,5,7,3,2};           //数组赋值
    int count,i;

    void q_sort(int *a,int left,int right);  //分割函数
    void quick(int *a,int n);                //快速排序法
```

```
        count = 8;                                   //标记数组长度
        quick(a,count);                              //调用快速排序法；

        printf("最终结果:\n");

        for(i = 0;i < 8;i++)
        {
                printf("%d",*(a + i));
        }

        printf("\n");

        return 0;
}
```

```
输出结果: 31245786
输出结果: 213
输出结果: 12
输出结果: 5786
输出结果: 678
最终结果:
12345678
Press any key to continue...
```

图 8-29

程序运行结果如图 8-29 所示。

这段代码就是将我刚才讲的内容执行了一遍，自己慢慢领悟一下喽。

8.6 二叉查找树排序法

嘿嘿，这章最后再讲一个老朋友吧。

还记得我在讲二叉查找树的时候跟你说过的悄悄话吗？我当时说过如果使用中序遍历二叉查找树会有惊喜哦。

嘿嘿，这个惊喜就是：输出是从小到大的。

这是二叉查找树的一个特点，所以一般对二叉查找树的遍历都是中序遍历哦。

例如：

```
#include<stdio.h>
#include<stdlib.h>

struct tree        //声明作为树结点的结构体
{
    char data;
    struct tree *lchild;
    struct tree *rchild;
};
```

```
typedef struct tree T; //声明别名
typedef T* Tptr;

int main(void)
{
    Tptr head;
    Tptr pre_order_tree(Tptr t);    //二叉树前序构建函数声明
    void mid_order_tree_travel(Tptr t);//中序遍历函数声明
    head =   pre_order_tree(head);
    mid_order_tree_travel(head);
    return 0;
}


Tptr pre_order_tree(Tptr t)//二叉树前序构建函数具体实现
{
    char data;

    scanf("%c",&data);//从屏幕获取字符

    if(data == '#')//如果获得的是'#' 证明该结点为空
    {
        t = NULL;
        return t;//返回地址
    }
    else //否则为该结点申请空间并进行赋值和递归构建
    {
        t = (Tptr)malloc(sizeof(T));

        if(t == NULL)
        {
            printf("error!");
            return;
        }

        t->data = data; //赋值
        //对其左右子树继续进行递归构建
        t->lchild = pre_order_tree(t->lchild);
```

```
        t->rchild = pre_order_tree(t->rchild);

        return t; //返回结点地址
    }
}

void mid_order_tree_travel(Tptr t)//中序遍历
{
    if(t == NULL)
    {
        return;
    }
    mid_order_tree_travel(t->lchild);
    printf("%c ",t->data);
    mid_order_tree_travel(t->rchild);

}
```

程序运行结果如图 8-30 所示。

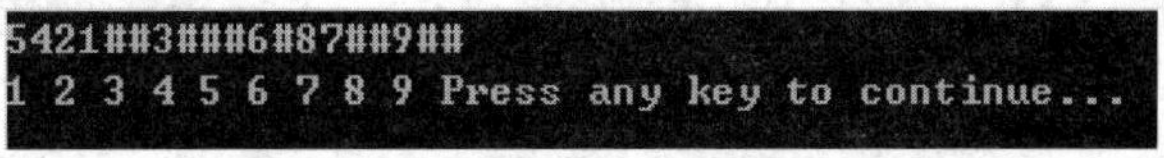

```
5421##3###6#87##9##
1 2 3 4 5 6 7 8 9 Press any key to continue...
```

图 8-30

根据输入的内容，咱们这回构建的二叉查找树如图 8-31 所示。

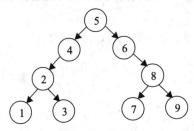

图 8-31

然后中序遍历输出的话就会是自动递增的哦，当然如果二叉查找树中的数据不是连续的的话，输出也会是递增的，但内容不连续而已，那个叫做输出有序。所以说，二叉查找树是一种中序输出有序的二叉树哦。

可以自己试试看喽，这里就不讲代码啦，都是从树那章拿过来用的原样代码。

这样子，查找这章就差不多喽。😊

8.7 顺带一提的堆排序

哎，怎么又突然跑出来一个堆的概念啊……😳

嘿嘿，别怕，其实堆并不是一个新的数据结构。

所谓的堆，是具有下列性质的完全二叉树：每个结点的值都大于或等于其左右孩子结点的值，这种称为大根堆；另一种是每个结点的值都小于或等于其左右孩子结点的值，这种称为小根堆。堆的示例如图 8-32 所示。

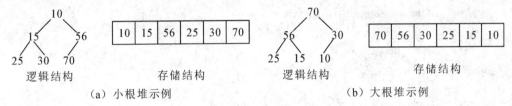

（a）小根堆示例　　　　　　　　　（b）大根堆示例

图 8-32

嘿嘿，是不是有一点点类似于二叉查找树咧😁

再来看看具体的排序算法吧。

例如：

```c
#include <stdio.h>
#define MAXSIZE 100
#define N 9

struct list
{
    int data[MAXSIZE];
    int length;
};

typedef struct list SeqList;

//构造大根堆
void HeapAdjust(SeqList *seqList,int parent,int length)
{
    int temp,leftChild;
```

```
        temp = seqList->data[parent];
        leftChild = 2 * parent + 1;

        while (leftChild < length)
        {
            if (leftChild + 1 < length && seqList->data[leftChild] < seqList->data[leftChild + 1])
            {
                leftChild++;
            }

            if (temp >= seqList->data[leftChild])
            {
                break;
            }

            seqList->data[parent] = seqList->data[leftChild];

            parent = leftChild;

            leftChild = 2 * parent + 1;
        }
        seqList->data[parent] = temp;
}

//交换元素
void Swap(SeqList *seqList,int top,int last)
{
    int temp = seqList->data[top];
    seqList->data[top] = seqList->data[last];
    seqList->data[last] = temp;
}

//堆排序算法
void HeapSort(SeqList *seqList)
{
    int i;
    for (i = seqList->length / 2 - 1;i >= 0;i--)
```

```c
    {
        HeapAdjust(seqList,i,seqList->length);
    }

    for (i = seqList->length - 1;i > 0;i--)
    {
        Swap(seqList,0,i);
        HeapAdjust(seqList,0,i);
    }
}

//打印结果
void Display(SeqList *seqList)
{
    int i;
    printf("\n**********展示结果**********\n");

    for (i = 0;i < seqList->length;i++)
    {
        printf("%d ",seqList->data[i]);
    }

    printf("\n**********展示完毕**********\n");
}

int main(void)
{
    int i,j;
    SeqList seqList;

    //定义数组和初始化 SeqList
    int d[N]={50,10,90,30,70,40,80,60,20};

    for (i = 0;i < N;i++)
    {
        seqList.data[i] = d[i];
    }
```

```
    seqList.length = N;

    printf("**************堆排序**************\n");
    printf("排序前：");
    Display(&seqList);

    HeapSort(&seqList);
    printf("\n 排序后：");
    Display(&seqList);

    return 0;
}
```

程序运行结果如图 8-33 所示。

图 8-33

这段代码最大的优点就是条理性非常清晰，所以基本上都不需要讲就能看懂。😁
这样子，这章才算是真正结束啦。😁

第 9 章　最后，该查找啦

不管怎样，还是先恭喜一下自己吧，因为你已经进入了最后一章，也就是说，你的"噩梦"或许就要结束啦。😁

哦，说不准对你而言，学数据结构已经不是噩梦了。那就更好喽，嘿嘿，希望我不是在 YY。😁😁

话不多说，直接进入正题吧，开始喽。

9.1　顺序查找

那什么是顺序查找呢？顺序查找的原理很简单，就是遍历整个列表，逐个将记录的关键字与给定值进行比较，若某个记录的关键字和给定值相等，则查找成功，找到所查的记录；如果直到最后一个记录其关键字和给定值都不等时就说表中没有所查的记录，即查找失败。

这个很好理解喽，就是逐个排查，嗯，有点像查酒驾。😁

因为比较简单，就直接上代码吧。

例如：

```c
#include <stdio.h>
#define MAXSIZE 20
#define N 9

struct list
{
    int data[MAXSIZE];
    int length;
};

typedef struct list SeqList;
```

```c
//顺序查找算法
int SequenceSearch(SeqList *seqList,int key)
{
    int i;

    //遍历顺序表
    for (i = 0;i < seqList->length;i++)
    {
        //找到该元素  返回其位置
        if (seqList->data[i] == key)
        {
            return i;
        }
    }

    //没有找到  返回-1
    return -1;
}

//打印结果
void Display(SeqList *seqList)
{
    int i;
    printf("总元素内容为\n");

    for (i = 0;i < seqList->length;i++)
    {
        printf("%d ",seqList->data[i]);
    }

    printf("\n");
}

int main(void)
{
    int i,j;
```

```
SeqList seqList;

//定义数组和初始化 SeqList
int d[N] = {50,10,90,30,70,40,80,60,20};

for (i = 0;i < N;i++)
{
    seqList.data[i] = d[i];
}
seqList.length = N;

Display(&seqList);
j = SequenceSearch(&seqList,70);//假设要找的数是 70
if (j != -1)
{
    printf("70 在列表中的位置是：%d\n",j);
}
else
{
    printf("对不起，没有找到该元素!");
}
return 0;
}
```

总元素内容为
50 10 90 30 70 40 80 60 20
70在列表中的位置是：4
Press any key to continue...

图 9-1

程序运行结果如图 9-1 所示。

哎，为啥位置是 4 呢？明明在第 5 个位置啊？嘿嘿,忘了数组元素起始下角标为 0 啦？这里返回的是它在数组中的位置啦。

因为比较好理解，这里就不打算细讲了。

9.2　二分查找

什么是二分查找呢？二分查找的基本思想是，在有序表中取中间记录作为比较对象，若给定值与中间记录的关键字相等则查找成功；若给定值小于中间记录的关键字，则在中间记录的左半区继续查找；若给定值大于中间记录的关键字，则在中间记录的右半区继续查找。不断重复上述过程，直到找到为止。也就是说每次缩小的查找范围是原范围的一半。

从二分查找的定义我们可以看出，使用二分查找有两个前提条件：

(1) 待查找的列表必须有序(这也是为什么我把排序那章放在查找这章前面的原因。😁)

(2) 必须使用线性表的顺序存储结构来存储数据(很明显这个算法要多次对下角标进行定位，如果使用链表的话肯定没办法精准定位)

也就是说，二分查找属于顺序表查找范围。昂，忘了说了它小名叫折半查找，不知道你有没有听过。😁

二分查找(有序)的时间复杂度为O(LogN)，考试时总喜欢作为选择题，还是记一下吧。

直接上例子吧。

例如：

```c
#include <stdio.h>
#define N 9
#define MAXSIZE 20

struct list
{
    int data[MAXSIZE];
    int length;
};
typedef struct list SeqList;

//二分查找算法(折半查找)
int BinarySearch(SeqList *seqList,int key)
{
    //初始下限
    int low = 0;

    //初始上限
    int high = seqList->length - 1;

    while(low <= high) //注意下限可以与上限重合的哦
    {
        int middle = (low + high) / 2;

        //判断中间记录是否与给定值相等
        if (seqList->data[middle] == key)
        {
            return middle; //相等就是刚好找到啦，返回该值就好
```

```
        }
        else
        {
            //如果要找的内容比中点内容小，缩小上限
            if (seqList->data[middle] > key)
            {
                high = middle - 1;
            }

            //反之则是中点内容比要找的内容大，扩大上限
            else
            {
                low = middle + 1;
            }
        }
    }

    //没找到就返回-1
    return -1;
}


//打印结果
void Display(SeqList *seqList)
{
    int i;
    printf("总元素内容\n");

    for (i=0;i<seqList->length;i++)
    {
        printf("%d ",seqList->data[i]);
    }

    printf("\n");
}

int main(void)
```

```
{
    int i,j;
    SeqList seqList;

    //定义数组和初始化 SeqList
    int d[N] = {10,20,30,40,50,60,70,80,90};

    for (i = 0;i < N;i++)
    {
        seqList.data[i] = d[i];
    }
    seqList.length = N;

    Display(&seqList);

    j = BinarySearch(&seqList,40);    //假设要找的是 40
    if (j != -1)
    {
        printf("40 在列表中的位置是：%d\n",j);
    }
    else
    {
        printf("对不起，没有找到该元素!");
    }
    return 0;

}
```

程序运行结果如图 9-2 所示。

图 9-2

跟二分查找类似的还有一种三分查找算法，它的思路是针对凹函数或凸函数的，即元素内容不是单调递增或单调递减的，如果感兴趣可以自己去查查看，这里就不讲了哦。

这段代码，理解起来应该也还没有太大困难，该讲的内容在前面章节基本都讲过，所以这里就不啰嗦喽。

9.3 索引查找

嗯，索引查找，这个在数据库里经常用到。

嗯？什么是数据库？额，可以把图书馆中书的排列和摆放理解成一种简易的数据库结构。

索引查找又称为分块查找，是一种介于顺序查找和二分查找之间的一种查找方法。分块查找的基本思想是：首先查找索引表，可用二分查找或顺序查找，然后在确定的块中进行顺序查找。分块查找的时间复杂度为 $O(\sqrt{n})$。

本章需要弄清楚以下三个术语：

(1) 主表，即要查找的对象，一般是一个数据集合。

(2) 索引项，一般咱会将主表分成几个子表，每个子表建立一个索引，这个索引就叫索引项，可以理解成一章的目录。

(3) 索引表，即由索引项的集合形成的表，也可以理解成一本书的目录了。

同时，索引项包括以下三点：

(1) index，即索引指向主表的关键字(一般是主表中的最大数)。

(2) start，即 index 在主表中的位置(通过块首指针)。

(3) length，即子表的区间长度(块长)。

分块索引查找如图 9-3 所示。

哎，你可能会问啦，这样的查找该怎么用呢？嘿嘿，简单啊，只要对索引表进行折半或者顺序查找就行啦，因为索引表里是每一块中的最大值嘛，只要判断要找的值在哪个索引块里就行啦。比方说你要查 36，第一索引块里最大值是 27，第二索引块最大值是 57，由此可知 36 如果存在的话，一定是在第二索引块数据集里。

因为这种结构实现起来比较麻烦，这里就只讲一下概念。

接下来的内容可能要讲的就比较多啦。

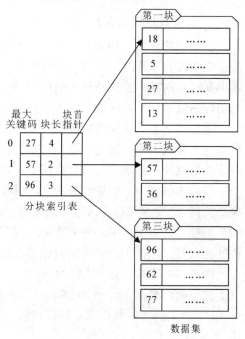

图 9-3

9.4 二叉查找树查找

二叉查找树又名二叉排序树，有没有觉得好像在哪看过这家伙咧？嗯啊，在讲树的那章时咱们介绍过二叉查找树，这回咱们要讲的是基于二叉查找树的查找问题。

在讲具体内容之前先来回顾一下二叉查找树的基础概念吧。

二叉查找树，要么是一棵空树，要么就是具有下列性质的二叉树：

(1) 若它的左子树不空，则左子树上所有结点的值均小于它的根结点的值。

(2) 若它的右子树不空，则右子树上所有结点的值均大于它的根结点的值。

(3) 它的左，右子树也分别是二叉查找树。

二叉查找树还有一个非常明显的特征，查找算法很类似折半查找。嗯？折半查找是啥？请转向 9.2 节。

因为二叉查找树的结构比较特殊，所以算法上也和普通算法不太一样，这里咱们主要讲一下二叉查找树的插入和删除算法。

哎，你可能会问啦，怎么没讲排序算法呢？嘿嘿，这回请转到 9.1 节。

1. 二叉查找树结点的插入

二叉查找树是一种动态树表，这种树表的特点是：树的结构通常不是一次生成的，而是在查找过程中逐渐生成的。当树中不存在关键字等于给定值的结点时才进行插入，而且这个新插入的结点一定是一个新添加的叶子结点，并且插入位置是在查找失败时查找路径上访问的最后一个结点的左孩子或右孩子结点。

不知道大家的数据结构老师有没有跟你们讲过一句话啊，反正我当时的王立波老师是经常这么跟我们讲，就是失败的查找往往伴随着一个插入。所以说一般在查找失败时就会将这个结点插入到这个二叉查找树中，这就是二叉查找树的插入。

在插入过程中，如果此树为空，则将待插入结点*S 作为根结点插入到空树中。反之如果二叉树非空，就将待插入结点的关键字 S->key 和树的根关键字比较，相等则无需要插入，大于则插入到右子树中，小于则插入到左子树中，如此循环，直到把结点*S 作为一个新的树叶插入到二叉树中或者找到与该结点相同关键字。

用图 9-4 这棵二叉查找树为例说明。

假设咱们要插入数字 20 到这棵二叉查找树中，步骤如下：

(1) 首先将 20 与根节点进行比较，发现比根节点小，所以继续与根节点的左子树 30 比较。

(2) 发现 20 比 30 也小，所以继续与 30 的左子树 10 比较。

(3) 发现 20 比 10 大，所以就将 20 插入到 10 的右子树上。

插入完成后的二叉查找树如图 9-5 所示。

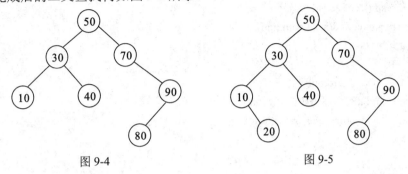

图 9-4   图 9-5

顺便把代码也写出来吧。

例如：

```c
#include<stdio.h>
#include<stdlib.h>

struct tree          //声明作为树结点的结构体
{
    int data;
    struct tree *lchild;
    struct tree *rchild;
};

typedef struct tree T; //声明别名
typedef T* Tptr;

int main(void)
{
    Tptr head;
    int re,num,find;
    Tptr pre_order_tree(Tptr t);
    int btreefind(Tptr t,int num1,int find);
    Tptr insert(Tptr t,int find);
    void mid_order_tree_travel(Tptr t);

    num = 0;
```

```
        head = pre_order_tree(head);
        printf("请输入要查找的内容:");
        scanf("%d",&find);
        re = btreefind(head,num,find);
        if(re == -1)
        {
            insert(head,find);
            printf("当前该树内容为:\n");
            mid_order_tree_travel(head);
        }


        return 0;
}

Tptr pre_order_tree(Tptr t)//二叉树前序构建函数具体实现
{
        int data;

        scanf("%d",&data);//从屏幕获取字符

        if(data == 0)//如果获得的是 0，证明该结点为空
        {
            t = NULL;
            return t;//返回地址
        }
        else //否则为该结点申请空间并进行赋值和递归构建
        {
            t = (Tptr)malloc(sizeof(T));

            if(t == NULL)
            {
                printf("error!");
                return;
            }

            t->data = data; //赋值
            //对其左右子树继续进行递归构建
```

```
            t->lchild = pre_order_tree(t->lchild);
            t->rchild = pre_order_tree(t->rchild);

            return t; //返回结点地址
        }
    }


int btreefind(Tptr t,int num1,int find)//二叉查找树查找函数
{
    int flag = 0;

    while(t != NULL)
    {
        if(t->data == find)//如果找到，则输出
        {
            printf("找到该结点  总共遍历了%d 个结点\n",num1);
            flag++;

            break;
        }
        else //否则判断当前结点数据与要找的数据谁大谁小
        {
            num1++;

            if(find > t->data)
            //如果要找的数据大，接下来找当前结点的右子树
              {
                  t = t->rchild;
              }
            else //否则接下来找当前结点的左子树
              {
                  t = t->lchild;
              }
        }
    }

    if(flag == 0)
```

```
    {
        printf("未找到该结点!\n");
        return -1; //没找到返回-1
    }

    return 0; //找到返回 0
}


Tptr insert(Tptr t,int find)//插入函数
{
    if(t == NULL) //如果当前结点为空，则执行插入操作
    {
        t = (Tptr)malloc(sizeof(T));
        if(t == NULL)
        {
            printf("error!");
            return ;
        }
        t->lchild = t->rchild = NULL;
        t->data = find;
        printf("已成功将该数据插入到二叉查找树～\n");
        return t; //将插入的结点地址返回
    }
    else if(find > t->data)
    {
        t->rchild = insert(t->rchild,find);
        return t;
    }
    else
    {
        t->lchild = insert(t->lchild,find);
        return t;
    }
}


void mid_order_tree_travel(Tptr t) //中序遍历函数
{
```

```
        if(t == NULL)
        {
            return;
        }
        mid_order_tree_travel(t->lchild);
        printf("%d ",t->data);
        mid_order_tree_travel(t->rchild);
    }
```

程序运行结果如图 9-6 所示。

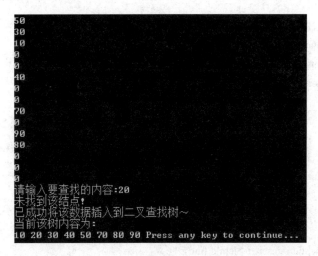

图 9-6

这段代码就是把 6.6 节的二叉查找树的代码其中的 data 变量从 char 型改成 int 型之后的结果，这段代码有点意思，咱来好好看看吧。

因为 6.6 节的代码是把结点中的 data 变量定义为 char 型，所以以前是以'#'号判断该结点是不是空结点。这段代码咱们把 data 变量定义为了 int 型，所以改成了以 0 判断该结点是空结点，所以这回的输入就变成了上面截图里的样子。

二叉树构造函数，老规矩，还是拿的原来讲过的现成代码来用，就只是把涉及 data 变量的地方都改成了 int 型而已。

二叉查找树的搜索函数 btreefind()函数也是从 6.7 节拿来的代码，所以也不多说啦。

中序遍历输出函数 mid_order_tree_travel()函数更是没啥可讲的喽。

哎，你可能会问啦，被你这么一说哪还有要讲的东西啊？

有啊，咱们这回要讲的是插入 insert()函数。

先把代码切过来吧。

```
Tptr insert(Tptr t,int find)//插入函数
{
    if(t == NULL) //如果当前结点为空，则执行插入操作
    {
        t = (Tptr)malloc(sizeof(T));
        if(t == NULL)
        {
            printf("error!");
            return ;
        }
        t->lchild = t->rchild = NULL;
        t->data = find;
        printf("已成功将该数据插入到二叉查找树～\n");
        return t; //将插入的结点地址返回
    }
    else if(find > t->data)
    {
        t->rchild = insert(t->rchild,find);
        return t;
    }
    else
    {
        t->lchild = insert(t->lchild,find);
        return t;
    }
}
```

很明显喽，这也是一个递归调用自身的函数，传入到这个函数的参数是二叉查找树的根结点地址和要插入的 find 结点。

这段代码通过判断要插入的结点是比当前结点内容大还是小来判断接下来该走当前结点的左孩子路径还是右孩子路径，直到 NULL，这时候这个位置应该就是该插入的位置啦，因为咱们是一路判断大小最后确定的这个位置的，所以就开始进行插入过程：申请空间结点，赋值，返回该结点地址给上层结点，每层结点依次重新把自己地址(不管变没变)都重新返回给上层结点(好吧我承认这里我写得有点笨……但到目前为止想不到更好的方法了……😊，最后 main()函数中序输出插入结点后的二叉查找树内容。

嗯？为什么是中序遍历输出？嘿嘿，忘了二叉查找树中序输出有序化的特点啦？😁咱

们这里就利用了这个特点好让输出的内容看起来舒服一点嘛。😎

说完了结点的插入，接下来再来说说结点的删除吧。

2. 二叉查找树结点的删除

嗯，结点删除就比结点插入麻烦一点了，因为要考虑到三种情况哦……

嗯？三种情况？哪三种情况咧？

(1) 删除的是叶节点(即没有孩子节点的) 比如图 9-7 中的 20，删除它不会破坏原来树的结构，这是最简单的一种情况。

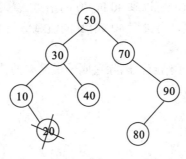

图 9-7

(2) 删除的是单孩子节点，即只有一个左右孩子中的一种孩子。比如图 9-8 中的 90，删除它后需要将它的孩子节点与自己的父节点相连，情形比第一种复杂一点点。

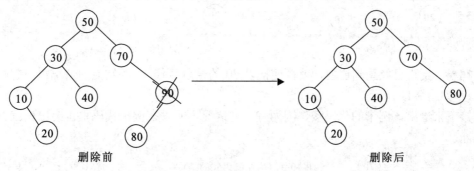

图 9-8

(3) 第 3 种也是最麻烦的一种……😎，就是要删除的结点既有左孩子又有右孩子的情况……

比方说要删除的是图 9-9 中的结点 50，那么就有点麻烦啦，它是既有左孩子又有右孩子的结点，这时候该怎么办呢？

嘿嘿，有两种办法，都需要依靠一下二叉查找树的中序遍历。

一种是通过中序遍历找到其左子树中的最右结点，以其替代要删除的结点的位置。

另一种是通过中序遍历找到其右子树的最左结点，以其替代要删除的结点的位置。

哎 估计看到这你就已经晕了……什么叫该结点的左子树中的最右结点？又什么叫该结点的右子树的最左结点咧？

以要删的结点是 50 为例，它左子树中的最右结点即最靠近右方向的结点，即结点 40。同理它右子树中的最左结点指的是最靠近左方向的结点，即结点 70。嗯？为什么不是 80？嘿嘿，因为结点位置离根结点越远证明其深度越高，在同等情况下相比上层结点会更靠右一些。

这么一来，结果很明显啦，可以拿 40 或 70 的结点去替换 50 的结点的位置。

嘿嘿，其实压根不用替换，直接把 40 或 70 的值赋值给 50 的结点，然后删除 40 或 70 的结点即可。

因为这里 40 的结点是叶子结点，删除它属于最简单的情况所以这里就拿 40 结点去替换 50 结点喽，如图 9-10 所示。

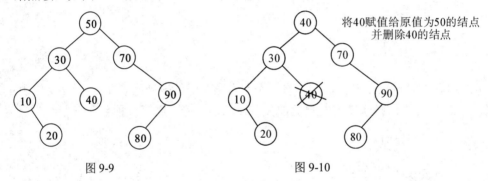

图 9-9　　　　　　　　　　　　　图 9-10

嘿嘿，反正已经画到这啦，就顺便把以 70 的结点替代 50 的结点的情况也一起画出来吧，😁如图 9-11 所示。

接下来给出该例子的代码喽，因为有三种情况，所以在例子代码里也会出现三种情况的判断。

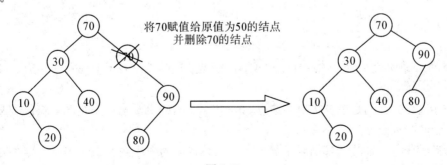

图 9-11

例如：

```c
#include<stdio.h>
#include<stdlib.h>

struct tree        //声明作为树结点的结构体
{
    int data;
    struct tree *lchild;
    struct tree *rchild;
};

typedef struct tree T; //声明别名
typedef T* Tptr;

int main(void)
{
    Tptr head;
    int num;
    Tptr pre_order_tree(Tptr t);
    void mid_order_tree_travel(Tptr t);
    void t_delete(Tptr t,int num);

    head = pre_order_tree(head);
    printf("当前树中内容为:\n");
    mid_order_tree_travel(head);
    printf("\n");
    printf("请输入要删除的内容:");
    scanf("%d",&num);
    t_delete(head,num);
    printf("删除后树中的内容为:\n");
    mid_order_tree_travel(head);

    return 0;
}
Tptr pre_order_tree(Tptr t)//二叉树前序构建函数具体实现
{
```

```
    int data;
    scanf("%d",&data);//从屏幕获取字符

    if(data == 0)//如果获得的是 0 证明该结点为空
    {
        t = NULL;
        return t;//返回地址
    }
    else //否则为该结点申请空间并进行赋值和递归构建
    {
        t = (Tptr)malloc(sizeof(T));
        if(t == NULL)
        {
            printf("error!");
            return;
        }
        t->data = data; //赋值
        //对其左右子树继续进行递归构建
        t->lchild = pre_order_tree(t->lchild);
        t->rchild = pre_order_tree(t->rchild);
        return t; //返回结点地址
    }
}


void mid_order_tree_travel(Tptr t) //中序遍历函数
{
    if(t == NULL)
    {
        return;
    }
    mid_order_tree_travel(t->lchild);
    printf("%d ",t->data);
    mid_order_tree_travel(t->rchild);
}
void t_delete(Tptr t,int num)
{
```

```
Tptr previous1,previous2,temp;
previous1 = previous2 = temp = NULL;
while(t != NULL)
{
    if(t->data == num)//如果找到，则结束查找
    {
        break;
    }
    else //否则判断当前结点数据与要找的数据谁大谁小
    {
        //如果要找的数据大，接下来找当前结点的右子树
        if(num > t->data)
        {
            previous1 = t;
            t = t->rchild;
        }
        else //否则接下来找当前结点的左子树
        {
            previous1 = t;
            t = t->lchild;
        }
    }
}
//如果要删除的是叶子结点
if(t->rchild == NULL && t->lchild == NULL)
{
    /*判断该结点是双亲结点的左孩子还是右孩子，是右孩子就将双亲结点的
      右孩子指针重新赋值*/
    if(previous1->rchild == t)
    {
        previous1->rchild = NULL;
        free(t);
    }
    else //否则就将双亲结点的左孩子指针重新赋值
    {
        previous1->lchild = NULL;
```

```
            free(t);
        }
    }
    else if(t->rchild == NULL) //如果要删除的结点只有左孩子
    {
        /*判断该结点是双亲结点的左孩子还是右孩子，是右孩子就将双亲结点的
          右孩子指针重新赋值*/
        if(previous1->rchild == t)
        {
            previous1->rchild = t->lchild;
            free(t);
        }
        else//否则就将双亲结点的左孩子指针重新赋值
        {
            previous1->lchild = t->lchild;
            free(t);
        }
    }
    //要删除的结点如果是只有右孩子，原理同上
    else if(t->lchild == NULL)
    {
        if(previous1->rchild == t)
        {
            previous1->rchild = t->rchild;
            free(t);
        }
        else
        {
            previous1->lchild = t->rchild;
            free(t);
        }
    }
    else//如果既有左孩子又有右孩子
    {
        temp = t->lchild;
        //试图查找其左孩子子树中有没有最右的结点
```

```
while(temp->rchild != NULL)
{
    previous2 = temp;
    temp = temp->rchild;
}
//如果没有，尝试寻找其右孩子子树中是否有最左的结点
if(temp == t->lchild)
{
    temp = t->rchild;
    while(temp->lchild != NULL)
    {
        previous2 = temp;
        temp = temp->lchild;
    }
    /*如果还是没有，就直接将该结点右孩子作为最左的结点进行替换*/
    if(temp == t->rchild)
    {
        t->rchild = t->rchild->rchild;
        t->data = t->rchild->data;
        free(temp);
    }
    else//如果有最左结点，就拿这个最左结点进行替换
    {
        previous2->lchild = NULL;
        t->data = temp->data;
        free(temp);
    }
}
else//如果在左子树中有最右结点，直接进行替换
{
    previous2->rchild = NULL;
    t->data = temp->data;
    free(temp);
}
}
}
```

程序运行结果如下：

① 删除叶子结点的情况如图 9-12 所示。

图 9-12

② 删除只有一个孩子子树的结点的情况(因为构建的二叉查找树都一样，构建输入那段就不截图了哈)如图 9-13 所示。

```
当前树中内容为：
10 30 40 50 70 80 90
请输入要删除的内容:70
删除后树中的内容为：
10 30 40 50 80 90 Press any key to continue...
```

图 9-13

③ 删除既有左子树又有右子树的结点的情况(咱们直接删除根结点试试)，如图 9-14 所示。

```
当前树中内容为：
10 30 40 50 70 80 90
请输入要删除的内容:50
删除后树中的内容为：
10 30 40 70 80 90 Press any key to continue...
```

图 9-14

这段代码虽然很长，但是逻辑还是很好理解的，这里没有考虑空树或者只有根结点的极端情况(貌似所有例子都没有考虑极端情况。😁)

注释写得比较清楚啦，已经让我不知道应该再补充什么了……像这样比较长的例子代

码，感觉看着没有头绪的话，建议去看文件版的例子代码哦，毕竟现实在编译器里看着比在纸上的更舒服些。😎

接下来，还有一种奇奇怪怪的树要讲。

9.5　平衡二叉树(AVL 树)

嗯，平衡二叉树，听起来挺高大上。

嘿嘿，其实它就是一种特殊的二叉查找树，它是这样被定义的：

(1) 本身是一棵二叉查找树。

(2) 带有平衡条件：每个结点的左右子树的高度之差的绝对值(平衡因子)最多为 1。

也就是说二叉平衡树是一种左右子树高度之差的绝对值不大于 1 的二叉查找树。

那为什么会有这种东西咧？嘿嘿，当然是为了提高查找效率啦。你看啊，假设咱们构建的二叉查找树是一种每个结点都只有左子树的极端情况，那它是不是就是一根链表了咧，完全没有树的优势。

所以为了提高树型结构的搜索优势，使用平衡二叉树是个很不错的选择。

哎，总写成"平衡二叉树"感觉要打好多字，所以接下来就管它叫 AVL 树了哈。😁😁

AVL 树的难点在于本来平衡的树在插入一个结点之后变得不平衡了，应该怎么让它重新变平衡。

因为 AVL 树在进行插入操作的时候可能出现不平衡的情况，这时候通过旋转不平衡的结点来使二叉树重新保持平衡，并且查找、插入和删除操作在平均和最坏情况下时间复杂度都是 O(log n)(保持树形结构优势)。

旋转不平衡结点总共分四种情况，要注意所有旋转情况都是围绕着使二叉树不平衡的第一个结点展开的哦。

1. LL 型

在 AVL 树某一结点的左孩子的左子树上插入一个新的结点(left left)使得该结点不再平衡，这时只需要把树向右旋转～次即可，如图 9-15 所示，原 A 的左孩子 B 变为父结点，A 变为其右孩子,而原 B 的右子树变为 A 的左子树。注意旋转之后 BRh 是 A 的左子树(图 9-15 上那个像秤砣一样的阴影代表新插入的结点)。

2. RR 型

在 AVL 树某一结点的右孩子的右子树上插入一个新的结点(right right)使得该结点不再平衡，这时只需要把树向左旋转一次即可，如图 9-16 所示。原 A 右孩子 B 变为父结点，A 变为其左孩子而原 B 的左子树 BLh 将变为 A 的右子树。

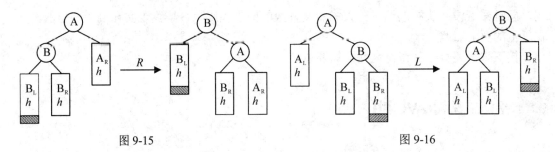

图 9-15　　　　　　　　　　　　　　　　　　　　图 9-16

3. LR 型

在 AVL 树某一结点的左孩子的右子树上插入一个新的结点(left right)使得该结点不再平衡，这时需要旋转两次使二叉树再次平衡，如图 9-17 所示。在 B 结点按照 RR 型向左旋转一次之后，二叉树在 A 结点仍然不能保持平衡，所以这时还需要再向右旋转一次。

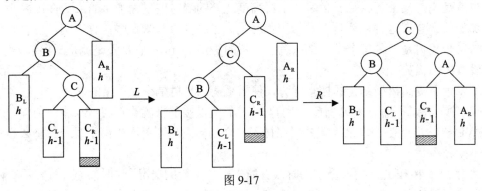

图 9-17

4. RL 型

在 AVL 树某一结点的右孩子的左子树上插入一个新的结点(right left)使得该结点不再平衡，同样，这时需要旋转两次，而且旋转方向刚好同 LR 型相反，如图 9-18 所示。

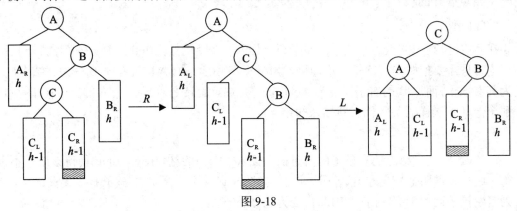

图 9-18

这个东东考试的时候貌似比较喜欢考，但绝对不会让你用代码实现。因为要实现它实在要伤透脑筋，蛮麻烦的…… 麻烦到我现在都还没想好应该怎么写，所以这里就不贴例子代码了。

9.6　B-树和 B+树

嘿嘿，这节要讲的内容跟前面的内容所针对的对象可是完全不同的哦，为什么这么说咧？你看啊，前面讨论的查找都是内查询算法，即被查询的数据都在内存。而当查询的数据放在外存，用平衡二叉树作磁盘文件的索引组时，若以结点为内外存交换的单位，我们在找到需要的关键字之前，平均要进行 lgn 次磁盘读操作。

这是个什么概念咧？就是会使得程序在对磁盘、光盘的读写时间要比随机存取的内存代价大得多。而且外存的存取是以"页"为单位的，一页的大小通常是 1024 字节或 2048 字节，这样子的话，几乎前面所有的查找结构要么没法满足，要么显得很笨，浪费空间。

所以咧，1972 年 R.Bayer 和 E.M.Cright 提出了一种 B-树(多路平衡查找树)以适合磁盘等直接存取设备上组织动态查找表。B-树上算法的执行时间主要由读、写磁盘的次数来决定，故一次 I/O(Input/Output)操作应读写尽可能多的信息，因此 B-树的结点规模一般以一个磁盘页为单位，一个结点包含的关键字及其孩子个数取决于磁盘页的大小。

嘿嘿，这些东西当故事听下就好喽，只是为了给你解释下为什么会有 B-树和 B+树。

一棵度为 m 的 B-树称为 m 阶 B-树，一个结点有 k 个孩子时，必有 k-1 个关键字才能将子树中所有关键字划分为 k 个子集。B-树中所有结点的孩子结点最大值称为 B-树的阶，通常用 m 表示，从查找效率考虑，一般要求 m≥3(一般最常用的也是 m=3 的 B-树，这种三阶 B-树常被叫做 2-3 树)。

一棵 m 阶的 B-树要么是一棵空树，要么是满足下列要求的 m 叉树：

(1) 根结点要么为叶子结点(即整棵树就根结点自己)，要么至少有两棵子树且至多有 m 棵子树。

(2) 除根结点外，所有非终端结点至少有 ceil(m/2)(所谓的 ceil(m/2)意思是对 m/2 向高位取整，即如果 m/2 是个小数　就取 m/2+1)棵子树且至多有 m 棵子树。

(3) 所有叶子结点都在树的同一层上。

(4) 每个结点的结构为：

　　　　(n, A₀, K₁, A₁, K₂, A₂, ⋯ , Kn, An)

其中 $K_i(1{\leq}i{\leq}n)$ 为关键字，且 $K_i{<}K_{i+1}(1{\leq}i{\leq}n-1)$。

$A_i(0{\leq}i{\leq}n)$ 为指向子树根结点的指针，且 A_i 所指子树所有结点中的关键字均小于 K_{i+1}，A_n 所指子树中所有结点的关键字均大于 K_n。n 为结点中关键字的个数，满足 ceil(m/2)-1${\leq}n{\leq}m-1$。

表示这种云里雾里的东西实在看不懂，所以，还是举个例子吧。

比方说一棵 3 阶 B-树，即 m=3，它满足：

(1) 每个结点的孩子个数小于等于 3。

(2) 除根结点外，其他结点至少有 2 个孩子。

(3) 根结点有两个孩子结点(为什么会对根结点这样规定等下讲结点的插入时就知道啦)

(4) 除根结点外的所有结点的 n 大于等于 1，小于等于 2。

(5) 所有叶子结点都在同一层上。

4 阶 B-树如图 9-19 所示。

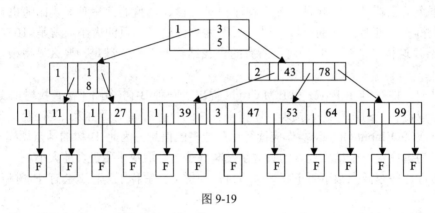

图 9-19

(图中竖着写的数字均表示它是个两位数，不是表示两个个位数哦，主要因为有的格不够大……)

讲完了什么是 B-树，咱来看看 B-树的查找、插入和删除吧。

1. B-树的查找

B-树的查找过程：根据给定值查找结点和在结点的关键字中查找交叉进行的过程。首先从根结点开始重复如下过程：

若要查的关键字比结点的第一个关键字小，则查找在该结点第一个指针指向的结点进行；若等于结点中某个关键字，则查找成功；若在两个关键字之间，则查找在它们之间的指针指向的结点进行；若比该结点所有关键字大，则查找在该结点最后一个指针指向的结点进行；若查找已经到达某个叶结点，则说明给定值对应的数据记录不存在，查找失败。

这种查找的前提是各结点内关键字有序哦。

2. B-树的插入

在 B-树上插入关键字的过程主要分两步完成：

(1) 利用前述讲的 B-树的查找算法查找关键字的插入位置，如果找到，就说明该关键字已经存在，直接返回；否则查找操作必失败于某个最底层的非终端结点上。

(2) 判断该结点是否还有空位置，即判断该结点的关键字总数是否满足 n<=m-1。若满足，则说明该结点还有空位置，直接把关键字 k 插入到该结点的合适位置上；若不满足，说明该结点已没有空位置，需要把结点分裂成两个。

分裂的方法是：生成一新结点，把原结点上的关键字和 k 按升序排序后，从中间位置把关键字(不包括中间位置的关键字)分成两部分。左部分所含关键字放在旧结点中，右部分所含关键字放在新结点中，中间位置的关键字连同新结点的存储位置插入到父结点中。如果父结点的关键字个数也超过(m-1)，则要再分裂，再往上插，直至这个过程传到根结点为止(这就是为啥要求根结点子树个数比较小的原因，不然的话根结点也会三天两头搞分裂……😁)。B-树插入过程如图 9-20 所示。

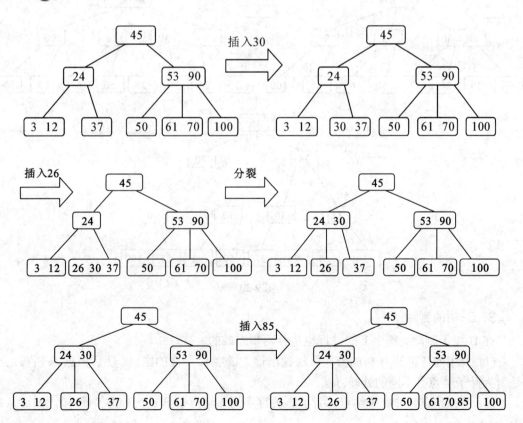

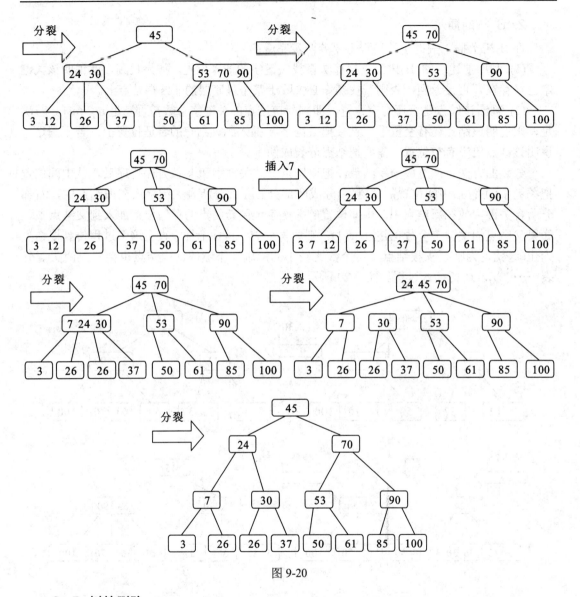

图 9-20

3. B-树的删除

在 B-树上删除关键字 k 的过程也是分两步完成的。

(1) 利用前述讲的 B-树的查找算法找出该关键字 K 所在的结点，然后根据 k 所在结点是否为叶子结点有不同的处理方法。

(2) 若该结点为非叶子结点，且被删关键字为该结点中第 i 个关键字 key[i]，则可从指针 son[i]所指的子树中找出最小关键字 Y 代替 key[i]的位置，然后在叶结点中删去 Y。

这样的话就把在 B-树非叶子结点删除关键字 k 的问题就变成了删除叶子结点中关键字的问题了。

在 B-树叶子结点上删除关键字的方法是，首先将要删除的关键字 k 直接从该叶子结点中删除，然后根据不同情况分别作相应的处理，总共有三种可能的情况：

(1) 如果被删关键字所在结点的原关键字个数 n>=ceil(m/2)，说明删去该关键字后该结点仍满足 B-树的定义。这种情况最简单啦，只需从该结点中直接删去关键字就行喽。

(2) 如果被删关键字所在结点的关键字个数 n 等于 ceil(m/2)-1，说明删去该关键字后该结点将不满足 B-树的定义，就需要调整。

调整方法是：如果其左右兄弟结点中有"多余"的关键字，即与该结点相邻的右(左)兄弟结点中的关键字数目大于 ceil(m/2)-1，则可将右(左)兄弟结点中最小(大)关键字上移至双亲结点，而将双亲结点中小(大)于该上移关键字的关键字下移至被删关键字所在结点中。

(3) 但是如果左右兄弟结点中没有"多余"的关键字，即与该结点相邻的右(左)兄弟结点中的关键字数目均等于 ceil(m/2)-1，这种情况就比较复杂了。需把要删除关键字的结点与其左(或右)兄弟结点以及双亲结点中分割二者的关键字合并成一个结点，即在删除关键字后，把该结点中剩余的关键字加指针，加上双亲结点中的关键字 K_i 一起合并到 A_i(双亲结点指向该删除关键字结点的左(右)兄弟结点的指针)所指的兄弟结点中去。如果因此使双亲结点中关键字个数小于 ceil(m/2)-1，则对此双亲结点做同样处理，以至于可能直到对根结点做这样的处理而使整个树减少一层……😊

总之，设所删关键字为非终端结点中的 K_i，则可以用指针 A_i 所指子树中的最小关键字 Y 代替 K_i，然后在相应结点中删除 Y。所以对任意关键字的删除都可以转化为对最下层关键字的删除。

唔，删除过程就像图 9-21 这样。

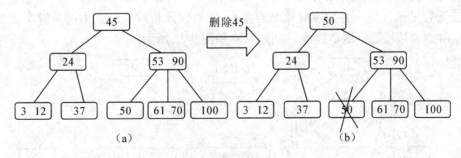

图 9-21

接下来咱用图把所有情况都描述一遍吧。

图 9-22 中被删关键字 K_i 所在结点的关键字数目不小于 ceil(m/2)，所以只需从结点中删除 K_i 和相应指针 A_i，而树的其他部分不变。

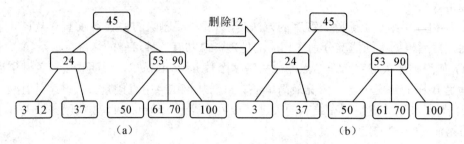

图 9-22

但如果像图 9-23 这样，被删关键字 K_i 所在结点的关键字数目等于 ceil(m/2)-1，就需调整了，调整过程就跟上面说的一样喽。

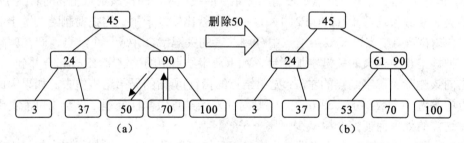

图 9-23

如果被删关键字 K_i 所在结点和其相邻兄弟结点中的关键字数目均等于 ceil(m/2)-1。假设该结点有右兄弟，且其右兄弟结点地址由其双亲结点指针 A_i 所指，则在删除关键字之后，把它所在结点的剩余关键字和指针，加上双亲结点中的关键字 K_i 一起合并到 A_i 所指兄弟结点中(若无右兄弟，则合并到左兄弟结点中)。如果因此使双亲结点中的关键字数目少于 ceil(m/2)-1，就接着进行这个过程，如图 9-24 和图 9-25 所示。

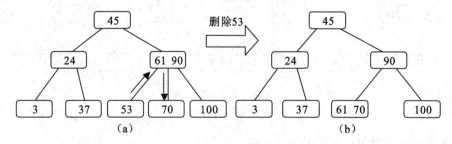

图 9-24

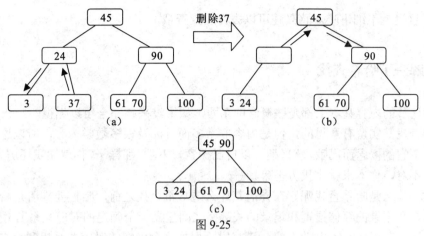

图 9-25

知道了啥是 B-树，B+ 树就也不在话下喽。😀

所谓的 B+ 树是应文件系统所需而产生的一种 B-tree 的变形树(准确地说它已经不属于树了)

一棵 m 阶的 B+树和 m 阶的 B 树的异同点在于：

(1) 有 n 棵子树的结点中含有 n-1 个关键字。

(2) 所有的叶子结点中包含了全部关键字的信息，及指向含有这些关键字记录的指针，且叶子结点本身依关键字的大小自小而大地顺序链接 (而 B- 树的叶子结点并没有包括全部需要查找的信息)。

(3) 所有的非终端结点可以看成是索引部分，结点中仅含有其子树根结点中最大(或最小)关键字 (而 B-树的非终结点也包含需要查找的有效信息)。

B+树的示意图如图 9-26 所示。

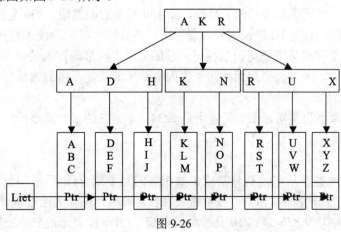

图 9-26

B+树这里就不细讲喽，感兴趣可以去百度查查哦。

9.7 了解一下哈希查找

嗯，这节的内容基本上都是些概念的东西，如果没兴趣完全可以无视的。

哈希查找其实蛮有意思的，但是内容非常多而且涉及很多数学内容，所以这里只是简单介绍一下它的概念而已哦，感兴趣可以自己探索一下哦。那样子，你就比我还厉害了呢😊 哎，不对，你本来就比我厉害嘛。😁

那么，什么是哈希查找呢？在弄清楚什么是哈希查找之前，咱们要弄清楚哈希技术。哈希技术是在记录的存储位置和记录的关键字之间建立一个确定的对应关系 f，使得每个关键字 key 对应一个存储位置 f(key)。查找时，根据这个确定的对应关系找到给定值的映射 f(key)，若查找集合中存在这个记录，则必定在 f(key)的位置上。哈希技术既是一种存储方法，也是一种查找方法。

1. 哈希函数的构造方法

常用的哈希函数构造方法有六种。

1) 直接定址法

直接定址法的函数公式：f(key)=a*key+b (a,b 为常数)

这种方法的优点是：简单、均匀、不会产生冲突。但是需要事先知道关键字的分布情况，适合查找表较小并且连续的情况。

2) 数字分析法

数字分析法常见的例子：比如咱们的 11 位手机号码 "134XXXX1450"，其中前三位是接入号，一般对应不同运营公司的子品牌，如 130 是联通如意通，136 是移动神州行，153 是电信等。而中间四位是 HLR 识别号，表示用户归属地，最后四位才是真正的用户号。

若咱们现在要存储某家公司员工登记表，如果用手机号码作为关键字，那么极有可能前 7 位都是一样的，所以选择后面的四位作为哈希地址就是不错的选择。

3) 平方取中法

平方取中法顾名思义喽，比如关键字是 1234，那么它的平方就是 1 522 756，再抽取中间的 3 位即 227 为哈希地址。

4) 折叠法

折叠法是将关键字从左到右分割成位数相等的几个部分(最后一部分位数不够可以短点)，然后将这几部分叠加求和，并按哈希表表长，取后几位作为哈希地址。

比方说关键字是 9 876 543 210 且哈希表表长三位(即每个元素空间最多容纳三个数字)

咱们把关键字分为四组 987|654|321|0 ，然后把它们叠加求和 987 + 654 + 321 + 0 = 1962，再求后 3 位即得到哈希地址为 962。

哈哈，是不是很有意思咧。

5）除留余数法

除留余数法的函数公式：f(key)=key mod p (p<=m)，m 为哈希表表长。

这种方法是最常用的哈希函数构造方法。

6）随机数法

随机数法的函数公式：f(key)= random(key)

这里 random 是随机函数，当关键字的长度不等时，采用这种方法比较合适。

2. 哈希函数冲突解决方法

设计得最好的哈希函数也不可能完全避免冲突，当咱们在使用哈希函数时发现两个关键字 key1!=key2，但是却有 f(key1)=f(key2)，即发生冲突了。

最常用的解决冲突的方法是开放定址法。开放定址法就是一旦发生了冲突，就去寻找下一个空的哈希地址，只要哈希表足够大，空的哈希地址总是能找到，然后将记录插入。

嘿嘿，为了知识的完整性，这节稍微这么讲了一下，感兴趣就可以自己去深度挖掘喽。嘿嘿，那么问题来了，挖掘机……？

这么一来，整本书的介绍内容就结束啦。

嘿嘿，恭喜你看完喽。

会是终结吗？嘿嘿 当然不会

——后记

哎，写完这本书的时候感觉自己都快哭出来了……😊写的实在太辛苦太心酸了，不过最终还是完成了。

只是最后时间不够了，所以有些地方讲得不够深。😊

那么 1B 会是终结吗？嘿嘿，当然不会啦。

接下来还有 2A 等的内容没开始咧？

可能你现在还对编程语言和算法有恐惧心理，嘿嘿，悄悄告诉你，即使是我，现在也还有呢，怕啥，等到自己越来越厉害，这些东东就完全不是事啦，只要相信自己就好啦。

还是那句话喽——

Just believe yourself and do it by heart

And I believe you forever😊

yours 隽

参 考 文 献

[1] 陈峰棋，资讯教育小组.数据结构：C 语言版. 北京：中国铁道出版社，2002

[2] 程杰. 大话数据结构. 北京：清华大学出版社，2011

[3] Cormen TH, Leiserson C E, Rivest R L,et al 著算法导论. 3 版. 殷建平，徐云，王刚，等译. 北京：机械工业出版社，2012

[4] 刘汝佳. 算法竞赛入门经典. 北京：清华大学出版社，2009

[5] 严蔚敏，吴伟民. 数据结构：C 语言版. 北京：清华大学出版社，2007

[6] 朱战立. 数据结构：使用 C 语言. 3 版. 西安：西安交通大学出版社，2003

[7] Peter Van Der Linden.C 专家编程. 徐波，译. 北京：人民邮电出版社，2008

[8] Kernighan B W, Ritchie D M. C 程序设计语言. 2 版. 徐宝文，李志，译. 北京：机械工业出版社，2010

[9] 王秋芬，刘平，杜鹃，算法设计艺术. 北京：清华大学出版社，2014

[10] Weiss M A. 数据结构与算法分析：C 语言描述. 2 版. 冯舜玺，译. 北京：机械工业出版社，2004